Go言語でつくるインタプリタ

Thorsten Ball　著
設樂 洋爾　訳

WRITING AN INTERPRETER IN GO

THORSTEN BALL

訳者まえがき

プログラミング言語のインタプリタを自分の手でゼロから実装するなんて。

インタプリタの実装といえば、凄腕のハッカー達だけに許された秘密の奥義のようなもの。おとぎ話の世界。自分でやってみようと考えたことはありませんでした。そもそも自分一人でできるようなものだとは思わなかったのです。

確かに、私たちが普段お世話になっているようなインタプリタは、沢山の人達が寄り集まり、長きに渡って鍛え上げてきたものです。一朝一夕に真似できるようなものではありません。それでも、その世界と、私たちの世界は確かに繋がっているようなのです。本書がそのことを教えてくれます。

本書の道案内に手を引かれ、すっかり読み終える頃には、手元に動作するインタプリタが出来上がります。著者は、軽妙な語り口で私たちを導き、勇気づけながら、長く、ときに険しい冒険を助けてくれます。約束の地"Hello World"へ、私たちを連れて行ってくれるのです。

原著を読み終えた私は、この刺激的な体験をより多くの読者と分かち合いたいと思いました。それで、ぜひ翻訳してみたいと思いました。こうして本書ができました。翻訳にあたっては、原著者の要望により、原文を尊重し、なるべく親しみやすい文体になるよう心がけました。

このような素晴らしい体験を与えてくださった原著者のThorsten Ballさんに感謝します。翻訳を進める間、沢山のメールに素早く丁寧に対応してくださいました。とても心強く感じました。

本書を翻訳する機会を与え、書籍として整えてくださった、株式会社オライリー・ジャパンの高恵子さんに感謝します。私にとって初めての翻訳でしたが、おかげでなんとか形にできました。

レビューに協力してくださった次の皆さんに感謝します。梅本祥平さん、浦嶌啓太さん、大和田純さん、笹田耕一さん、島田浩二さん、白土慧さん、谷口文威さん、濱崎健吾さん、前田智樹さん。数百カ所にも及ぶ、きめ細かなフィードバックをいただき、悩む私の相談相手になってくださいました。ありがとうございました。おかげで本書はずっとよいものになりました。翻訳に至らない点があれば、それは私の責任です。

願わくは、インタプリタを巡るあなたの冒険も、素敵なものでありますように。

設樂洋爾

2018年6月

はじめに

本書の冒頭を飾るのは次の文だったはずなんだ。「インタプリタは魔法のようだ」。でも、初期のレビュアーの一人で匿名希望の誰かさんに「かなり馬鹿っぽいよ」と言われてしまった。いや、Christian、私はそう思わないよ！　私は今でも、インタプリタは魔法みたいだと思っている。理由を説明させてほしい。

インタプリタは見かけは意外にも単純だ。テキストが入力されて、何かが出てくる。インタプリタは、他のプログラムを入力として受け取って、何かしらを出力するプログラムだ。ほら、単純そうだろう？でも、深く考えれば考えるほど、どんどん面白くなってくる。一見ランダムな文字列、つまり文字や数字や記号がインタプリタに送り込まれると、途端に**意味**を持ち始める。インタプリタが文字列に意味を与えるんだ！　無意味から意味を生み出す。0と1を理解する機械であるコンピュータが、投入された不思議な言語を理解し、それに従って動作するようになる。インタプリタがこの言語を読み込みながら翻訳してくれるおかげだ。

私はずっと疑問だった。**一体どういう仕組みで動いているんだろう**。この疑問が頭の中ではっきりと形になる頃には、自分のインタプリタを作ってみないことには満足できる答えが得られないだろうと気づいていた。それで、やってみることにした。

インタプリタに関しては、山ほどの本や論文、ブログの投稿、チュートリアルがある。それでも、大体は次の2つのカテゴリのどちらかだ。一方は、膨大で信じられないくらい重厚な理論に関するもので、すでにこのトピックに関して広大な知識を有している人を対象にしているもの。もう一方は本当に短くて、小さなイントロダクションに過ぎず、外部のツールをブラックボックスとして使っていて、「オモチャのインタプリタ」を作る程度の話題に終始しているものだ。

大きな不満を感じていたのは後者だ。それらの解説するインタプリタはごく単純な文法の言語しか解釈できないからだ。私は近道をしたかったわけではない。私が本当に望んでいたのは、インタプリタがどのように動作するのかを理解することだった。それには字句解析器と構文解析器がどのように動作するのかを理解することも含まれている。特に、C言語に似て波括弧やセミコロンがあるような言語では、構文解析にどうやって手を付けたらいいかもわからなかった。もちろん、学術書には私の求める答えが書かれていただろう。しかし、長くて、理論的な説明や数学的な記法の裏に隠れていて、私には見つけ出すことができなかった。

私が欲しかったのは、900ページにも及ぶコンパイラについて書籍と、50行のRubyコードでLispインタプリタを実装する方法に関するブログ記事との間にあるようなものだ。

だから、私はこの本を書いた。あなたと、私のために。これは私が欲しかった本なんだ。蓋を開けて中の仕組みを覗くのが大好きな人のための本だ。物事が実際どう動いているのかを理解するために学ぶのが好きな人のための本だ。

この本では、私たちの言語のために私たちのインタプリタをゼロから書いていく。サードパーティのツールやライブラリは使わない。できあがるものは、プロダクションにすぐに投入できるようなものではないし、本格的なインタプリタの性能があるというわけでもない。言語自体に欠けている機能だって当然あるだろう。それでも、私たちは多くのことを学ぶことになる。

インタプリタは多様性に富んでいて、ひとつとして同じものはないので、全部をひとまとめに説明するのは難しい。全てに共通する基本的な特徴として言えるのは、後から実行可能な中間生成物を目に見える形で出力しないことくらいだ。コンパイラはソースコードを受け取り、システムが理解できる別の言語で出力するので、この点がインタプリタと異なる。

インタプリタによっては、本当に小さく、極小のものもあって、構文解析ステップすらないものもある。そういうものでは、入力をすぐに解釈する。沢山あるBrainfuck[†1]のインタプリタを一つでも見てもらえれば、私の言いたいことがわかってもらえるだろう。

その対極には、より精巧な種類のインタプリタがある。非常によく最適化されていて、構文解析と評価において高度な技術を採用している。中には、入力を単に評価するのでなく、バイトコードと呼ばれる内部表現にコンパイルしてから評価するものもある。さらに高度なものはJIT（Just In Time）インタプリタで、入力を都度ネイティブの機械語に翻訳し、実行する。

しかし、これら2つのカテゴリの中間に、ソースコードを構文解析し、抽象構文木（Abstract Syntax Tree; AST）を構築し、この木を評価するインタプリタがある。このタイプのインタプリタはtree-walking型のインタプリタと呼ばれることもある。ASTを「歩き回って」解釈するからだ。

この本では、そのようなtree-walking型のインタプリタを実装することにする。

これから字句解析器、構文解析器、木表現、評価器の全てを私たちの手で構築していく。その過程で、「トークン」とは何か、抽象構文木とはどういうものか、そのような木をどうやって構築するのか、どうやってそれを評価するのか、新しいデータ構造を導入したり組み込み関数を追加したりして私たちの言語を拡張するにはどうすればいいのかを見ていく。

†1　訳注：8つの命令だけから構成されるプログラミング言語。極めて小さく実装できる。

Monkeyプログラミング言語とインタプリタ

あらゆるインタプリタは何らかの決められた言語を解釈するように作られる。それがあるプログラミング言語を「実装する」ことの意味だ。コンパイラやインタプリタがなければ、プログラミング言語はただのアイディアや仕様にすぎない。

私たちは、これからMonkeyという名前の私たち独自の言語を構文解析し、評価することになる。この本のために設計された言語だ。その唯一の実装が、この本で構築しようとしているもの、つまり私たちのインタプリタだ。

特徴を列挙すると、Monkeyには次のようなものがある。

- C言語風の構文
- 変数束縛
- 整数と真偽値
- 算術式
- 組み込み関数
- 第一級の高階関数
- クロージャ
- 文字列データ型
- 配列データ型
- ハッシュデータ型

この本の残りの部分を通して、これらの機能について詳しく見ていき、実装することになる。さしあたってはMonkey言語がどんなものかを見ていくことにしよう。

Monkeyで名前を値に束縛するには次のようにする。

```
let age = 1;
let name = "Monkey";
let result = 10 * (20 / 2);
```

整数、真偽値、文字列の他に、私たちが構築しようとしているMonkeyインタプリタは配列とハッシュもサポートする。整数の配列に名前を束縛するならこうだ。

```
let myArray = [1, 2, 3, 4, 5];
```

ハッシュ、すなわちキーと関連付けられた値の集合はこうだ。

```
let thorsten = {"name": "Thorsten", "age": 28};
```

配列やハッシュの要素にアクセスするには、添字式を使う。

```
myArray[0]       // => 1
thorsten["name"] // => "Thorsten"
```

let文は関数に名前を束縛するときにも使える。2つの数の和をとる小さな関数の例を示す。

```
let add = fn(a, b) { return a + b; };
```

Monkeyはreturn文をサポートしているだけではない。暗黙の戻り値も可能だ。つまり、returnを省略してもよい。

```
let add = fn(a, b) { a + b; };
```

そして、関数の呼び出しもあなたの予想通り簡単だ。

```
add(1, 2);
```

より複雑な関数、例えばN番目のフィボナッチ数を返すfibonacci関数は次のように書ける。

```
let fibonacci = fn(x) {
  if (x == 0) {
    0
  } else {
    if (x == 1) {
      1
    } else {
      fibonacci(x - 1) + fibonacci(x - 2);
    }
  }
};
```

fibonacciの再帰呼び出しに注目してほしい。

Monkeyは高階関数と呼ばれる特別な種類の関数もサポートしている。他の関数を引数として受け取る関数だ。例を挙げよう。

```
let twice = fn(f, x) {
  return f(f(x));
};

let addTwo = fn(x) {
  return x + 2;
};

twice(addTwo, 2); // => 6
```

ここでtwiceは2つの引数をとる。addTwoというまた別の関数と、整数の2だ。twiceはaddTwoを2回呼ぶ。最初は2を引数にし、次は最初の呼び出しの戻り値を引数にする。最後の行は6を返す。

そう、関数を関数呼び出しの引数として使うことができるんだ。Monkeyにおける関数は整数や文字列と同様に単なる値だ。これは「第一級関数」と呼ばれる。

この本で構築するインタプリタは、これら全ての機能を備えることになる。REPL[†2]でMonkeyのソースコードをトークナイズし、構文解析し、抽象構文木と呼ばれるコードの内部表現を生成し、それからその木を評価する。インタプリタは次のようなパーツを備えることになるだろう。

- 字句解析器
- 構文解析器
- 抽象構文木（AST）
- 内部オブジェクトシステム
- 評価器

私たちは、これらのパーツをちょうどこの順で、ボトムアップに実装していく。もう少し具体的にいうと、ソースコードから始まり、その出力結果で終わる順だ。このアプローチの難点は、簡単な"Hello World"ですら最初の章を終えても出力できないことだ。利点は、全ての部品がどのように接続され、どんなフローでデータが流れていくのかがわかりやすいことだ。

ところで、名前の由来は何だろう？　どうして"Monkey"か？　ええと、なぜなら猿は優秀で、優美で、魅力的で、面白い生き物だからだ。私たちのインタプリタにぴったりだ。

それでは、この本の名前はどうしてこうなっているのか？

どうしてGoか？

もしあなたがタイトルを気にせず、「Go言語で」という言葉が入っていることに気づかずにここまで来たのであれば、まずはおめでとう。それは素晴らしいことだ。私たちはインタプリタをGoで書いていく。ではなぜGoなのか？

私はGoでコードを書くのが好きだ。言語自体や、標準ライブラリ、ツールを気に入って使っている。でも、それだけではなく、Goはこの本を書くのにぴったりな特徴を備えていると思うんだ。

Goは読むのが本当に簡単で、そのため理解もしやすい。この本に載っているコードを解読するのに苦労するようなことはないはずだ。あなたが熟練のGoプログラマである必要もない。たとえGoのコードを今まで一行も書いたことがなくても、本書の内容についていけるに違いない。

もう1つの理由として、Goの提供する素晴らしいツール群がある。本書の主題はこれから書いていくインタプリタにある。背後にあるアイディアや概念、そしてその実装だ。`gofmt`によるGoの統一されたコーディングスタイルと、組み込みのテスティングフレームワークのおかげで、私たちはそのインタプリタに集中できる。サードパーティのライブラリに煩わされることもない。この本では、Go言語が提供するツール以外のツールは一切使用しない。

---

†2　訳注：Read（読み込み）、Evaluate（評価）、Print（表示）、Loop（繰り返し）の略で、対話的実行環境のこと。

それにも増して重要だと思うのは、本書で提示するGoのコードは、他の言語でもほとんど同じように書けるということだ。おそらくCやC++、Rustのように、より低レベルな言語でも大丈夫だ。その理由は、Goそのものによるところがある。Goは簡潔さに重きを置いているため、余計なものが削ぎ落とされている。そのため、他の言語には欠けていて移植するのに苦労するようなものがないというわけだ。もっとも、私が本書のためにそのようなGoの書き方を選んでいるのも一因かもしれない。いずれにせよ、2週間後に誰にも理解できなくなるようなメタプログラミングの技巧を使って近道することもないし、紙とペンを持ち出して「実際にはかなり簡単なことなのだ」などと言い訳しながら説明しなければならないような、重厚なオブジェクト指向の設計やパターンも出てこない。

これらの理由によって、これから示すコードは（技術的なレベルと同様に考え方のレベルにおいても）簡単に理解できるようになっていて、再利用もしやすいようになっている。もし、この本を読み終えたあと、あなたが別の言語で独自の言語を実装するのであれば、この点が特に役に立つだろう。私は本書で、あなたがインタプリタを理解し、構築するための出発点を提供したいんだ。このことはコードにも反映されているはずだ。

本書の使い方

この本はリファレンスではないし、付録にコードがついてくるようなインタプリタの実装に関する理論を記した論文でもない。最初から最後まで通して読むよう意図して書かれている。途中で出てくるコードを実際に入力し、コードを更新しながら読み進めていくことをおすすめする。

各章は、コードの面でも説明の面でも、それまでの章を前提としている。各章で私たちのインタプリタの部品を1つずつ作っていく。理解を助けるため、本書で扱うソースコード一式を収めたアーカイブを用意した。次のURLからダウンロードできる。

```
https://interpreterbook.com/waiig_code_1.7.zip
```

codeフォルダは複数のサブフォルダに分かれていて、それぞれが章に対応している。そこには、対応する章を終えた時点でのコード一式が入っている。

この先、実際のコードを示さず、変更点を指摘するだけに留めることが時々ある（テストコードのように紙面をとりすぎる場合や、些末な内容の場合だ）。そのようなコードも、章に対応するフォルダには含まれている[†3]。

読み進めていくにはどんなツールが必要だろうか？　そう多くは必要ない。テキストエディタとGo言語だけでいい。1.0より新しいバージョンのGoであれば問題ないはずだ。免責事項として、また、

†3　訳注：コードはあくまで章末時点のものなので、章の途中でそのまま貼り付けても動作しない場合があることに注意。

後世のために記しておくと、私がこの本を書いたときにはGo 1.7を使用していた。今、本書を最新版にアップデートするにあたって、Go 1.14を使用している。

あなたがGo 1.13以降を使用しているのであれば、codeフォルダに含まれるコードはそのまま実行できるはずだ。

もし、Go modulesをサポートしていない、古いバージョンのGoを使用しているのであれば、direnv（https://direnv.net/）を使うことをおすすめする。これを使うと.envrcファイルに従ってシェルの環境変数を変更できる。アーカイブのサブフォルダには.envrcファイルが含まれていて、GOPATHをこのサブフォルダに正しくセットするようになっている。おかげで、色々な章のコードを行ったり来たりするのが簡単になる。

さて、前置きはこのくらいにして、早速始めよう！

表記

太字（Bold）

新しい用語、重要な言葉を示す。

等幅（Constant Width）

プログラムリストに使われるほか、本文中でも変数、関数、データ型、環境変数、文、キーワードなどのプログラムの要素を表すために使われる。

等幅太字（Constant Width Bold）

ユーザーが文字通りに入力すべきコマンド、その他のテキストを表す。プログラムリストにおいては、前のバージョンとの変更箇所を示す。

問い合わせ先

本書に関する意見、質問等はオライリー・ジャパンまでお寄せいただきたい。

株式会社オライリー・ジャパン
電子メール　japan@oreilly.co.jp

この本のWebページには、正誤表などの追加情報が掲載されている。

https://interpreterbook.com/（原書）
https://www.oreilly.co.jp/books/9784873118222（和書）

コードの誤りや変更の提案など、この本に関する技術的な質問や意見があれば、著者に電子メール（英語）を送っていただきたい。

me@thorstenball.com

オライリーに関するその他の情報については、次のオライリーのWebサイトを参照してほしい。

https://www.oreilly.co.jp
https://www.oreilly.com/（英語）

謝辞

ここに、私を支えてくれた妻への感謝の気持ちを表したい。あなたがこの本を読んでいるのは彼女のおかげだ。彼女が励まし、勇気づけ、助けてくれなければ、そして、朝6時からカタカタと鳴り響くメカニカルキーボードの音を厭わずにいてくれなければ、この本が存在することはなかっただろう。

私の友人であるChristian、Felix、Robinに感謝する。この本の初期のバージョンをレビューして、かけがえのないフィードバックとアドバイスをくれ、応援してくれた。おかげでこの本に磨きがかかった。

目次

訳者まえがき v
はじめに vii

1章 字句解析 1

1.1 字句解析 1
1.2 トークンを定義する 3
1.3 字句解析器（レキサー） 5
1.4 トークン集合の拡充と字句解析器の拡張 14
1.5 REPLのはじまり 21

2章 構文解析 25

2.1 構文解析器（パーサー） 25
2.2 パーサージェネレータじゃないの？ 28
2.3 Monkey言語のための構文解析器を書く 29
2.4 構文解析器の第一歩：let文 30
2.5 return文の構文解析 44
2.6 式の構文解析 47
2.6.1 Monkeyにおける式 48
2.6.2 トップダウン演算子順位解析（Pratt構文解析） 49
2.6.3 用語 50
2.6.4 ASTの準備 51
2.6.5 Pratt構文解析器の実装 55
2.6.6 識別子 56
2.6.7 整数リテラル 60
2.6.8 前置演算子 63

2.6.9 中置演算子 68
2.7 Pratt構文解析の仕組み 75
2.8 構文解析器の拡張 85
2.8.1 真偽値リテラル 87
2.8.2 グループ化された式 91
2.8.3 if式 93
2.8.4 関数リテラル 99
2.8.5 呼び出し式 104
2.8.6 TODOの削除 109
2.9 読み込み — 構文解析 — 表示 — 繰り返し 112

3章 評価 115
3.1 シンボルに意味を与える 115
3.2 評価の戦略 116
3.3 Tree-Walkingインタプリタ 118
3.4 オブジェクトを表現する 119
3.4.1 オブジェクトシステムの基礎 121
3.4.2 整数 122
3.4.3 真偽値 123
3.4.4 null 123
3.5 式の評価 124
3.5.1 整数リテラル 124
3.5.2 REPLを完成させる 128
3.5.3 真偽値リテラル 129
3.5.4 null 131
3.5.5 前置式 131
3.5.6 中置式 135
3.6 条件分岐 141
3.7 return文 144
3.8 中止！ 中止！ 間違い発見！ あるいはエラー処理 149
3.9 束縛と環境 155
3.10 関数と関数呼び出し 160
3.11 ゴミを片付けているのは誰か 171

4章 インタプリタの拡張 175
4.1 データ型と関数 175
4.2 文字列 175

4.2.1　字句解析器における文字列の対応 176
4.2.2　文字列の構文解析 179
4.2.3　文字列の評価 180
4.2.4　文字列結合 182
4.3　組み込み関数 184
4.3.1　len 185
4.4　配列 189
4.4.1　字句解析器で配列に対応する 190
4.4.2　配列リテラルの構文解析 192
4.4.3　添字演算子式の構文解析 195
4.4.4　配列リテラルの評価 199
4.4.5　添字演算子式の評価 201
4.4.6　配列のための組み込み関数を追加する 205
4.4.7　配列の試運転 209
4.5　ハッシュ 210
4.5.1　ハッシュリテラルの字句解析 211
4.5.2　ハッシュリテラルの構文解析 213
4.5.3　オブジェクトをハッシュ化する 218
4.5.4　ハッシュリテラルを評価する 223
4.5.5　ハッシュの添字式を評価する 226
4.6　グランドフィナーレ 230

付録　マクロシステム 233
A.1　マクロシステム 233
A.2　Monkeyのためのマクロシステム 236
A.3　クオート(quote) 238
A.4　アンクオート(unquote) 242
A.4.1　木を歩く 244
A.4.2　unquote呼び出しの置換 258
A.5　マクロ展開 265
A.5.1　macroキーワード 267
A.5.2　マクロリテラルの構文解析 268
A.5.3　マクロを定義する 272
A.5.4　マクロを展開する 277
A.5.5　お馴染みのunlessマクロ 280
A.6　REPLを拡張する 282
A.7　マクロの夢をみよう 284

参考資料 287

索引......290

1章
字句解析

1.1　字句解析

まずはソースコードを扱いやすい形式に変換する必要がある。プレーンテキスト形式は私たちのエディタでは操作しやすいけれど、プログラミング言語として解釈しようとすると途端に厄介なことになる。

それで、必要なのは取り扱いやすい他の形式でソースコードを表現することだ。この先、評価するまでにソースコードの表現を2回変更する（**図1-1**）。

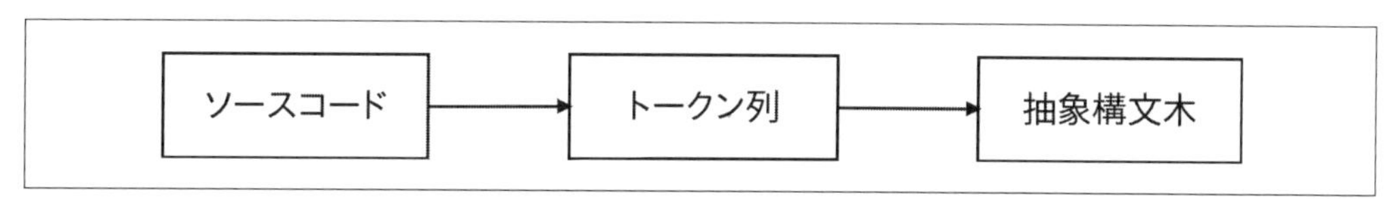

図1-1　ソースコードの他の形式への変更

最初の変換は、ソースコードからトークン列への変換で、「字句解析」と呼ばれる。これは字句解析器（トークナイザーやスキャナーとも呼ばれる。これらを振る舞いの微妙な違いを表現するために使い分ける人もいる。本書では無視しても大丈夫だ）によって行われる。

トークン列は小さな、分類しやすいデータ構造になっていて、後で構文解析器に渡される。そこで2回目の変換が行われ、トークン列は「抽象構文木」になる。

例を見てみよう。字句解析器への入力が次のようなものだとする。

```
"let x = 5 + 5;"
```

字句解析器から出てくるのは次のようなものだ。

```
[
  LET,
  IDENTIFIER("x"),
  EQUAL_SIGN,
  INTEGER(5),
  PLUS_SIGN,
  INTEGER(5),
  SEMICOLON
]
```

これらのトークンは、全てに元のソースコードを表現したものが結びついている。LETには"let"、PLUS_SIGNには"+"が付いている。いくつかのトークンでは、IDENTIFIERやINTEGERの場合のように具体的な値が付いていることもある。INTEGERには5（文字列"5"ではない！）が、IDENTIFIERには"x"が付いている。もっとも、具体的な「トークン」の構成要素は字句解析器の実装によって変わってくる。例えば、字句解析器によっては、"5"を整数値に変換するのは、構文解析の段階だったり、もっと後だったりするかもしれない。トークン列を生成する時点では変換しない実装もありうるんだ。

この例で指摘しておきたいことが1つある。ホワイトスペースがトークンとして出てこないことだ。ホワイトスペースの数はMonkey言語では意味を持たないので、これでいいんだ。ホワイトスペースは単にトークンの区切りにすぎない。次のように書いても、

```
let x = 5;
```

あるいは次のように書いても、

```
let   x   =   5;
```

同じように扱われる。

一方、Pythonのような言語であれば、ホワイトスペースの数は**重要だ**。つまり、字句解析器はホワイトスペースや改行文字を単に「食べ尽くして」しまってはいけない。ホワイトスペースをトークンとして出力しておき、あとで構文解析器が意味付けできるようにする必要がある（もしくは、ホワイトスペースに過不足があれば、エラーを出力することも当然あるだろう）。

プロダクションで使えるような字句解析器では、行番号や列番号、ファイル名をトークンに付加しておくかもしれない。なぜか？　例えば、後ほど構文解析の段階で有用なエラーメッセージを出力するためだ。"error: expected semicolon token"ではなく、以下のように出力するためだ。

```
"error: expected semicolon token. line 42, column 23, program.monkey"
```

私たちはそこには深入りしない。その理由は、これが複雑すぎるからではない。トークンと字句解析器の本来の簡潔さが損なわれる可能性があるからだ。そうすると、理解するのがより難しくなってしまうだろう。

1.2　トークンを定義する

最初にしなければならないのは、字句解析器が出力するトークンを定義することだ。ごく少数のトークン定義からはじめて、字句解析器を拡張しながら追加していこう。

最初のステップで字句解析しようとしているのはMonkey言語の一部で、次のようなものだ。

```
let five = 5;
let ten = 10;

let add = fn(x, y) {
  x + y;
};

let result = add(five, ten);
```

詳しく見ていこう。どんな種類のトークンがあるだろうか？　まず、数がある。5や10がそうだ。これらは見ての通りだ。それから変数名がある。x、y、add、resultだ。さらに、letやfnといった、数ではなく、単語ではあるものの変数名でもない、言語の一部がある。もちろん記号も沢山ある。「(」、「)」、「{」、「}」、「=」、「,」、「;」だ。

ここで数は単に整数なので、そのまま扱うことにして、そのための「タイプ」を用意しよう。私たちの字句解析器や構文解析器では、数は5でも10でも区別しない。単に数であることがわかれば十分だ。「変数名」にも同じことが当てはまる。これらを「識別子」と呼んで同様に扱おう。それから、識別子のように見えて識別子ではなく、実際には言語の一部である単語を「キーワード」と呼ぶ。これらは整数や識別子のようにまとめて扱うことはしない。なぜかというと、構文解析の段階でletとfnが出てきたときに区別**しなければならない**からだ。残るひとつである記号でも同じことが言える。例えば、ソースコードの中に「(」や「)」があるかどうかが大きな違いになるので、記号はそれぞれ別個に扱うことにする。

さて、Tokenのデータ構造を定義しよう。どんなフィールドが必要だろうか？　いま見てきたように、「タイプ（type）」属性は必須だ。これを用いて例えば「整数」と「閉じ角括弧」を区別する。それから、トークンのリテラル値を保持するフィールドも必要だ。あとで必要になるまで「数」のトークンが5だったのか10だったのかが失われないようにするためだ。

新しいtokenパッケージにToken構造体とTokenType型を定義するとこうなる[†1]。

```
// token/token.go

package token
```

†1　訳注：以降の説明はこのファイルをmonkey/token/token.goを配置することを前提にしている。フォルダの構成についての詳細は、ソースコードのアーカイブを参照してほしい。Goプロジェクトの一般的なレイアウトについてはhttps://golang.org/doc/code.htmlが参考になる。

```
type TokenType string

type Token struct {
    Type    TokenType
    Literal string
}
```

TokenType型をstringとして定義した。これで、様々な値をTokenTypeとして使用し、トークンのタイプを区別できる。stringを使うことの利点は、雑多なコードやヘルパー関数を用意しなくても簡単にデバッグできることだ。単にstringを表示するだけで、その値が何かを把握できる。もちろん、stringを使うとintやbyteを使ったときほどの性能が得られない可能性はある。それでも本書にはstringがもってこいだ。

ここまで見てきたように、Monkey言語におけるトークンタイプの種類は有限だ。だから、TokenTypeを定数として定義できる。同じファイルに次の記述を追加しよう。

```
// token/token.go

const (
    ILLEGAL = "ILLEGAL"
    EOF     = "EOF"

    // 識別子 + リテラル
    IDENT = "IDENT" // add, foobar, x, y, ...
    INT   = "INT"   // 1343456

    // 演算子
    ASSIGN   = "="
    PLUS     = "+"

    // デリミタ
    COMMA     = ","
    SEMICOLON = ";"

    LPAREN = "("
    RPAREN = ")"
    LBRACE = "{"
    RBRACE = "}"

    // キーワード
    FUNCTION = "FUNCTION"
    LET      = "LET"
)
```

ここで、2つ特別なタイプが出てきた。ILLEGALとEOFだ。これらは先ほどの例には出てこなかった。でも必要だ。ILLEGALはトークンや文字が未知であることを表す。EOFはファイル終端（end of file）を表し、後で作る構文解析器にここで停止してよいと伝えるためにある。

今のところ順調だ。字句解析器を書き始める準備が整った。

1.3　字句解析器（レキサー）

コードを書き始める前に、この節のゴールを明確にしておこう。これから、私たちは独自の字句解析器（レキサー）を書く。字句解析器は、ソースコードを入力として受け取り、出力としてそのソースコードを表現するトークン列を返す。この際、字句解析器は入力を先頭から読み進み、認識したトークンを順に一つずつ出力する。トークン列のバッファリングや保存は不要だ。というのは、次のトークンを出力するNextToken()というメソッドしか作らないからだ。

つまり、字句解析器にソースコードを与えて初期化し、繰り返しNextToken()を呼ぶことでソースコードを読み進めていく。トークンごとに、文字ごとに進んでいくんだ。ここではソースコードの型としてstringを使う。以前説明したように、プロダクションで使えるものを作るつもりであれば、ファイル名や行番号をトークンに付加しておくとよいだろう。その方が字句解析や構文解析のエラーを探しやすくなる。このとき、字句解析器はio.Readerとそのファイル名を与えて初期化する方がよいかもしれない。しかし、そうすると、本来私たちが取り組みたいことではないような複雑さを持ち込んでしまう。ここでは小さく始めるためにstringを使い、ファイル名や行番号のことは目をつぶる。

ここまでで、私たちの字句解析器に何が必要なのかがかなり明確になった。それでは、新しいパッケージを作成し、最初のテストを追加しよう。これを継続的に実行することで、字句解析器の状況についてフィードバックが得られる。ここではまず小さく始めて、字句解析器に機能を追加するに従ってテストケースを拡張していこう。

```
// lexer/lexer_test.go

package lexer

import (
    "testing"

    "monkey/token"
)

func TestNextToken(t *testing.T) {
    input := `=+(){},;`

    tests := []struct {
        expectedType    token.TokenType
        expectedLiteral string
    }{
        {token.ASSIGN, "="},
        {token.PLUS, "+"},
        {token.LPAREN, "("},
        {token.RPAREN, ")"},
```

```
        {token.LBRACE, "{"},
        {token.RBRACE, "}"},
        {token.COMMA, ","},
        {token.SEMICOLON, ";"},
        {token.EOF, ""},
    }

    l := New(input)

    for i, tt := range tests {
        tok := l.NextToken()

        if tok.Type != tt.expectedType {
            t.Fatalf("tests[%d] - tokentype wrong. expected=%q, got=%q",
                i, tt.expectedType, tok.Type)
        }

        if tok.Literal != tt.expectedLiteral {
            t.Fatalf("tests[%d] - literal wrong. expected=%q, got=%q",
                i, tt.expectedLiteral, tok.Literal)
        }
    }
}
```

もちろん、テストは失敗する。何しろまだコードを1行も書いていないんだ。

```
$ go test ./lexer
# monkey/lexer
lexer/lexer_test.go:27: undefined: New
FAIL    monkey/lexer [build failed]
```

では、New()を定義して*Lexerを返すようにしよう。

```
// lexer/lexer.go

package lexer

type Lexer struct {
    input        string
    position     int  // 入力における現在の位置（現在の文字を指し示す）
    readPosition int  // これから読み込む位置（現在の文字の次）
    ch           byte // 現在検査中の文字
}

func New(input string) *Lexer {
    l := &Lexer{input: input}
    return l
}
```

Lexerのフィールドのほとんどは一目瞭然だ。ただ、positionとreadPositionは補足しないと混乱を招くかもしれない。どちらも入力中の文字にアクセスするためのインデクスとして用いる。例えばl.input[l.readPosition]のように使う。入力の文字列を指し示すためにこれら2つの「ポインタ」が必要なのは、入力を「覗き見」して、現在の文字に続いて何が来るかを考慮する必要があるからだ。readPositionは常に入力における「次の」位置を指し示す。positionは現在検査中のバイトchの位置を指し示す。

最初のヘルパーメソッドはreadChar()という名前で、これを見れば先ほどのフィールドの使い方がわかりやすくなるはずだ。

```
// lexer/lexer.go

func (l *Lexer) readChar() {
    if l.readPosition >= len(l.input) {
        l.ch = 0
    } else {
        l.ch = l.input[l.readPosition]
    }
    l.position = l.readPosition
    l.readPosition += 1
}
```

readCharの目的は、次の1文字を読んでinput文字列の現在位置を進めることだ。最初にしているのは入力が終端に到達したかのチェックだ。終端に到達した場合、l.chを0にする。この値はASCIIコードの"NUL"文字に対応していて、私たちは「まだ何も読み込んでいない」あるいは「ファイルの終わり」を表すために使う。一方、まだ入力の最後に到達していない場合は、l.input[l.readPosition]にアクセスし、l.chに次の文字をセットする。

その後、l.positionは、今使ったばかりのl.readPositionの値になるよう更新される。そして、l.readPositionは1だけインクリメントされる。このようにして、l.readPositionは常に次に読もうとしている場所を指し、l.positionは常に最後に読んだ場所を指す。こうしておくと便利なのは、この後すぐにわかるだろう。

readCharの話題に関連して、指摘しておきたいことがある。この字句解析器はASCII文字だけに対応しており、Unicode全体をカバーしていない点だ。なぜか？　それは、物事をシンプルに保ち、私たちのインタプリタの本質的な部分に集中するためだ。UnicodeとUTF-8を完全にサポートするためには、l.chをbyteからruneに変更し、次の文字を読む処理を変更する必要がある。次の文字が複数のバイトから構成される可能性があるからだ。l.input[l.readPosition]を使うわけにはいかない。この先で見ていく他のメソッドや関数もいくつか変更する必要があるだろう。というわけで、MonkeyでUnicodeの完全なサポート（絵文字も！）を実現するのは読者の演習にとっておくことにしよう。

readChar()をNew()の中で呼んで、*Lexerが完全に動作する状態にしておこう。l.ch、l.position、l.readPositionを初期化しておくんだ。これで、いつNextToken()を呼んでも大丈夫だ。

```
// lexer/lexer.go

func New(input string) *Lexer {
    l := &Lexer{input: input}
    l.readChar()
    return l
}
```

テストを実行してみると、New(input)は問題なく実行されるものの、NextToken()メソッドはまだ存在していないことがわかる。最初のバージョンを実装してこれを直そう。

```
// lexer/lexer.go

package lexer

import "monkey/token"

// [...]

func (l *Lexer) NextToken() token.Token {
    var tok token.Token

    switch l.ch {
    case '=':
        tok = newToken(token.ASSIGN, l.ch)
    case ';':
        tok = newToken(token.SEMICOLON, l.ch)
    case '(':
        tok = newToken(token.LPAREN, l.ch)
    case ')':
        tok = newToken(token.RPAREN, l.ch)
    case ',':
        tok = newToken(token.COMMA, l.ch)
    case '+':
        tok = newToken(token.PLUS, l.ch)
    case '{':
        tok = newToken(token.LBRACE, l.ch)
    case '}':
        tok = newToken(token.RBRACE, l.ch)
    case 0:
        tok.Literal = ""
        tok.Type = token.EOF
    }

    l.readChar()
    return tok
}

func newToken(tokenType token.TokenType, ch byte) token.Token {
    return token.Token{Type: tokenType, Literal: string(ch)}
}
```

これがNextToken()の基本的な構造だ。現在検査中の文字l.chを見て、その文字が何であるかに応じてトークンを返す。トークンを返す前に入力のポインタを進めて、次にNextToken()を呼んだときにl.chフィールドが更新されているようにする。小さなnewToken関数がトークンを初期化するのに役に立つ。

実行するとテストが通るのがわかるだろう。

```
$ go test ./lexer
ok      monkey/lexer 0.007s
```

素晴らしい！　テストケースを拡張してMonkeyのソースコードに似せていこう。

```
// lexer/lexer_test.go

func TestNextToken(t *testing.T) {
    input := `let five = 5;
let ten = 10;

let add = fn(x, y) {
  x + y;
};

let result = add(five, ten);
`

    tests := []struct {
        expectedType    token.TokenType
        expectedLiteral string
    }{
        {token.LET, "let"},
        {token.IDENT, "five"},
        {token.ASSIGN, "="},
        {token.INT, "5"},
        {token.SEMICOLON, ";"},
        {token.LET, "let"},
        {token.IDENT, "ten"},
        {token.ASSIGN, "="},
        {token.INT, "10"},
        {token.SEMICOLON, ";"},
        {token.LET, "let"},
        {token.IDENT, "add"},
        {token.ASSIGN, "="},
        {token.FUNCTION, "fn"},
        {token.LPAREN, "("},
        {token.IDENT, "x"},
        {token.COMMA, ","},
        {token.IDENT, "y"},
        {token.RPAREN, ")"},
        {token.LBRACE, "{"},
        {token.IDENT, "x"},
        {token.PLUS, "+"},
```

```
        {token.IDENT, "y"},
        {token.SEMICOLON, ";"},
        {token.RBRACE, "}"},
        {token.SEMICOLON, ";"},
        {token.LET, "let"},
        {token.IDENT, "result"},
        {token.ASSIGN, "="},
        {token.IDENT, "add"},
        {token.LPAREN, "("},
        {token.IDENT, "five"},
        {token.COMMA, ","},
        {token.IDENT, "ten"},
        {token.RPAREN, ")"},
        {token.SEMICOLON, ";"},
        {token.EOF, ""},
    }
// [...]
}
```

最も注目すべき点は、このテストケースのinputが変更されたことだ。Monkey言語のサブセットのようになった。問題なくトークンに変換できるようになった、全てのシンボルが含まれている。しかし、新しく出てきた要素のせいでテストが失敗するようになった。識別子、キーワード、数だ。

識別子とキーワードから始めよう。字句解析器に必要なのは、現在読んでいるのが英字（letter）かどうかを認識することと、もしそうであれば、識別子/キーワードを非英字（non-letter-character）が出てくるまで残りを読み進めることだ。識別子/キーワードを読み終えたら、それが識別子であるかキーワードであるかを判定する必要がある。そうすれば適切なtoken.TokenTypeを使うことができる。最初のステップは、switch文を拡張することだ。

```
// lexer/lexer.go

import "monkey/token"

// [...]

func (l *Lexer) NextToken() token.Token {
    var tok token.Token

    switch l.ch {
// [...]
    default:
        if isLetter(l.ch) {
            tok.Literal = l.readIdentifier()
            return tok
        } else {
            tok = newToken(token.ILLEGAL, l.ch)
        }
    }
// [...]
}
```

```
func (l *Lexer) readIdentifier() string {
    position := l.position
    for isLetter(l.ch) {
        l.readChar()
    }
    return l.input[position:l.position]
}

func isLetter(ch byte) bool {
    return 'a' <= ch && ch <= 'z' || 'A' <= ch && ch <= 'Z' || ch == '_'
}
```

swtich文にdefault分岐を追加し、l.chが認識された文字ではないときに識別子かどうかを点検できるようにした。token.ILLEGALトークンを生成する箇所も追加した。最終的にそこに至ると、現在の文字をどのように取り扱えばいいのかわからないので、この文字をトークンtoken.ILLEGALとして扱う。

isLetterヘルパー関数は、与えられた引数が英字かどうかを判定するだけだ。と言うと簡単そうに聞こえるけれど、isLetterが注目に値するのは、この関数の変更が私たちのインタプリタの解釈できる言語に広範な影響をもたらす点だ。こんな小さな関数から思いがけず大きな影響が生じるんだ。私たちはch == '_'のチェックを含めている。これは、私たちが「_」を英字として扱うこと、ひいては識別子とキーワードにそれを含むのを許すことを意味する。したがって、foo_barのような変数名を使える。プログラミング言語によっては「!」や「?」を識別子に含むことを許すものさえある。もしあなたもそうしたければ、ここに忍び込ませるといい。

readIdentifier()は名前が示す通りの動作をする。識別子を読んで、非英字に到達するまで字句解析器の位置を進めていく。

switch文のdefault:分岐でreadIdentifier()を使い、現在のトークンのLiteralフィールドを設定する。ところでTypeはどうすればいいだろうか？　この時点で、私たちはlet、fn、foobarというような識別子を読み終わっている。ユーザ定義の識別子と言語のキーワードを区別する必要がある。与えられたトークンリテラルに対して、適切なTokenTypeを返す関数が必要だ。そんな関数を配置するにはtokenパッケージはもってこいだ。

```
// token/token.go

var keywords = map[string]TokenType{
    "fn":  FUNCTION,
    "let": LET,
}

func LookupIdent(ident string) TokenType {
    if tok, ok := keywords[ident]; ok {
        return tok
    }
```

```
    return IDENT
}
```

LookupIdentはkeywordsテーブルをチェックして、渡された識別子が実はキーワードではなかったかを確認する。もしそうであれば、キーワードのTokenType定数を返す。そうでなければ、単にtoken.IDENTを返す。これは全てのユーザ定義識別子に対応するTokenTypeだ。

これがあれば、識別子とキーワードの字句解析を完成させられる。

```
// lexer/lexer.go

func (l *Lexer) NextToken() token.Token {
    var tok token.Token

    switch l.ch {
// [...]
    default:
        if isLetter(l.ch) {
            tok.Literal = l.readIdentifier()
            tok.Type = token.LookupIdent(tok.Literal)
            return tok
        } else {
            tok = newToken(token.ILLEGAL, l.ch)
        }
    }
// [...]
}
```

ここで早期の脱出、つまりreturn tok文が必要なのは、readIdentifier()呼び出しの中でreadChar()を繰り返し呼んでいるため、readPositionフィールドとpositionフィールドが現在の識別子の最後の文字を過ぎたところまで進んでいるからだ。そのため、switch文のあとでさらにreadChar()を呼ぶ必要がないんだ。

テストを走らせてみると、letは正しく認識されているものの、まだテストは失敗していることがわかる。

```
$ go test ./lexer
--- FAIL: TestNextToken (0.00s)
  lexer_test.go:70: tests[1] - tokentype wrong. expected="IDENT", got="ILLEGAL"
FAIL
FAIL    monkey/lexer 0.008s
```

次に欲しいトークンが問題だ。Literalフィールドに"five"が入っているIDENTトークンが欲しいんだ。にもかかわらず、ILLEGALトークンが出てきた。どうしてだろう？　それは"let"と"five"の間にあるホワイトスペースのせいだ。Monkeyではホワイトスペースはトークン区切りとしてのみ機能し、自身は意味を持たない。したがって、それを完全に読み飛ばしてしまう必要がある。

```
// lexer/lexer.go

func (l *Lexer) NextToken() token.Token {
    var tok token.Token

    l.skipWhitespace()

    switch l.ch {
// [...]
}

func (l *Lexer) skipWhitespace() {
    for l.ch == ' ' || l.ch == '\t' || l.ch == '\n' || l.ch == '\r' {
        l.readChar()
    }
}
```

この小さなヘルパー関数は多くのパーサーに登場する。eatWhiteSpaceやconsumeWhitespaceなどと呼ばれることもあるし、あるいは全然違う名前かもしれない。これらの関数が実際にどういう文字を読み飛ばすかは字句解析しようとしている言語によって決まる。言語の実装によっては、改行文字に対してトークンを生成することがある。そして、トークン列の中で改行文字が不適切な位置に出現した場合は構文解析エラーを発生させる。私たちの場合は、後の構文解析ステップを少し簡単にするため、改行文字を単に読み飛ばすことにする。

skipWhitespace()が実装されると、字句解析器はテスト入力のlet five = 5;にある5のところでつまずくようになる。これは想定通りだ。何しろ、字句解析器はまだ数をどのようにトークンに変換するかを知らないからだ。早速これを追加しよう。

識別子の対応で先ほどしたのと同様に、switch文のdefault分岐にさらに機能を追加する必要がある。

```
// lexer/lexer.go

func (l *Lexer) NextToken() token.Token {
    var tok token.Token

    l.skipWhitespace()

    switch l.ch {
// [...]
    default:
        if isLetter(l.ch) {
            tok.Literal = l.readIdentifier()
            tok.Type = token.LookupIdent(tok.Literal)
            return tok
        } else if isDigit(l.ch) {
            tok.Type = token.INT
            tok.Literal = l.readNumber()
            return tok
```

```
        } else {
            tok = newToken(token.ILLEGAL, l.ch)
        }
    }
// [...]
}

func (l *Lexer) readNumber() string {
    position := l.position
    for isDigit(l.ch) {
        l.readChar()
    }
    return l.input[position:l.position]
}

func isDigit(ch byte) bool {
    return '0' <= ch && ch <= '9'
}
```

見てもらうとわかるように、追加したコードは、識別子とキーワードを読み込む部分によく似ている。readNumberメソッドはreadIdentifierとほとんど同じだ。isDigitをisLetterの代わりに使う点だけが違う。これを、文字判定関数を追加の引数として渡すようにして一般化することもできるだろう。でも、やめておこう。コードの単純さと、理解しやすさを優先するためだ。

isDigit関数はisLetter関数と同様に簡単だ。byteで与えられたものが0から9の間にあるかどうかを返す。

これを追加すると、テストが通る。

```
$ go test ./lexer
ok      monkey/lexer 0.008s
```

お気づきかどうかはわからないけれど、readNumberでは物事をかなり単純化している。何しろ**整数**しか読めないんだ。浮動小数点数は？　16進数の数は？　8進数の数は？　Monkeyではそれらをサポートしないことにして、目をつぶろう。もちろん、こうする理由もまた、本書が教育を目的としていて、扱う範囲を限定しているからだ。

さあ、シャンパンを開けてお祝いをしよう！　Monkey言語の小さなサブセットを首尾よくトークンに変換できた。

この勝利によって、字句解析器は拡張しやすいものになっている。より多様なMonkeyのソースコードをトークン化できるようにするのも簡単だ。

1.4 トークン集合の拡充と字句解析器の拡張

後ほど構文解析器を書く段階になってパッケージ間を行ったり来たりするのは面倒なので、ここで字句解析器がMonkey言語のより多くを認識し、トークンを出力できるようにしておこう。というわけで、この節では「==」、「!」、「!=」、「-」、「/」、「*」、「<」、「>」、それにキーワードtrue、false、if、else、returnを追加する。

これから追加するトークンは、次の3種類に分類される。1文字トークン（例：「-」）、2文字トークン（例：「==」）、キーワードトークン（例：return）だ。1文字トークンとキーワードの扱い方はすでにわかっているので、まずその対応をしよう。それから字句解析器を拡張して2文字トークンに対応しよう。

「-」、「/」、「*」、「<」、「>」の対応は簡単だ。まずはlexer/lexer_test.goにあるテストケースを修正して、これらの文字を含める。先ほどと同様だ。この章に対応するサンプルコードには、全てのテストケースを追加したtestsテーブルが入っている。紙面を節約し、あなたを退屈させないために、以降では拡張したテーブルを都度示すことは避ける。

```
// lexer/lexer_test.go

func TestNextToken(t *testing.T) {
	input := `let five = 5;
let ten = 10;

let add = fn(x, y) {
  x + y;
};

let result = add(five, ten);
!-/*5;
5 < 10 > 5;
`

// [...]
}
```

入力inputは一見Monkeyのソースコード片のように見える。ここで注意してほしいのは、いくつかの行は!-/*5のようにでたらめで、実は意味をなしていないことだ。しかし、これは問題ない。字句解析器の仕事は、コードが意味をなすか、動作するか、エラーを含むかを判定することではないからだ。字句解析器には入力をトークン列に変換することだけが求められる。そのため、ここで字句解析器のために用意したテストケースは、全てのトークンを網羅していて、off-by-oneエラー[†2]、ファイル終端における境界ケース、改行の取り扱い、複数桁の数の解釈など引き起こしやすいように配慮してある。それで「コード」がでたらめのように見えるんだ。

テストを走らせると、undefined:エラーが出る。テストケースに未定義のTokenTypeへの参照が含まれるからだ[†3]。これを修正するため、次のような定数をtoken/token.goに追加する。

†2　訳注：数を1つずれて数えてしまうことによるエラー。

†3　訳注：提示されたコード中では省略されているものの、その部分に読者が書いたコードには未定義のTokenTypeへの参照が含まれているはずだ。以降も同様。

```
// token/token.go

const (
// [...]

    // 演算子
    ASSIGN   = "="
    PLUS     = "+"
    MINUS    = "-"
    BANG     = "!"
    ASTERISK = "*"
    SLASH    = "/"

    LT = "<"
    GT = ">"

// [...]
)
```

新しい定数を追加をしても、テストは失敗したままだ。期待するTokenTypeのトークンを返していないからだ。

```
$ go test ./lexer
--- FAIL: TestNextToken (0.00s)
  lexer_test.go:84: tests[36] - tokentype wrong. expected="!", got="ILLEGAL"
FAIL
FAIL    monkey/lexer 0.007s
```

このテストを通すには、LexerのNextTokenメソッドにあるswitch文を拡張する必要がある。

```
// lexer/lexer.go

func (l *Lexer) NextToken() token.Token {
// [...]
    switch l.ch {
    case '=':
        tok = newToken(token.ASSIGN, l.ch)
    case '+':
        tok = newToken(token.PLUS, l.ch)
    case '-':
        tok = newToken(token.MINUS, l.ch)
    case '!':
        tok = newToken(token.BANG, l.ch)
    case '/':
        tok = newToken(token.SLASH, l.ch)
    case '*':
        tok = newToken(token.ASTERISK, l.ch)
    case '<':
        tok = newToken(token.LT, l.ch)
    case '>':
        tok = newToken(token.GT, l.ch)
    case ';':
```

```
        tok = newToken(token.SEMICOLON, l.ch)
    case ',':
        tok = newToken(token.COMMA, l.ch)
// [...]
}
```

トークンを追加し、switch文にあるケースをtoken/token.goの定数と同じになるように並べ替えた。この小さな変更でテストが通るようになる。

```
$ go test ./lexer
ok      monkey/lexer 0.007s
```

さて、新しい1文字トークンは問題なく追加できた。次のステップに進もう。新しいキーワード、true、false、if、else、returnを追加しよう。

今回も、最初のステップはテストケース中の入力を拡張して新しいキーワードを追加することだ。TestNextTokenのinputを次のようにする。

```
// lexer/lexer_test.go

func TestNextToken(t *testing.T) {
    input := `let five = 5;
let ten = 10;

let add = fn(x, y) {
  x + y;
};

let result = add(five, ten);
!-/*5;
5 < 10 > 5;

if (5 < 10) {
    return true;
} else {
    return false;
}`
// [...]
}
```

新しいキーワードへの参照が未定義なので、このテストはコンパイルも通らない。これも修正しよう。今度はLookupIdent()のルックアップテーブルに新しい定数を追加するだけだ。

```
// token/token.go

const (
// [...]

    // キーワード
    FUNCTION = "FUNCTION"
```

```
    LET      = "LET"
    TRUE     = "TRUE"
    FALSE    = "FALSE"
    IF       = "IF"
    ELSE     = "ELSE"
    RETURN   = "RETURN"
)

var keywords = map[string]TokenType{
    "fn":     FUNCTION,
    "let":    LET,
    "true":   TRUE,
    "false":  FALSE,
    "if":     IF,
    "else":   ELSE,
    "return": RETURN,
}
```

未定義の変数への参照を修正することで、コンパイルエラーを修正でき、テストも通るようになった。

```
$ go test ./lexer
ok      monkey/lexer 0.007s
```

これで、字句解析器が新しいキーワードを認識できるようになった。必要な変更は自明で、容易に想像でき、変更も簡単だった。

やったね！

しかし、次の章に移って構文解析器に着手する前に、まだ字句解析器を拡張する必要がある。2文字からなるトークンを認識できるようにしよう。具体的には、「==」と「!=」に対応する。

「そんなのはswitch文に新しいcaseを追加すれば終わりじゃないか」と思うかもしれない。しかし、現状のswitch文は現在の文字l.chを比較の対象にしているので、単にcase "=="というケースを追加するわけにはいかない。コンパイラが許してくれないからだ。byteであるl.chと、"=="のような文字列とを比較することはできないんだ。

ではどうすればいいのかというと、すでに存在している'='と'!'の分岐を使い回して、それらを拡張すればよい。というわけで、入力を先読みして、「=」か「==」かどちらのトークンを返すのかを決定するようにする。これまでと同様にlexer/lexer_test.goのinputを拡張し、次のようにする。

```
// lexer/lexer_test.go

func TestNextToken(t *testing.T) {
    input := `let five = 5;
let ten = 10;

let add = fn(x, y) {
  x + y;
};
```

```
let result = add(five, ten);
!-/*5;
5 < 10 > 5;

if (5 < 10) {
    return true;
} else {
    return false;
}

10 == 10;
10 != 9;
`
// [...]
}
```

NextToken()のswitch文に手を入れる前に、新しいヘルパーメソッドを*Lexerに追加しておこう。名前はpeekChar()にしよう。

```
// lexer/lexer.go

func (l *Lexer) peekChar() byte {
    if l.readPosition >= len(l.input) {
        return 0
    } else {
        return l.input[l.readPosition]
    }
}
```

peekChar()はreadChar()によく似ている。違いは、こちらはl.positionとl.readPositionをインクリメントしない点だけだ。私たちは入力を前もって「覗き見（peek）」したいだけで、実際にその位置まで字句解析器を進めたいわけではない。ほとんどの字句解析器や構文解析器は、このようなpeek関数を持っていて、先読みを行う。大抵の場合は直後の文字を返すだけだ。言語におけるパースの難易度の違いは、ソースコードを解釈する際に、どの程度先まで読む（もしくは戻って読む！）必要があるかによるところが大きい。

peekChar()が追加されても、新しいテストはコンパイルできない。そう、テストの中で未定義のトークン定数を参照しているからだ。これを直すのはこれまでと同様に簡単だ。

```
// token/token.go

const (
// [...]

    EQ     = "=="
    NOT_EQ = "!="

// [...]
)
```

字句解析器のテストにあるtoken.EQとtoken.NOT_EQの参照を解決すると、go testは正しく失敗のメッセージを返すようになる。

```
$ go test ./lexer
--- FAIL: TestNextToken (0.00s)
  lexer_test.go:118: tests[66] - tokentype wrong. expected="==", got="="
FAIL
FAIL    monkey/lexer 0.007s
```

字句解析器が入力中の「==」まで到達すると、単一のtoken.EQではなく、2つのtoken.ASSIGNを生成してしまう。今実装したばかりのpeekChar()を使うと、これを解決できる。switch文の「=」と「!」の分岐の中で先を「覗き見」するんだ。もし後続のトークンが「=」であれば、token.EQトークンやtoken.NOT_EQトークンを生成する。

```
// lexer/lexer.go

func (l *Lexer) NextToken() token.Token {
// [...]
    switch l.ch {
    case '=':
        if l.peekChar() == '=' {
            ch := l.ch
            l.readChar()
            literal := string(ch) + string(l.ch)
            tok = token.Token{Type: token.EQ, Literal: literal}
        } else {
            tok = newToken(token.ASSIGN, l.ch)
        }
// [...]
    case '!':
        if l.peekChar() == '=' {
            ch := l.ch
            l.readChar()
            literal := string(ch) + string(l.ch)
            tok = token.Token{Type: token.NOT_EQ, Literal: literal}
        } else {
            tok = newToken(token.BANG, l.ch)
        }
// [...]
}
```

l.readChar()を再び呼ぶ前に、l.chをローカル変数に保存しているところに注目してほしい。このようにすることで、現在の文字を失わず、かつ字句解析器を安全に進めることができる。l.positionとr.readPositionが正常な状態でNextToken()から抜けることができるわけだ。もし、さらに多くの2文字トークンをMonkeyで対応するのであれば、おそらくこの動作をmakeTwoCharTokenのような名前の関数に抽象化するのがよいだろう。この関数が先読みを行い、必要に応じて字句解析器を進めるようにする。これら2つの分岐は共通する部分が多すぎるからだ。とはいえ、目下のところMonkeyにおける2文字トークンは「==」と「!=」だけなので、このままにしておこう。テストを実行すると、正しく動作することが確認できる。

```
$ go test ./lexer
ok      monkey/lexer 0.006s
```

通った！　やった！　これで字句解析器は拡張したトークン群も生成できるようになった。構文解析器を書く準備は万端だ。しかし、それに取りかかる前に、以降の章で役に立つように別の土台も整えておこう。

1.5　REPLのはじまり

Monkey言語にはREPLが必要だ。REPLは「Read（読み込み）、Eval（評価）、Print（表示）、Loop（繰り返し）」の略で、おそらく他のインタプリタ言語で馴染みがあるだろう。PythonにはREPLがあるし、Rubyにもあるし、JavaScriptランタイムにもあるし、ほとんどのLispにもあるし、他の色々な言語にもある。REPLはコンソールやインタラクティブモードと呼ばれることもある。考え方は一緒だ。REPLは入力を読み込んで、インタプリタに送って評価させ、インタプリタの結果/出力を表示して、また最初に戻る。読み込み、評価、表示、繰り返し。

私たちはまだMonkeyのソースコードを完璧に「評価」する方法がわかっているわけではない。「評価」の裏側に隠れているプロセスの1つ、Monkeyのソースコードをトークナイズする部分を手にしただけだ。それでも、どうやって読み込むのか、表示するのかはわかっているし、繰り返しだって問題ないだろう。

REPLの実装をお見せしよう。このREPLではMonkeyのソースコードをトークナイズしてトークン列を表示する。ゆくゆくはこれを拡張し、構文解析と評価を追加することになる。

```
// repl/repl.go

package repl

import (
    "bufio"
    "fmt"
    "io"
    "monkey/lexer"
    "monkey/token"
)

const PROMPT = ">> "

func Start(in io.Reader, out io.Writer) {
    scanner := bufio.NewScanner(in)

    for {
```

```
        fmt.Printf(PROMPT)
        scanned := scanner.Scan()
        if !scanned {
            return
        }

        line := scanner.Text()
        l := lexer.New(line)

        for tok := l.NextToken(); tok.Type != token.EOF; tok = l.NextToken() {
            fmt.Printf("%+v\n", tok)
        }
    }
}
```

どれもわかりやすい。改行が来るまで入力ソースから読み込み、読み込んだ行を取り出して、字句解析器のインスタンスに渡し、最後に字句解析器が返す全てのトークンを表示する。これをEOFに至るまで繰り返す。

main.goファイル（ここまで存在していなかった！）ではREPLのユーザを歓迎してからREPLを開始しよう。

```
// main.go

package main

import (
    "fmt"
    "os"
    "os/user"
    "monkey/repl"
)

func main() {
    user, err := user.Current()
    if err != nil {
        panic(err)
    }
    fmt.Printf("Hello %s! This is the Monkey programming language!\n",
        user.Username)
    fmt.Printf("Feel free to type in commands\n")
    repl.Start(os.Stdin, os.Stdout)
}
```

これを使えば、対話的にトークンを生成できる。

```
$ go run main.go
Hello mrnugget! This is the Monkey programming language!
Feel free to type in commands
>> let add = fn(x, y) { x + y; };
{Type:LET Literal:let}
```

```
{Type:IDENT Literal:add}
{Type:= Literal:=}
{Type:FUNCTION Literal:fn}
{Type:( Literal:(}
{Type:IDENT Literal:x}
{Type:, Literal:,}
{Type:IDENT Literal:y}
{Type:) Literal:)}
{Type:{ Literal:{}
{Type:IDENT Literal:x}
{Type:+ Literal:+}
{Type:IDENT Literal:y}
{Type:; Literal:;}
{Type:} Literal:}}
{Type:; Literal:;}
>>
```

完璧だ！　さあ、**今こそ**これらのトークンを構文解析し始めるときだ！

2章 構文解析

2.1 構文解析器(パーサー)

プログラミングをしたことがあればパーサーについて聞いたことがあるはずで、そのほとんどは「パーサーエラー」に出くわしたのが原因だろう。もしかすると、誰かが「これをパースする必要があるな」、「これをパースしたあとで」、「この入力を食わせるとパーサーがコケる」などと言うのを聞いたことがあるかもしれない。「パーサー」は「コンパイラ」や「インタプリタ」や「プログラミング言語」と同じくらい一般的だ。パーサーが**存在する**ことは誰だって知っている。存在してくれないと困るだろう?じゃないと「パーサーエラー」はどこからやってくるというんだ。

でも、パーサーとは実際のところ何なのか? どんな仕事を、どうやってしているのか? Wikipedia(https://en.wikipedia.org/wiki/Parsing#Parser)には次のように説明されている。

> 構文解析器はソフトウェアを構成する部品の一つで、入力データ(大抵はテキスト)を受取り、何らかのデータ構造を構築する。このデータ構造は、多くの場合、構文木や抽象構文木、その他の階層的な構造で、入力に対して構造化された表現を与える。その過程で入力が正しい構文であるかをチェックする。[…] 多くの場合、構文解析器は独立した字句解析器の後段に置かれる。字句解析器は入力の文字列からトークン列を生成するものだ。

コンピュータサイエンスのトピックに関するWikipedia記事としては、この抜粋は素晴らしくわかりやすい。字句解析器のことまで書いてあった!

構文解析器は、入力をあるデータ構造へと変換する。それも入力を反映したデータ構造だ。これはかなり抽象的な話に聞こえるだろうから、例を挙げて説明させてほしい。ここにちょっとしたJavaScriptのコードがある。

```
> var input = '{"name": "Thorsten", "age": 28}';
> var output = JSON.parse(input);
```

```
> output
{ name: 'Thorsten', age: 28 }
> output.name
'Thorsten'
> output.age
28
>
```

ここでinputはただのテキスト、つまり文字列だ。それをJSON.parse関数の裏にある構文解析器に渡し、出力の値を受け取る。この出力は入力を反映したデータ構造になっている。つまり、nameとageの2つのフィールドがあるJavaScriptオブジェクトで、それらの値は入力と対応している。こうなれば、このデータ構造を簡単に扱うことができる。今見たように、nameやageのフィールドにアクセスできるわけだ。

「でも」とあなたは言うだろう。「JSONパーサーはプログラミング言語のパーサーと同じではないよ！違うものだ！」と。そう思う気持ちは理解できる。でも、それらは違わないんだ。少なくとも考え方のレベルでは違わない。JSONパーサーはテキストを入力として受け取り、その入力に対応するデータ構造を生成する。これはプログラミング言語のパーサーがしていることと全く同じなんだ。違いがあるのは、JSONパーサーの場合は入力を見ればデータ構造が**すぐにわかる**というだけだ。もし次のようなものを見ても、これがどんなデータ構造で表現されるのかはすぐにはわからないだろう。

```
if ((5 + 2 * 3) == 91) { return computeStuff(input1, input2); }
```

そのせいで、これらが認識のより深いレベルで別物のように感じてしまうんだ。少なくとも私はそうだった。私の推測では、このような認識の違いを感じるのは、プログラミング言語の構文解析器とそれが生成するデータ構造に慣れていないのが主な原因だ。私は、JSONを書いたり、パースしたり、パースした結果を見たりする経験が、プログラミング言語のパースよりもずっと多くあった。プログラミング言語の利用者として、私たちは構文解析されたコードの内部表現を目にしたり操作したりすることはほとんどない。Lispプログラマは例外だ。Lispではソースコードを表現するデータ構造がLispユーザの触るものと同一だ。構文解析されたソースコードはデータとしてプログラムから簡単にアクセスできる。Lispプログラマたちは「コードはデータで、データはコードだ」とよく言うものだ。

というわけで、プログラミング言語の構文解析器をシリアライズ形式（JSON、YAML、TOML、INIなど）のパーサーと同様に身近に感じ、直感的に理解できるようになるためには、プログラミング言語の構文解析器が生成するデータ構造について理解する必要がある。

ほとんどのインタプリタやコンパイラにおいて、ソースコードの内部表現として使われるのは「構文木（Syntax Tree）」もしくは「抽象構文木（Abstract syntax tree; AST）」だ。「抽象」というのは、ソースコード中に現れる、いくらかの細かいことがASTでは省かれるからだ。セミコロン、改行文字、ホワイトスペース、波括弧、角括弧、丸括弧などは、言語や構文解析器によってはASTを構築する際に構文解析器を導く役割を持つだけで、AST中には出現しない。

ここで指摘しておきたいのは、どんな構文解析器でも利用できるような、普遍的なAST形式などというものがただ一つ存在するわけではないことだ。確かに、ASTの実装はどれもよく似ているし、同じ考え方に基づいている。それでも、細かな部分では異なっている。具体的な実装は構文解析しようとしている言語に依存する。

小さな例を見るとわかりやすい。次のようなソースコードを考えよう。

```
if (3 * 5 > 10) {
  return "hello";
} else {
  return  "goodbye";
}
```

JavaScriptを使っているとして、魔法のように動作するMagicLexerとMagicParserが手元にあり、ASTはJavaScriptのオブジェクトとして作られるとしよう。ここで、構文解析ステップで次のようなものが生成されたとする。

```
> var input = 'if (3 * 5 > 10) { return "hello"; } else { return "goodbye"; }';
> var tokens = MagicLexer.parse(input);
> MagicParser.parse(tokens);
{
  type: "if-statement",
  condition: {
    type: "operator-expression",
    operator: ">",
    left: {
      type: "operator-expression",
      operator: "*",
      left: { type: "integer-literal", value: 3 },
      right: { type: "integer-literal", value: 5 }
    },
    right: { type: "integer-literal", value: 10 }
  },
  consequence: {
    type: "return-statement",
    returnValue: { type: "string-literal", value: "hello" }
  },
  alternative: {
    type: "return-statement",
    returnValue: { type: "string-literal", value: "goodbye" }
  }
}
```

見ての通り、構文解析器の出力は抽象構文木（AST）であり、実際のところかなり抽象的だ。丸括弧もないし、セミコロンもないし、波括弧もない。それでも、ソースコードを相応に正確に表現しているだろう？　これで、ソースコードを振り返ってみると今度はASTの構造が目に浮かぶようになったに違いない。

というわけで、これが構文解析器のしていることなんだ。ソースコードを入力として（テキストまたはトークン列として）受け取り、ソースコードを表現するようなあるデータ構造を生成する。そのデータ構造を構築する間には、必然的に入力を解析することになる。その間、入力が期待された構造に従っているかをチェックする。だから、構文解析というんだ。

この章では、Monkeyプログラミング言語のための構文解析器を書いていく。その入力は前の章で定義したトークン列、つまり前の章で書き上げた字句解析器の出力だ。これから、Monkeyプログラミング言語のインタプリタが要求する仕様を満たすような独自のASTを定義し、トークンを再帰的に構文解析しながらこのASTのインスタンスを構築していく。

2.2 パーサージェネレータじゃないの？

もしかすると、パーサージェネレータについて聞いたことがあるかもしれない。例えばyaccやbison、ANTLRといったツールだ。パーサージェネレータは、何らかの言語の形式的記述を受け取って、その出力としてパーサーを生成する。この出力は、コンパイルしたりインタプリタで実行したりできるコードだ。このコードは、ソースコードを入力として受け取り、構文木を生成する。

パーサージェネレータは多数存在し、受け付ける入力の形式と、出力として生成する言語が異なっている。多くは**文脈自由文法**（context-free grammar; CFG）を入力として用いる。CFGは、どのようにして正しい（文法に照らして正当な）文を生成するのかを記述したルールの集合だ。最も一般的に用いられるCFGの記法は「バッカスナウア記法（Backus-Naur Form; BNF）」や「拡張バッカスナウア記法（Extended Backus-Naur Form; EBNF）」だ。

```
PrimaryExpression ::= "this"
                    | ObjectLiteral
                    | ( "(" Expression ")" )
                    | Identifier
                    | ArrayLiteral
                    | Literal
Literal ::= ( <DECIMAL_LITERAL>
            | <HEX_INTEGER_LITERAL>
            | <STRING_LITERAL>
            | <BOOLEAN_LITERAL>
            | <NULL_LITERAL>
            | <REGULAR_EXPRESSION_LITERAL> )
Identifier ::= <IDENTIFIER_NAME>
ArrayLiteral ::= "[" ( ( Elision )? "]"
                 | ElementList Elision "]"
                 | ( ElementList )? "]" )
ElementList ::= ( Elision )? AssignmentExpression
                ( Elision AssignmentExpression )*
Elision ::= ( "," )+
ObjectLiteral ::= "{" ( PropertyNameAndValueList )? "}"
PropertyNameAndValueList ::= PropertyNameAndValue ( "," PropertyNameAndValue
```

```
                                                | "," )*
PropertyNameAndValue ::= PropertyName ":" AssignmentExpression
PropertyName ::= Identifier
               | <STRING_LITERAL>
               | <DECIMAL_LITERAL>
```

これは、EcmaScriptの完全な文法（http://tomcopeland.blogs.com/EcmaScript.html）からの抜粋で、BNFで書かれている。パーサージェネレータはこのようなものを受け取り、例えばコンパイル可能なC言語のコードを出力する。

パーサーを手書きするのではなくパーサージェネレータを使うべきだ、と誰かが言うのを聞いたことがあるかもしれない。そうアドバイスする人は「その部分は飛ばしてしまおう」と言うだろう。「それは解決済みの問題だ」と。このようなアドバイスがなされる理由は、パーサーがことのほか自動生成するのに向いているからだ。構文解析はコンピュータサイエンスにおいて最もよく研究がされている分野の一つであり、本当に優秀な人たちが構文解析の問題に大量の時間を投資してきている。その成果がCFG、BNF、EBNF、パーサージェネレータ、そしてこれらの中で使われる構文解析の技法だ。それを利用すべきではないなんて、一体どういうことだろうか？

私は、独自の構文解析器を書くことを学ぶのが時間の無駄だとは思わない。むしろ、大いに価値のあることだと考えている。自分の構文解析器を書き上げたあと、そうでなくとも最低でも試みたあとで初めて、パーサージェネレータのもたらす利点と欠点、解決する問題について理解できる。私の場合、パーサージェネレータの考え方が腑に落ちたのは、自分で最初の構文解析器を書いたあとだった。そのときになって初めて、どうやってパーサーのコードを自動生成できるのかを本当の意味で理解できた。

誰かがインタプリタやコンパイラに取り組もうとしているときに、ほとんどの人がパーサージェネレータの利用をすすめるのは、彼らが自分で構文解析器を書いた経験があるからだ。彼らは、問題を理解していて、利用可能な解決策も知っているので、その仕事には既存のツールを使った方がよいと判断したんだ。そして実際彼らは正しい。もし何か解決したい問題があって、それがプロダクション環境に置かれるようなものであれば、正確さと堅牢さが最も重要だからだ。もちろん、そんな状況において、自分で構文解析器を書こうとしてはいけない。ましてや、自分の構文解析器を一度でも手書きした経験があればなおさらだ。

しかし、私たちは学ぶためにここにいる。構文解析器がどのように動作するのかを知りたいんだ。そして、これは私の考えだが、そのための最善の方法は、実際に手を動かして自分たちの構文解析器を書くことだ。しかも、それがとてつもなく面白いんだ。

2.3 Monkey言語のための構文解析器を書く

プログラミング言語の構文解析には、大きく分けて2つの戦略がある。トップダウン構文解析とボトムアップ構文解析だ。どちらの戦略にも細かなバリエーションがある。例えば「再帰下降構文解析（recursive descent parsing）」や「アーリー法（Earley parsing）」、「予測的構文解析（predictive parsing）」はいずれもトップダウン構文解析法のバリエーションだ。

これから書こうとしている構文解析器は再帰下降構文解析器だ。より詳しく言うと「トップダウン演算子優先順位」構文解析器で、考案者Vaughan Prattの名前を取って「Pratt構文解析器」とも呼ばれる。

構文解析戦略の違いについて、詳細に立ち入るつもりはない。本書の目的には合わないし、私はそれらを正確に説明するのにふさわしい人物でもないからだ。代わりに一言だけ言わせてもらうと、トップダウン構文解析器とボトムアップ構文解析器の違いは、前者はASTのルートノードから構築を開始して下っていくのに対し、後者は逆の方向だという点だ。再帰下降構文解析器は、トップダウンに動作し、構文解析の初心者におすすめされることが多い。私たちの抱いているASTとその構築についての考え方とぴったりあっているからだ。私も、ルートノードから始める再帰的なアプローチが素晴らしいと気がついたんだ。とはいえ、考え方がすっかり腑に落ちるまでは、少しコードを書いてみる必要があった。これが、構文解析の戦略に深入りせず、コードに取りかかるもうひとつの理由だ。

さて、実際に私たちの構文解析器を書くにあたって、いくつかのトレードオフを考慮しなければならない。私たちの構文解析器は前代未聞の速さでは動作しないし、正当性に関する形式的な証明もないし、エラーリカバリーや構文誤りの検出も実戦対応というわけではない。特に、最後に挙げたエラーの検出を正しく実装するのは、構文解析にまつわる理論の広範な理解がないと難しい。それでも、私たちが手に入れることになるのは、完全に動作するMonkeyプログラミング言語の構文解析器だ。拡張や改善がしやすいようになっていて、理解もしやすく、もしあなたが望むならば構文解析のトピックに深く潜っていくための素晴らしい出発点となるだろう。

文（ステートメント）の構文解析から始めよう。let文とreturn文だ。文を構文解析できるようになり、構文解析器の基本的な構造ができたら、式とその構文解析の方法を見ていく（Vaughan Prattが登場するのがこの部分だ）。それから、構文解析器を拡張し、Monkeyプログラミング言語の広範なサブセットを構文解析できるようにする。進行に合わせて、ASTに必要になる構造も作りあげていく。

2.4 構文解析器の第一歩：let文

Monkeyでは、変数の束縛は次のような形の文だ。

```
let x = 5;
let y = 10;
let foobar = add(5, 5);
let barfoo = 5 * 5 / 10 + 18 - add(5, 5) + multiply(124);
let anotherName = barfoo;
```

これらの文は「let文」と呼ばれ、与えられた名前を値に束縛する。`let x = 5;`は値5に名前xを束縛する。この節の仕事は、let文を正しく構文解析できるようにすることだ。とりあえず値を生成する式の部分の構文解析はスキップしよう。式の構文解析のやり方がわかり次第、戻ってくることにする。

let文を正しく構文解析するというのは一体どういうことだろうか？　それは、元のlet文に含まれる情報を正確に表現したASTを構文解析器が生成することを意味する。これはもっともらしく聞こえる。とは言うものの、まだASTは実装していないし、それがどういう形であるべきかすらわかっていない。そこで、まずはMonkeyのソースコードをよく観察し、どのように構造化されているかを見ることにしよう。そうすれば、let文を正確に表現するにあたって、ASTに必要となる部品を定義できるようになる。

ここに、Monkeyで書かれた完全に有効なプログラムがある。

```
let x = 10;
let y = 15;

let add = fn(a, b) {
  return a + b;
};
```

Monkeyのプログラムは、一連の文の集まりだ。この例では3つの文、つまり3つの変数束縛（let文）がそれぞれ次のような形になっている。

```
let <identifier> = <expression>;
```

let文には2つの可変部がある。1つは識別子で、もう1つは式だ。上の例では、識別子は`x`、`y`、`add`だ。式は`10`、`15`、関数リテラルだ。

先に進む前に、式と文の違いについて少し説明しておく必要がある。式は値を生成し、文はしない。例えば、`5`は値を生成し（この式が生成する値は5だ）、`let x = 5`は値を生成しない。この「式は値を生成し、文は生成しない」という区別は、人によって違う考えがありうる。しかし、ここではこの区別で十分だ。

厳密に言うと、何が式で何が文かはプログラミング言語によって異なる。何が値を生成し、何が値を生成しないかもプログラミング言語による。いくつかの言語では、関数リテラル（例：`fn(x, y) { return x + y; }`）は式で、式が許される場所であればどこにでも配置できる。一方、別の言語では、関数リテラルはプログラムのトップレベルに配置された関数宣言文の一部にしかなれない。また、ある言語には「if式」があって、条件分岐は式で、値を生成する。これは完全に言語設計者の判断によるものだ。後で見ていくように、Monkeyでは関数リテラルをはじめ多くのものが式だ。

ASTに戻ろう。上の例を見るに、2種類のノードが必要だ。式と文だ。私たちの最初のASTを見てみよう。

```
// ast/ast.go

package ast
```

```
type Node interface {
    TokenLiteral() string
}

type Statement interface {
    Node
    statementNode()
}

type Expression interface {
    Node
    expressionNode()
}
```

3つのインターフェイス、Node、Statement、Expressionがある。ASTの全てのノードはNodeインターフェイスを実装しなければならない。つまり、TokenLiteral()メソッドを提供しなければならない。このメソッドは、そのノードが関連付けられているトークンのリテラル値を返す。なお、TokenLiteral()はデバッグとテストのためだけに用いる。私たちが構築するASTは、互いに接続されたNodeだけで構成される。これは結局のところ木だ。ノードのうち一部はStatementインターフェイスを実装し、また一部はExpressionインターフェイスを実装する。これらのインターフェイスはそれぞれstatementNodeとexpressionNodeという名前のダミーメソッドだけを持つ。これは絶対に必要というわけではない。しかし、Goコンパイラに情報を与えることでコンパイラの支援を受けられる可能性がある。例えば、本来Expressionを使わなければならない箇所にStatementを使ってしまったとき、あるいはその逆のときに、エラーを発生させて教えてくれるはずだ。

そしてNodeの最初の実装は次のようになる。

```
// ast/ast.go

type Program struct {
    Statements []Statement
}

func (p *Program) TokenLiteral() string {
    if len(p.Statements) > 0 {
        return p.Statements[0].TokenLiteral()
    } else {
        return ""
    }
}
```

このProgramノードは、私たちの構文解析器が生成する全てのASTのルートノードになるものだ。全ての有効なMonkeyプログラムは、ひと続きの文の集まりだ。これらの文はProgram.Statementsに格納される。これは、単純にStatementインターフェイスを実装するASTノードのスライスだ。

ASTを構成する基本的な部品が揃ったところで、let x = 5;という形式の変数束縛のノードはどういうものになるか考えてみよう。どういうフィールドが定義されていなければならないだろうか？　変数の名前は間違いなく必要だ。それから、等号の右側にある式を指し示すフィールドも必要だろう。そのフィールドはあらゆる式を指し示せなければならない。単にリテラル値(この例では整数リテラル5)を指し示せるだけでは不十分だ。なぜなら、等号の後にはあらゆる式が許されるからだ。`let x = 5 * 5`も有効だし、`let y = add(2, 2) * 5 / 10;`も有効だ。それから、このASTノードに関連付けられたトークンも記録しておく必要がある。これを使って`TokenLiteral()`メソッドを実装できる。まとめると、3つのフィールドが必要だ。識別子のためのもの、let文の中で値を生成する式のためのもの、トークンのためのものだ。

```
// ast/ast.go

import "monkey/token"

// [...]

type LetStatement struct {
    Token token.Token // token.LET トークン
    Name  *Identifier
    Value Expression
}

func (ls *LetStatement) statementNode()       {}
func (ls *LetStatement) TokenLiteral() string { return ls.Token.Literal }

type Identifier struct {
    Token token.Token // token.IDENT トークン
    Value string
}

func (i *Identifier) expressionNode()      {}
func (i *Identifier) TokenLiteral() string { return i.Token.Literal }
```

`LetStatement`はフィールド`Name`と`Value`を持っている。`Name`はこの束縛の識別子を保持するため、`Value`は値を生成する式を保持するために必要だ。2つのメソッド、`statementNode`と`TokenLiteral`がそれぞれ`Statement`インターフェイスと`Node`インターフェイスを満たす。

`let x = 5;`における`x`のような束縛の識別子を保持するために`Identifier`構造体型を用いる。これは`Expression`インターフェイスを実装する。おや、let文の識別子は値を生成しなかったのではないか？　なぜ`Expression`なのだろうか？　これは簡単のためだ。Monkeyプログラムの他の部分では識別子は値を生成**する**。例えば`let x = valueProducingIdentifier;`という具合だ。ノードの種類を少なく保つため、ここでは変数束縛の名前を表現するために`Identifier`を利用することにする。そして、後ほどそれを再利用し、完全な式やその一部としての識別子を表現するために用いる。

`Program`、`LetStatement`、`Identifier`が定義できれば、次のMonkeyソースコード片は、**図2-1**のようなASTで表現できる。

```
let x = 5;
```

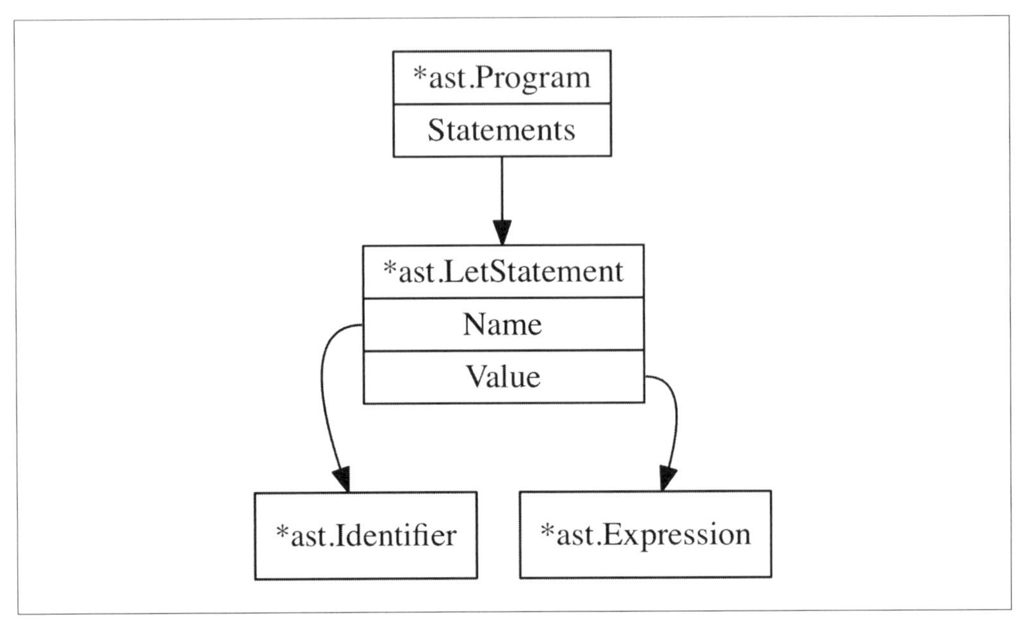

図2-1 let x = 5;のAST表現

どうなっていればいいのかがわかったので、次の仕事はそのようなASTを構築することだ。早速、構文解析器の第一歩をお見せしよう。

```
// parser/parser.go

package parser

import (
    "monkey/ast"
    "monkey/lexer"
    "monkey/token"
)

type Parser struct {
    l *lexer.Lexer

    curToken  token.Token
    peekToken token.Token
}

func New(l *lexer.Lexer) *Parser {
    p := &Parser{l: l}
```

```
    // 2つトークンを読み込む。curTokenとpeekTokenの両方がセットされる。
    p.nextToken()
    p.nextToken()

    return p
}

func (p *Parser) nextToken() {
    p.curToken = p.peekToken
    p.peekToken = p.l.NextToken()
}

func (p *Parser) ParseProgram() *ast.Program {
    return nil
}
```

Parserには3つのフィールドがある。l、curToken、peekTokenだ。lは字句解析器インスタンスへのポインタで、このインスタンスのNextToken()を繰り返し呼び出し、入力から次のトークンを取得する。curTokenとpeekTokenは字句解析器にあった2つの「ポインタ」のように動作する。positionとreadPositionのことだ。ただし、今度は文字を指し示すのではなく、現在のトークンと次のトークンを指し示す。どちらのトークンも重要だ。curTokenは現在調べているトークンで、次に何をすべきかを判断する。もしcurTokenから十分な情報が得られないのであれば、peekTokenも必要になる。例として、1つの行に5;だけがある場合を考えてみよう。ここで、curTokenはtoken.INTとなる。このとき、行末にいるのか、算術式が始まったところなのかを判定するためにpeekTokenが必要だ。

New関数は自明だろう。nextTokenメソッドはcurTokenとpeekTokenを進めるヘルパーメソッドだ。しかし、現時点ではParseProgramは空だ。

これからテストを書いてParseProgramメソッドを書き始める前に、再帰下降構文解析器の基本的な考え方と構造を説明しておきたい。その方が後で私たちの構文解析器を理解するのがずっと簡単になるからだ。次に示すのは、そのような構文解析器の重要な部分の擬似コードだ。これを注意深く読んで、parseProgram関数の中で何が起こるのかを考えてみてほしい。

```
function parseProgram() {
  program = newProgramASTNode()

  advanceTokens()

  for (currentToken() != EOF_TOKEN) {
    statement = null

    if (currentToken() == LET_TOKEN) {
      statement = parseLetStatement()
    } else if (currentToken() == RETURN_TOKEN) {
      statement = parseReturnStatement()
    } else if (currentToken() == IF_TOKEN) {
```

```
      statement = parseIfStatement()
    }

    if (statement != null) {
      program.Statements.push(statement)
    }

    advanceTokens()
  }

  return program
}

function parseLetStatement() {
  advanceTokens()

  identifier = parseIdentifier()

  advanceTokens()

  if currentToken() != EQUAL_TOKEN {
    parseError("no equal sign!")
    return null
  }

  advanceTokens()

  value = parseExpression()

  variableStatement = newVariableStatementASTNode()
  variableStatement.identifier = identifier
  variableStatement.value = value
  return variableStatement
}

function parseIdentifier() {
  identifier = newIdentifierASTNode()
  identifier.token = currentToken()
  return identifier
}

function parseExpression() {
  if (currentToken() == INTEGER_TOKEN) {
    if (nextToken() == PLUS_TOKEN)  {
      return parseOperatorExpression()
    } else if (nextToken() == SEMICOLON_TOKEN) {
      return parseIntegerLiteral()
    }
  } else if (currentToken() == LEFT_PAREN) {
    return parseGroupedExpression()
  }
// [...]
}
```

```
function parseOperatorExpression() {
  operatorExpression = newOperatorExpression()

  operatorExpression.left = parseIntegerLiteral()
  advanceTokens()
  operatorExpression.operator = currentToken()
  advanceTokens()
  operatorExpression.right = parseExpression()

  return operatorExpression()
}
// [...]
```

もちろん、これは擬似コードなので省略が多々ある。それでも、再帰下降構文解析の背景にある考え方は含まれている。エントリーポイントはparseProgramであり、これがASTのルートノードを生成する（newProgramASTNode()）。その後、現在のトークンに対してどのASTノードを生成すればよいのか知っている他の関数を繰り返し呼び出すことで、子ノード、すなわち文を構築していく。これらの関数群はお互いを再帰的に呼び出す。

やや自明ではないけれど、再帰的な部分の中心はparseExpressionだ。もうおわかりだろうが、5 + 5のような式を構文解析するためには、まず5 +を構文解析し、次にparseExpression()を呼んで残りを構文解析する必要がある。5 + 5 * 10のように、「+」の後に別の演算子式が続く可能性があるからだ。これには後ほど取り組み、式の構文解析について詳しく見ていくことにする。これがこの構文解析器の中でおそらく最も複雑で、最も美しい部分だ。「Partt Parsing」がここで活躍する。

それはさておき、構文解析器のすべきことが何かは見えてきた。構文解析器は繰り返しトークンを読み進め、現在のトークンを調べて次にすることを決める。他の構文解析関数を呼ぶか、エラーを発生させるかだ。それぞれの関数はそれぞれの仕事をし、おそらくASTノードを生成する。こうして、parseProgram()の「メインループ」はトークンを読み進めることができ、何をすべきかを決定できる。

もし、この擬似コードを見て「なんだ、結構簡単に理解できるな」と思ったなら、良いニュースがある。これから実装するParseProgramメソッドとこの擬似コードはよく似ているんだ。早速取りかかろう。

いつも通り、ParseProgramを実装する前にテストから始めよう。let文の構文解析が動作することを確かめるテストケースを見てほしい。

```
// parser/parser_test.go

package parser

import (
    "testing"
    "monkey/ast"
    "monkey/lexer"
)
```

```
func TestLetStatements(t *testing.T) {
    input := `
let x = 5;
let y = 10;
let foobar = 838383;
`
    l := lexer.New(input)
    p := New(l)

    program := p.ParseProgram()
    if program == nil {
        t.Fatalf("ParseProgram() returned nil")
    }
    if len(program.Statements) != 3 {
        t.Fatalf("program.Statements does not contain 3 statements. got=%d",
            len(program.Statements))
    }

    tests := []struct {
        expectedIdentifier string
    }{
        {"x"},
        {"y"},
        {"foobar"},
    }

    for i, tt := range tests {
        stmt := program.Statements[i]
        if !testLetStatement(t, stmt, tt.expectedIdentifier) {
            return
        }
    }
}

func testLetStatement(t *testing.T, s ast.Statement, name string) bool {
    if s.TokenLiteral() != "let" {
        t.Errorf("s.TokenLiteral not 'let'. got=%q", s.TokenLiteral())
        return false
    }

    letStmt, ok := s.(*ast.LetStatement)
    if !ok {
        t.Errorf("s not *ast.LetStatement. got=%T", s)
        return false
    }

    if letStmt.Name.Value != name {
        t.Errorf("letStmt.Name.Value not '%s'. got=%s", name, letStmt.Name.Value)
        return false
    }

    if letStmt.Name.TokenLiteral() != name {
```

```
        t.Errorf("letStmt.Name.TokenLiteral() not '%s'. got=%s",
            name, letStmt.Name.TokenLiteral())
        return false
    }

    return true
}
```

このテストケースは、字句解析器のためのテストと同じ方針に従っている。今後書くことになる他のユニットテストもほとんど同様だ。このようなテストでは、Monkeyソースコードを入力として与え、AST（これが構文解析器の生成するものだ）としてどんなものを期待しているかを記述する。このとき、ASTノードのできる限り多くのフィールドをチェックして、漏れがないかを確認する。私は自分の経験から、構文解析器がoff-by-oneバグの温床になりやすいことを知っている。だから、テストとアサーションが多ければ多いほど良い。

字句解析器をモックやスタブにはしないことにする。トークン列を与えるのではなく、ソースコードそのものを入力として与えた方が、テストが読みやすく、理解しやすいものになるからだ。もちろん字句解析器のバグが構文解析器のテストも壊してしまい、不必要なノイズを生じることもあるだろう。しかし、可読性のあるソースコードを入力として用いる利点とを秤にかけると、そのリスクは相当に小さいと言える。

テストケースで見ておくべき点が2つある。1つは、*ast.LetStatementのValueフィールドを無視している点だ。なぜ整数リテラル（5、10など）が正しく構文解析されているかを確認しないのか？　答えは、「あとでやる」だ。まずはlet文が正しく構文解析できるかを確かめる必要があるので、Valueには目をつぶる。

もう1つは、ヘルパー関数testLetStatementだ。これを独立した関数に切り出すのはやりすぎだと思うかもしれない。しかし、この関数はすぐに必要になる。型変換をあちこちの行に書き散らかすのと比べれば、テストケースがかなり読みやすくなるだろう。

なお、本章では構文解析器の全てのテストを見ていくのは避ける。長すぎるからだ。ソースコードのアーカイブには全てが含まれている。

さて、テストは期待通りに失敗する。

```
$ go test ./parser
--- FAIL: TestLetStatements (0.00s)
  parser_test.go:20: ParseProgram() returned nil
FAIL
FAIL    monkey/parser    0.007s
```

いよいよParserのParseProgram()メソッドに肉付けするときがきた。

```
// parser/parser.go

func (p *Parser) ParseProgram() *ast.Program {
```

```
    program := &ast.Program{}
    program.Statements = []ast.Statement{}

    for p.curToken.Type != token.EOF {
        stmt := p.parseStatement()
        if stmt != nil {
            program.Statements = append(program.Statements, stmt)
        }
        p.nextToken()
    }

    return program
}
```

先ほど見た擬似コードのparseProgram()とかなりよく似ているのではないだろうか？　ほら、言った通りだろう！　やっていることも同じだ。

ParseProgramが最初にするのは、ASTのルートノードを生成することだ。*ast.Programのインスタンスがそれだ。それから、token.EOFに達するまで、入力のトークンを繰り返して読む。これはnextTokenを呼び出すことによって行われる。このメソッドがp.curTokenとp.peekTokenを進める。繰り返しのたびに、parseStatementを呼ぶ。このメソッドの仕事は文を構文解析することだ。もしparseStatementがnil以外を返した場合、つまりast.Statementを返した場合は、その戻り値をStatementsに追加する。これはASTのルートノードにあるスライスだった。構文解析するべきものが何もなくなったら、*ast.Programルートノードが返ってくる。

parseStatementメソッドは次のようになる。

```
// parser/parser.go

func (p *Parser) parseStatement() ast.Statement {
    switch p.curToken.Type {
    case token.LET:
        return p.parseLetStatement()
    default:
        return nil
    }
}
```

このswitch文にはすぐに分岐が増えるので、安心してほしい。今のところはtoken.LETトークンに出会ったときにparseLetStatementを呼ぶだけだ。そして、parseLetStatementがまさに、私たちのテストをレッドからグリーンにするために手を入れるメソッドだ。

```
// parser/parser.go

func (p *Parser) parseLetStatement() *ast.LetStatement {
    stmt := &ast.LetStatement{Token: p.curToken}

    if !p.expectPeek(token.IDENT) {
```

```
        return nil
    }

    stmt.Name = &ast.Identifier{Token: p.curToken, Value: p.curToken.Literal}

    if !p.expectPeek(token.ASSIGN) {
        return nil
    }

    // TODO: セミコロンに遭遇するまで式を読み飛ばしてしまっている
    for !p.curTokenIs(token.SEMICOLON) {
        p.nextToken()
    }

    return stmt
}

func (p *Parser) curTokenIs(t token.TokenType) bool {
    return p.curToken.Type == t
}

func (p *Parser) peekTokenIs(t token.TokenType) bool {
    return p.peekToken.Type == t
}

func (p *Parser) expectPeek(t token.TokenType) bool {
    if p.peekTokenIs(t) {
        p.nextToken()
        return true
    } else {
        return false
    }
}
```

できた！　テストはグリーンだ。

```
$ go test ./parser
ok      monkey/parser   0.007s
```

let文を構文解析できるようになった！　素晴らしい！　でも、どうなっているんだろう？

parseLetStatementから見ていこう。これが現在見ているトークン（token.LETトークン）に基づいて*ast.LetStatementノードを構築する。それから、expectPeekを呼ぶことで、後続するトークンにアサーションを設けつつトークンを進める。最初はtoken.IDENTトークンを期待する。これが*ast.Identifierノードを生成するのに使われる。次に等号を期待し、それからセミコロンが来るまでジャンプする。もちろん、式を読み飛ばしている部分は、あとで式の構文解析を実装したら置き換える。

curTokenIsメソッドとpeekTokenIsメソッドはさほど説明の必要がないだろう。これらは便利なメソッドで、構文解析器に肉付けしていくときに繰り返し目にすることになるだろう。現時点でもParseProgramにあるforループの条件p.curToken.Type != token.EOFを!p.curTokenIs(token.

EOF)で書き換えることができる。

これらの小さなメソッドは置いておいて、expectPeekを見ていこう。このexpectPeekメソッドは、ほとんど全ての構文解析器で見られる「アサーション関数」の1つだ。私たちの実装したexpectPeekは、peekTokenの型をチェックし、その型が正しい場合に限ってnextTokenを呼んで、トークンを進める。これから見ていくように、これが構文解析器のよくある動作だ。

ところで、もしexpectPeekの中で期待していないトークンに遭遇したら何が起こるだろうか？　現時点では、その場合にはnilを返すようになっていて、それはParseProgramにおいて無視される。その結果、入力にエラーがあると文全体が無視されることになる。エラーは出てこない。これではデバッグがかなり厄介になると想像できるだろう。面倒なデバッグが好きな人はいないだろうから、構文解析器にエラー処理を追加しよう。

ありがたいことに必要な変更はわずかだ。

```
// parser/parser.go

import (
// [...]
    "fmt"
)

// [...]

type Parser struct {
// [...]
    errors []string
// [...]
}

func New(l *lexer.Lexer) *Parser {
    p := &Parser{
        l:      l,
        errors: []string{},
    }
// [...]
}

func (p *Parser) Errors() []string {
    return p.errors
}

func (p *Parser) peekError(t token.TokenType) {
    msg := fmt.Sprintf("expected next token to be %s, got %s instead",
        t, p.peekToken.Type)
    p.errors = append(p.errors, msg)
}
```

Parserにerrorsフィールドができた。これは単に文字列のスライスだ。このフィールドはNewで初期化される。ヘルパー関数peekErrorを使って、peekTokenのタイプが期待と合わない場合にエラーをerrorsに追加できる。

テストスイートを拡張してこれを利用するのも予想通り簡単だ。

```
// parser/parser_test.go

func TestLetStatements(t *testing.T) {
// [...]

    program := p.ParseProgram()
    checkParserErrors(t, p)

// [...]
}

func checkParserErrors(t *testing.T, p *Parser) {
    errors := p.Errors()
    if len(errors) == 0 {
        return
    }

    t.Errorf("parser has %d errors", len(errors))
    for _, msg := range errors {
        t.Errorf("parser error: %q", msg)
    }
    t.FailNow()
}
```

この新しいcheckParserErrorsヘルパー関数はただ構文解析器のエラーをチェックし、もし何かエラーがあればテストエラーとして出力し、現在のテストの実行を停止する。かなり簡単だ。

しかし、まだ私たちの構文解析器はエラーを発生させない。expectPeekを変更することで、次のトークンが期待に合わない場合に自動的にエラーを追加するようにできる。

```
// parser/parser.go

func (p *Parser) expectPeek(t token.TokenType) bool {
    if p.peekTokenIs(t) {
        p.nextToken()
        return true
    } else {
        p.peekError(t)
        return false
    }
}
```

ここで、このテストケースの入力を、

```
    input := `
let x = 5;
```

```
let y = 10;
let foobar = 838383;
`
```

トークンが欠落していて不正な入力になるよう、次のように変更し、

```
    input := `
let x 5;
let = 10;
let 838383;
`
```

テストを実行すれば、実装したばかりの構文解析エラーを見ることができる。

```
$ go test ./parser
--- FAIL: TestLetStatements (0.00s)
  parser_test.go:20: parser has 3 errors
  parser_test.go:22: parser error: "expected next token to be =, got INT instead"
  parser_test.go:22: parser error: "expected next token to be IDENT, got = instead"
  parser_test.go:22: parser error: "expected next token to be IDENT, got INT instead"
FAIL
FAIL    monkey/parser   0.007s
```

見ての通り、私たちの構文解析器にはちょっとした便利な特徴があることがわかるだろう。誤りのある文に出会うたびに、それぞれのエラーを出力できるんだ。最初のエラーで終了してしまわない。全ての構文解析エラーを捕捉するために構文解析プロセスを何度も繰り返して実行するという面倒な仕事を減らしてくれる可能性がある。これは本当に役に立つ。たとえエラーに行番号やカラム番号がなかったとしてもだ。

2.5 return文の構文解析

以前、まだわずかな実装しかないParseProgramに肉付けしていく予定だと言っていたね。やっとそのときが来た。return文を構文解析できるようにしよう。最初のステップは、let文を実装したときと同様に、ASTにおいてreturn文を表現するのに必要な構造をastパッケージに定義することだ。

Monkeyのreutrn文は次のようなものだ。

```
return 5;
return 10;
return add(15);
```

let文のときと同様に、これらの文の構造はすぐに見抜けるだろう。

```
return <expression>;
```

return文はreturnと式だけから構成される。おかげでast.ReturnStatementの定義は本当に

簡単だ。

```
// ast/ast.go

type ReturnStatement struct {
    Token       token.Token // 'return' トークン
    ReturnValue Expression
}

func (rs *ReturnStatement) statementNode()       {}
func (rs *ReturnStatement) TokenLiteral() string { return rs.Token.Literal }
```

このノードについては、初めて目にするものは何もない。最初のトークンのためのフィールドと、戻り値となる式を保持するためのReturnValueフィールドがある。今回も同様に、式の構文解析とセミコロンの取り扱いはスキップしてしまおう。あとで戻ってくる。statementNodeメソッドとTokenLiteralメソッドがあり、これらがNodeインターフェイスとStatementインターフェイスを満たす。*ast.LetStatementに定義されているメソッドと同様だ。

次に書くテストもlet文のテストとかなりよく似ている。

```
// parser/parser_test.go

func TestReturnStatements(t *testing.T) {
    input := `
return 5;
return 10;
return 993322;
`

    l := lexer.New(input)
    p := New(l)

    program := p.ParseProgram()
    checkParserErrors(t, p)

    if len(program.Statements) != 3 {
        t.Fatalf("program.Statements does not contain 3 statements. got=%d",
            len(program.Statements))
    }

    for _, stmt := range program.Statements {
        returnStmt, ok := stmt.(*ast.ReturnStatement)
        if !ok {
            t.Errorf("stmt not *ast.ReturnStatement. got=%T", stmt)
            continue
        }
        if returnStmt.TokenLiteral() != "return" {
            t.Errorf("returnStmt.TokenLiteral not 'return', got %q",
                returnStmt.TokenLiteral())
        }
    }
}
```

もちろん、これらのテストケースも式の構文解析ができたらすぐに置き換えられる予定だ。しかし、今はこれでよい。テストは決して変更できないというものではないんだ。ともかく、実行してみるとテストは失敗する。

```
$ go test ./parser
--- FAIL: TestReturnStatements (0.00s)
  parser_test.go:77: program.Statements does not contain 3 statements. got=0
FAIL
FAIL    monkey/parser   0.007s
```

さて、parseStatementメソッドを変更し、token.RETURNを受け取れるようにして、このテストを通るようにしよう。

```
// parser/parser.go

func (p *Parser) parseStatement() ast.Statement {
    switch p.curToken.Type {
    case token.LET:
        return p.parseLetStatement()
    case token.RETURN:
        return p.parseReturnStatement()
    default:
        return nil
    }
}
```

parseReturnStatementメソッドを示す前に能書きを垂れることもできるかもしれない。まあ、やめておこう。何しろ小さいんだ。細々と書くべきこともない。

```
// parser/parser.go

func (p *Parser) parseReturnStatement() *ast.ReturnStatement {
    stmt := &ast.ReturnStatement{Token: p.curToken}

    p.nextToken()

    // TODO: セミコロンに遭遇するまで式を読み飛ばしてしまっている
    for !p.curTokenIs(token.SEMICOLON) {
        p.nextToken()
    }

    return stmt
}
```

今言った通り、とても小さい。やっていることは、現在のトークンをTokenとして与えてast.ReturnStatementを作っているだけだ。そのあと、nextToken()を呼び出して構文解析器を後続する式の位置へと移動する。そのあと言い訳が書いてある。セミコロンに到達するまで式を読み捨てる。以上。テストも通る。

```
$ go test ./parser
ok      monkey/parser   0.009s
```

またお祝いだ！　これでMonkeyプログラミング言語の全ての文を構文解析できるようになった！たった2つだけど、これで全部なんだ。let文とreturn文。言語の残りの部分は式だけで構成される。次でそれを構文解析しよう。

2.6 式の構文解析

個人的には、式の構文解析が構文解析器を書くにあたって最も面白い部分だ。これまで見てきたように、文の構文解析は比較的理解しやすいものだった。トークンを「左から右に」処理する。次のトークンが期待通りであるか、そうでないかを判断しつつ、全てがぴったりはまったらASTノードを返せばよい。

一方、式の構文解析には文のときよりも難しい問題がいくつかある。その一つとして、演算子の優先順位のことがまず思い浮かぶだろう。これは例示にも最適だ。例えば、次のような算術式を構文解析したいとしよう。

```
5 * 5 + 10
```

ここで欲しいのは、次のような式を表現するASTだ。

```
((5 * 5) + 10)
```

別の言い方をすると、`5 * 5`はASTの中で「より深い」位置に置かれ、足し算よりも先に評価される必要がある。そのようなASTを生成するためには、構文解析器は演算子の優先順位を知っていて、「`*`」には「`+`」よりも高い順位が与えられる必要がある。これが演算子の優先順位の最も一般的な例だ。しかし、他にもこれが重要なケースが色々ある。次の式を見てみよう。

```
5 * (5 + 10)
```

ここでは丸括弧が`5 + 10`の式を括っていて、「優先順位の上昇」を引き起こす。この場合は足し算が掛け算よりも先に評価されなければならない。これは、丸括弧が「`*`」演算子よりも高い優先順位をもっているからだ。このあとすぐに見ていくように、優先順位が重要な役割を持つ場合がまだいくつかある。

残る難問は、式の中で同じタイプのトークンが複数の位置に現れることだ。これとは対照的に、`let`トークンであればlet文の先頭に一度出現できるだけなので、文の残り部分が何かがわかりやすい。今度は次の式を見てみよう。

```
-5 - 10
```

ここで「`-`」演算子は式の最初に前置演算子として現れ、そのあとで中置演算子として中程にも現れる。この問題のバリエーションとしては次のようなものもある。

```
5 * (add(2, 3) + 10)
```

まだ丸括弧を演算子だと認識できていないかもしれないが、それはともかく、これは前の例の「-」と同じ問題を引き起こす。この例では、2対の丸括弧のうち、外側の対がグループ化された式を表している。内側の対は「呼び出し式」を表している。このように、式について考えると、トークンの出現位置の正当性は、文脈、前後のトークン、そしてそれらの優先順位によって決まるんだ。

2.6.1 Monkeyにおける式

Monkeyプログラミング言語においては、let文とreturn文を除くと、全てが式だ。これらの式は様々な形で現れる。

Monkeyには前置演算子を使った式がある。

```
-5
!true
!false
```

もちろん中置演算子（二項演算子）もある。

```
5 + 5
5 - 5
5 / 5
5 * 5
```

これらの基本的な算術演算子の他にも、次のような比較演算子もある。

```
foo == bar
foo != bar
foo < bar
foo > bar
```

もちろん、これまで見てきたように、丸括弧を使って式をグループ化し、評価の順序に影響を与えることができる。

```
5 * (5 + 5)
((5 + 5) * 5) * 5
```

それから呼び出し式がある。

```
add(2, 3)
add(add(2, 3), add(5, 10))
max(5, add(5, (5 * 5)))
```

識別子もまた式だ。

```
foo * bar / foobar
add(foo, bar)
```

Monkeyの関数は第一級市民だ。そう、関数リテラルもまた式だ。let文を使って関数に名前を束縛できる。関数リテラルは文の中の式にすぎない。

```
let add = fn(x, y) { return x + y };
```

そして、関数リテラルを識別子の代わりにその場所に置くこともできる。

```
fn(x, y) { return x + y }(5, 5)
(fn(x) { return x }(5) + 10 ) * 10
```

広く使われている多くのプログラミング言語と違い、Monkeyには「if式」がある。

```
let result = if (10 > 5) { true } else { false };
result // => true
```

このように式が様々な形を取ることを考えると、これらを正しく構文解析し、しかも理解可能で、拡張しやすいような本当にうまいやり方が必要なことがわかる。現在のトークンに基づいて何をするかを決めるような私たちのこれまでの方法では太刀打ちできない。試みたとしても、少なくとも頭を抱えることになるだろう。ここでVaughan Prattの登場だ。

2.6.2 トップダウン演算子順位解析(Pratt構文解析)

論文"Top Down Operator Precedence"において、Vaughan Prattは式を構文解析する手法を提案している。彼自身の言葉によると、この手法は以下の通りだ。

> [...] とてもシンプルで理解しやすく、実装も容易で、使いやすく、理論上はともかく実用上は非常に効率的であり、それでいて、利用者のほとんどの合理的な構文の要求に耐えられるほど柔軟である [...]

この論文は1973年に出版された。以来、長年に渡って、Prattの提案した考え方はそこまで大きな支持を集めたわけではなかった。ごく近年になって、他のプログラマたちがPrattの論文を再発見し、それについて記事を書いたことでPrattの構文解析のアプローチが注目されるようになった。有名な『JavaScript: The Good Parts』(オライリー)[†1]の著者であるDouglas Crockfordが彼の記事"Top Down Operator Precedence" (`http://javascript.crockford.com/tdop/tdop.html`) で、Prattの考え方をJavaScriptにどのように翻訳するかを示した(CrockfordがJSLintを実装する際に行ったことだ)。それから、Bob Nystromの書いたおすすめの記事(`http://journal.stuffwithstuff.com/2011/03/19/pratt-parsers-expression-parsing-made-easy/`)がある。彼は素晴らしい書籍

†1 "JavaScript: The Good Parts" (O'Reilly Media, 2008)

『Game Programming Patterns』(インプレス)[†2]の著者で、Prattのアプローチを本当に理解しやすく解説している。Javaで書かれたきれいなサンプルコードも追いかけやすい。

上記3つ全てで説明されている構文解析のアプローチは、「トップダウン演算子優先順位構文解析」、もしくは「Pratt構文解析」と呼ばれ、文脈自由文法やバッカスナウア記法に基づく構文解析器とはまた別の手法として考案された。

大きな違いは、構文解析関数(ここではparseLetStatementメソッドを思い浮かべてほしい)を(BNFやEBNFで定義される)文法ルールに関連付けるのではなく、Prattはこれらの関数(彼は「semmantic code」と呼んでいる)を単一のトークンタイプに関連付ける点だ。この方式の肝となるのは、それぞれのトークンタイプに対して2つの構文解析関数を関連付けるところだ。これはトークンの配置、つまり中置か前置かによる。

たぶん、私が何を言っているのかまだよくわからないと思う。どうやって構文解析関数を文法ルールに関連付けるかを見てもいないので、その代わりにトークンタイプを使うという考え方について説明しても、本当に新規性があったり革新的であったりする何かとしては記憶に残らないだろう。心から正直に言うと、この節を書いている間、私は卵が先か鶏が先かという問題に直面した。このアルゴリズムを抽象的な言葉で説明したあと実装を見せるべきだろうか?　そうすると、おそらくあなたはページを行ったり来たりしながら読むことになるだろう。それでは、先に実装を見せて、その後で説明したらどうか?　そうすると、おそらくあなたは実装の部分を飛ばして読むことになり、説明の意図があまり伝わらないのではないだろうか?

私が選んだ答えは、これら2つのどちらでもない。代わりにどうするかというと、私たちの構文解析器の中で、式の構文解析を行う部分の実装に手をつけるんだ。それから、実装とその背後にあるアルゴリズムを詳しく見ていく。その後、Monkeyの全ての式を構文解析できるように拡張し、完成させる。

では、実際にコードを書き始める前に、用語を明確にしておこう。

2.6.3 用語

前置演算子(prefix operator)はオペランド(演算対象)の「前」に「置」かれる演算子だ。例えば次の通り。

```
--5
```

ここで、演算子は「--」(デクリメント)であり、オペランドは整数リテラル5で、演算子は前置されている。

後置演算子(postfix operator)はオペランドの「後」に「置」かれる。例えば次の通り。

```
foobar++
```

---

†2 "Game Programming Patterns" (Genever Benning, 2014)

ここで、演算子は「++」(インクリメント) であり、オペランドは識別子foobarで、演算子は後置されている。これから実装するMonkeyインタプリタには後置演算子はない。これは技術的な制約によるのではなく、純粋に本書のスコープを限定しておくためだ。

それから、**中置演算子** (infix operator) はこれまでに見てきたものだ。次のように、中置演算子はオペランドの間に置かれる。

```
5 * 8
```

「*」演算子は2つの整数リテラル5と8の間に置かれている。中置演算子は**二項演算子式** (binary expressions)、すなわち演算子が2つのオペランドを持つ式に現れる。

これまで目にしてきて、あとでまた出会うことになる用語が**演算子の優先順位** (operator precedence, order of operations) だ。異なる演算子がどの優先順位を持っているのかを表す。典型的な例はすでに見てきたように次のようなものだ。

```
5 + 5 * 10
```

この式を評価した結果は55であって、100ではない。その理由は、「*」演算子がより高い優先順位、つまり「より上位」だからだ。「+」演算子と比べて「より重要」なんだ。そのため、「+」演算子よりも先に評価される。私は演算子の優先順位を「演算子のくっつきやすさ」と捉えることもある。演算子の次にくるオペランドが演算子にどの程度「くっつく」のかと考えるんだ。

これで基本的な用語は全て出揃った。前置演算子、後置演算子、中置演算子、優先順位。これらのシンプルな定義をしばらく先、この用語を使うまで覚えておいてほしい。

とはいえ、とりあえずはタイピングしてコードを書いてみよう！

2.6.4 ASTの準備

式の構文解析をするにあたって最初にする必要があるのは、ASTを準備することだ。すでに見てきたように、Monkeyのプログラムは一連の文の集まりだ。その文のうち、いくつかはlet文で、いくつかはreturn文だ。ここで、ASTに3番目の種類を追加する必要がある。式文だ。

Monkeyにおける文はlet文とreturn文だけだと言ってきたので、これは混乱を招くかもしれない。しかし、式文は実際には厳然たる文というわけではなく、1つの式だけからなる文のことだ。ラッパーにすぎない。なぜこれが必要になるかというと、次のようなコードがMonkeyでは有効だからだ。

```
let x = 5;
x + 10;
```

1行目はlet文で、2行目が式文だ。このような式文を持たない言語もあるけれど、ほとんどのスクリプト言語は持っている。おかげで、式だけからなる行を持つことが可能になる。では、このノードタイプをASTに追加しよう。

```
// ast/ast.go

type ExpressionStatement struct {
    Token      token.Token // 式の最初のトークン
    Expression Expression
}

func (es *ExpressionStatement) statementNode()       {}
func (es *ExpressionStatement) TokenLiteral() string { return es.Token.Literal }
```

ast.ExpressionStatement型には2つのフィールドがある。Tokenフィールドは全てのノードにあるものだ。Expressionフィールドは式を保持する。これで、ast.ExpressionStatementはast.Statementインターフェイスを満たす。したがって、それをast.ProgramのStatementsスライスに追加できる。以上がast.ExpressionStatementを追加する理由の全容だ。

ast.ExpressionStatementが定義されたら、構文解析器の作業に戻ることができる。しかし、その前に、楽ができるようにString()メソッドをASTノードに追加しておこう。これで、デバッグのためにASTノードを表示したり、他のASTノードと比較したりできるようになる。

このString()メソッドをast.Nodeインターフェイスに作成しよう。

```
// ast/ast.go

type Node interface {
    TokenLiteral() string
    String() string
}
```

これで、astパッケージにある全てのノードがこのメソッドを実装しなければならなくなる。そのため、この変更をすると、私たちのコードはコンパイルができなくなるだろう。コンパイラが文句を言うからだ。これまで実装してきたASTノードは、新しくなったNodeインターフェイスを満たしていないためだ。まずは*ast.ProgramのString()から実装しよう。

```
// ast/ast.go

import (
// [...]
    "bytes"
)

func (p *Program) String() string {
    var out bytes.Buffer

    for _, s := range p.Statements {
        out.WriteString(s.String())
    }

    return out.String()
}
```

このメソッドは大したことをしていない。バッファを作成し、それぞれの文のString()メソッドの戻り値を書き込むだけだ。それからバッファを文字列として返す。ここでは、仕事の大部分を*ast.ProgramのStatementsに委譲している。

「実際の仕事」は、文のためにある3つの型、ast.LetStatement、ast.ReturnStatement、ast.ExpressionStatementに実装されるString()メソッドで行われる。

```
// ast/ast.go

func (ls *LetStatement) String() string {
    var out bytes.Buffer

    out.WriteString(ls.TokenLiteral() + " ")
    out.WriteString(ls.Name.String())
    out.WriteString(" = ")

    if ls.Value != nil {
        out.WriteString(ls.Value.String())
    }

    out.WriteString(";")

    return out.String()
}

func (rs *ReturnStatement) String() string {
    var out bytes.Buffer

    out.WriteString(rs.TokenLiteral() + " ")

    if rs.ReturnValue != nil {
        out.WriteString(rs.ReturnValue.String())
    }

    out.WriteString(";")

    return out.String()
}

func (es *ExpressionStatement) String() string {
    if es.Expression != nil {
        return es.Expression.String()
    }
    return ""
}
```

なお、nilチェックの部分は後で完全に式を構築できるようになったときに取り外す、仮のものだ。

あとはast.IdentifierにString()メソッドを追加すれば完了だ。

```
// ast/ast.go

func (i *Identifier) String() string { return i.Value }
```

これらのメソッドを実装すると、*ast.ProgramのString()を呼び出すだけで、プログラム全体を文字列として復元できる。これで*ast.Programの構造が簡単にテストできるようになる。次のMonkeyソースコードを例として使ってみよう。

```
let myVar = anotherVar;
```

ここからASTを構築したとすると、String()の戻り値について次のようなアサーションを設けることができる。

```
// ast/ast_test.go

package ast

import (
    "monkey/token"
    "testing"
)

func TestString(t *testing.T) {
    program := &Program{
        Statements: []Statement{
            &LetStatement{
                Token: token.Token{Type: token.LET, Literal: "let"},
                Name: &Identifier{
                    Token: token.Token{Type: token.IDENT, Literal: "myVar"},
                    Value: "myVar",
                },
                Value: &Identifier{
                    Token: token.Token{Type: token.IDENT, Literal: "anotherVar"},
                    Value: "anotherVar",
                },
            },
        },
    }

    if program.String() != "let myVar = anotherVar;" {
        t.Errorf("program.String() wrong. got=%q", program.String())
    }
}
```

このテストではASTを手で組み立てた。構文解析器のテストを書くときは、もちろんこんなことはしない。そうではなく、構文解析器が生成したASTについてアサーションを設けるんだ。デモンストレーションとして、このテストは構文解析器に対して文字列の比較を行うことで、可読性の高いテストのレイヤーを追加する方法を教えてくれる。これが式の構文解析を行う場合に特に便利だ。

さて、ここでいいニュースがある。これで準備はおしまいだ！ Pratt構文解析器を書くときがきた。

2.6.5 Pratt構文解析器の実装

Pratt構文解析器の考え方で重要なのは、トークンタイプごとに構文解析関数（Prattは「semantic code」と呼ぶ）を関連付けることだ。あるトークンタイプに遭遇するたびに、対応する構文解析関数が呼ばれる。この関数は適切な式を構文解析し、その式を表現するASTノードを返す。トークンタイプごとに、最大2つの構文解析関数が関連付けられる。これらの関数は、トークンが前置で出現したか中置か出現したかによって使い分けられる。

最初に必要なのは、これらの関連を組み立てることだ。2種類の関数を定義しよう。「前置構文解析関数（prefix parsing function）」と「中置構文解析関数（infix parsing function）」だ。

```
// parser/parser.go

type (
    prefixParseFn func() ast.Expression
    infixParseFn  func(ast.Expression) ast.Expression
)
```

どちらの種類の関数も`ast.Expression`を返す。これが欲しいものだ。ここで、`infixParseFn`だけが引数を1つとる。この引数は、また別の`ast.Expression`で、構文解析中の中置演算子の「左側」だ。一方、前置演算子にはその定義から明らかなように「左側」が存在しない。まだ完全に納得できないかもしれないが、ひとまずついてきてほしい。すぐにこれがどう働くかがわかるだろう。今のところ覚えておいてほしいのは、`prefixParseFn`は関連付けられたトークンタイプが前置で出現した場合に呼ばれ、`infixParseFn`はそのトークンタイプが中置で出現した場合に呼ばれることだ。

構文解析器が現在のトークンタイプに応じて適切な`prefixParseFn`や`infixParseFn`を取得できるように、`Parser`構造体に2つのマップを追加しよう。

```
// parser/parser.go

type Parser struct {
    l      *lexer.Lexer
    errors []string

    curToken  token.Token
    peekToken token.Token

    prefixParseFns map[token.TokenType]prefixParseFn
    infixParseFns  map[token.TokenType]infixParseFn
}
```

これらのマップを用意すれば、`curToken.Type`に関連付けられた構文解析関数が（中置もしくは前置の）マップにあるかどうかがすぐにチェックできる。

それから、Parserに2つのヘルパーメソッドを追加しよう。これらのマップにエントリを追加するものだ。

```
// parser/parser.go

func (p *Parser) registerPrefix(tokenType token.TokenType, fn prefixParseFn) {
    p.prefixParseFns[tokenType] = fn
}

func (p *Parser) registerInfix(tokenType token.TokenType, fn infixParseFn) {
    p.infixParseFns[tokenType] = fn
}
```

さて、アルゴリズムの心臓部に取りかかる準備ができた。

2.6.6 識別子

Monkeyプログラミング言語で最もシンプルな種類の式から取りかかろう。識別子だ。識別子は式文で使われると次のようになる。

```
foobar;
```

もちろんfoobarは他の識別子でもよい。また、識別子は他の文脈でも式だ。式文に置かれるだけとは限らない。例を示そう。

```
add(foobar, barfoo);
foobar + barfoo;
if (foobar) {
  // [...]
}
```

ここで、識別子は色々な使われ方をしている。つまり、関数呼び出しの引数として、あるいは中置式のオペランドとして、あるいは単独の式として条件文の一部に使われている。識別子はこれら3つの文脈の全てで利用できる。なぜなら、識別子は式だからだ。ちょうど式`1 + 2`のようなものだ。そして、他のあらゆる式と同様に識別子は値を生成する。識別子が束縛されている値として評価される。

テストから取りかかろう。

```
// parser/parser_test.go

func TestIdentifierExpression(t *testing.T) {
    input := "foobar;"

    l := lexer.New(input)
    p := New(l)
    program := p.ParseProgram()
    checkParserErrors(t, p)
```

```
    if len(program.Statements) != 1 {
        t.Fatalf("program has not enough statements. got=%d",
            len(program.Statements))
    }
    stmt, ok := program.Statements[0].(*ast.ExpressionStatement)
    if !ok {
        t.Fatalf("program.Statements[0] is not ast.ExpressionStatement. got=%T",
            program.Statements[0])
    }

    ident, ok := stmt.Expression.(*ast.Identifier)
    if !ok {
        t.Fatalf("exp not *ast.Identifier. got=%T", stmt.Expression)
    }
    if ident.Value != "foobar" {
        t.Errorf("ident.Value not %s. got=%s", "foobar", ident.Value)
    }
    if ident.TokenLiteral() != "foobar" {
        t.Errorf("ident.TokenLiteral not %s. got=%s", "foobar",
            ident.TokenLiteral())
    }
}
```

行数は多いものの、ほとんどは単調な仕事だ。入力foobar;を構文解析し、エラーがないか構文解析器を確認し、*ast.Programノードに含まれる文の数に関してアサーションを設け、program.Statementsに含まれる唯一の文が*ast.ExpressionStatementであることを確認する。それから、*ast.ExpressionStatement.Expressionが*ast.Identifierであることを確認する。最後に、識別子が正しい値"foobar"であることを確認する。

もちろん、テストは失敗する。

```
$ go test ./parser
--- FAIL: TestIdentifierExpression (0.00s)
  parser_test.go:110: program has not enough statements. got=0
FAIL
FAIL    monkey/parser   0.007s
```

構文解析器はまだ式について何も知らないんだ。parseExpressionメソッドを書く必要がある。

そのために最初にする必要があるのは、構文解析器のparseStatement()メソッドを拡張し、式文を構文解析できるようにすることだ。Monkeyにおける純粋な文は2種類で、let文とreturn文しか存在しない。もしそれ以外のものが出現したら式文の構文解析を試みることにしよう。

```
// parser/parser.go

func (p *Parser) parseStatement() ast.Statement {
    switch p.curToken.Type {
    case token.LET:
        return p.parseLetStatement()
    case token.RETURN:
```

```
        return p.parseReturnStatement()
    default:
        return p.parseExpressionStatement()
    }
}
```

parseExpressionStatementメソッドは次のようになる。

```
// parser/parser.go

func (p *Parser) parseExpressionStatement() *ast.ExpressionStatement {
    stmt := &ast.ExpressionStatement{Token: p.curToken}

    stmt.Expression = p.parseExpression(LOWEST)

    if p.peekTokenIs(token.SEMICOLON) {
        p.nextToken()
    }

    return stmt
}
```

私たちはもう正しいやり方を心得ている。ASTノードを構築し、他の構文解析関数を呼び出すことでそのフィールドを埋めることを試みる。ただし、今回はいくつか異なる点がある。parseExpression()を呼び出すんだ。この関数はまだ存在していない。引数に定数LOWESTを伴っている。これもまだ存在しない。それから、省略可能なセミコロンをチェックする。そう、セミコロンは省略可能だ。もしpeekTokenがtoken.SEMICOLONであれば進み、それがcurTokenになる。もしセミコロンがなかったとしても問題はない。構文解析器にエラーを追加するようなことはしない。なぜかというと、式文のセミコロンを省略できるようにしたいからだ(こうしておけば後ほど5 + 5のようなものをREPLに入力しやすくなる)。

テストを走らせると、コンパイルが失敗することがわかる。LOWESTが未定義だからだ。問題ない。Monkeyプログラミング言語における優先順位を定義して、これを追加しよう。

```
// parser/parser.go

const (
    _ int = iota
    LOWEST
    EQUALS      // ==
    LESSGREATER // > または <
    SUM         // +
    PRODUCT     // *
    PREFIX      // -X または !X
    CALL        // myFunction(X)
)
```

ここで、次にくる定数にインクリメントしながら数を与えるためにiotaを使った。空白の識別子「_」

は0の値をとり、続く定数には1から7の値が割り当てられる。具体的な数としてどんな値を使うかは問題にならないものの、その**順序**は重要だ。これらの定数の目的は、あとで次のような質問に答えられるようにすることだ。「*演算子は==演算子よりも高い優先順位を持っているか？」「前置演算子は呼び出し式よりも高い優先順位を持っているか？」

parseExpressionStatementでは、最も低い優先順位をparseExpressionに与えた。まだ何も構文解析していないので、優先順位を比較しようがないからだ。すぐにその意味がわかってくる。約束しよう。さて、parseExpressionを書こう。

```
// parser/parser.go

func (p *Parser) parseExpression(precedence int) ast.Expression {
    prefix := p.prefixParseFns[p.curToken.Type]
    if prefix == nil {
        return nil
    }
    leftExp := prefix()

    return leftExp
}
```

これが最初のバージョンだ。やっていることは、p.curToken.Typeの前置に関連付けられた構文解析関数があるかを確認しているだけだ。もし存在していれば、その構文解析関数を呼び出し、その結果を返す。そうでなければnilを返す。現時点では、まだどのトークンにも構文解析関数を関連付けていないので、常にnilが返る。次のステップはこれだ。

```
// parser/parser.go

func New(l *lexer.Lexer) *Parser {
    p := &Parser{
        l:      l,
        errors: []string{},
    }

    p.prefixParseFns = make(map[token.TokenType]prefixParseFn)
    p.registerPrefix(token.IDENT, p.parseIdentifier)

// [...]
}

func (p *Parser) parseIdentifier() ast.Expression {
    return &ast.Identifier{Token: p.curToken, Value: p.curToken.Literal}
}
```

New()関数を変更して、ParserのprefixParseFnsマップを初期化し、構文解析関数を登録するようにした。もし、トークンタイプtoken.IDENTが出現したら、呼び出すべき構文解析関数はparseIdentifierだ。これは*Parserに定義してある。

parseIdentifierは大したことをしない。単に*ast.Identifierを返すだけだ。ただし、現在のトークンをTokenフィールドに、トークンのリテラル値をValueフィールドに格納する。トークンは進めない。nextTokenは呼び出さないんだ。これは重要だ。全ての構文解析関数prefixParseFnやinfixParseFnは次の規約に従うことにする。構文解析関数に関連付けられたトークンがcurTokenにセットされている状態で動作を開始する。そして、この関数の処理対象である式の一番最後のトークンがcurTokenにセットされた状態になるまで進んで終了する。トークンを進めすぎてはいけない。

信じられないかもしれないが、とにかくテストは通る。

```
$ go test ./parser
ok      monkey/parser   0.007s
```

よし、識別子式の構文解析は成功だ！　でも、計算機から離れて誰かに自慢しに行く前に、深呼吸してもう少し構文解析関数を書いてみよう。

2.6.7 整数リテラル

整数リテラルの構文解析も、識別子の構文解析と同じくらい簡単だ。

```
5;
```

そう、これだけなんだ。整数リテラルは式だ。それらが生成する値は、整数値そのものだ。これまでと同様に、整数リテラルをどんな場所に置けるのかを考えてみると、整数リテラルが式であることが理解できる。

```
let x = 5;
add(5, 10);
5 + 5 + 5;
```

整数リテラルの代わりに識別子、呼び出し式、グループ化された式、関数リテラル、など、他のいかなる式をここで使ったとしても依然として有効だ。どの種類の式であっても、相互に交換可能だ。整数リテラルもその一つだ。

整数リテラルのテストケースは、識別子のテストケースとよく似ている。

```
// parser/parser_test.go

func TestIntegerLiteralExpression(t *testing.T) {
    input := "5;"

    l := lexer.New(input)
    p := New(l)
    program := p.ParseProgram()
    checkParserErrors(t, p)

    if len(program.Statements) != 1 {
        t.Fatalf("program has not enough statements. got=%d",
```

```
            len(program.Statements))
    }
    stmt, ok := program.Statements[0].(*ast.ExpressionStatement)
    if !ok {
        t.Fatalf("program.Statements[0] is not ast.ExpressionStatement. got=%T",
            program.Statements[0])
    }

    literal, ok := stmt.Expression.(*ast.IntegerLiteral)
    if !ok {
        t.Fatalf("exp not *ast.IntegerLiteral. got=%T", stmt.Expression)
    }
    if literal.Value != 5 {
        t.Errorf("literal.Value not %d. got=%d", 5, literal.Value)
    }
    if literal.TokenLiteral() != "5" {
        t.Errorf("literal.TokenLiteral not %s. got=%s", "5",
            literal.TokenLiteral())
    }
}
```

識別子のテストケースと同様に、シンプルな入力を使い、構文解析器に送り込み、構文解析器がエラーに遭遇していないことを確認し、正しい数の文が*ast.Program.Statementsに生成されたことを確認する。それから、最初の文が*ast.ExpressionStatementであるというアサーションを設ける。最後に、*ast.IntegerLiteralが問題なく構築されていることを確認する。

このテストはコンパイルできない。*ast.IntegerLiteralがまだ存在しないからだ。とはいえ、定義するのは簡単だ。

```
// ast/ast.go

type IntegerLiteral struct {
    Token token.Token
    Value int64
}

func (il *IntegerLiteral) expressionNode()      {}
func (il *IntegerLiteral) TokenLiteral() string { return il.Token.Literal }
func (il *IntegerLiteral) String() string       { return il.Token.Literal }
```

*ast.IntegerLiteralはast.Expressionインターフェイスを満たす。*ast.Identifierと同じだ。しかし、ast.Identifierと比べると、その構造には注目すべき違いがある。Valueはint64であり、stringではないという点だ。このフィールドは、ソースコード中の整数リテラルが表現している実際の値を格納するためのフィールドだ。*ast.IntegerLiteralを構築する際に、*ast.IntegerLiteral.Token.Literalにある文字列（これは"5"のような値だ）をint64に変換しなければならない。

これを行うために最もふさわしい場所は、token.INTに関連付けられた構文解析関数だ。parseIntegerLiteralという名前にしよう。

```
// parser/parser.go

import (
// [...]
    "strconv"
)

func (p *Parser) parseIntegerLiteral() ast.Expression {
    lit := &ast.IntegerLiteral{Token: p.curToken}

    value, err := strconv.ParseInt(p.curToken.Literal, 0, 64)
    if err != nil {
        msg := fmt.Sprintf("could not parse %q as integer", p.curToken.Literal)
        p.errors = append(p.errors, msg)
        return nil
    }

    lit.Value = value

    return lit
}
```

parseIdentifierと同様にこのメソッドは際立ってシンプルだ。唯一違うのは、strconv.ParseIntの呼び出しだ。ここでp.curToken.Literalの文字列をint64に変換する。そのint64値を、新たに生成された*ast.IntegerLiteralノードのValueフィールドに保存する。そして、このノードを返す。もしうまく行かない場合は、新しいエラーを構文解析器のerrorsフィールドに追加する。

しかし、まだテストは通らない。

```
$ go test ./parser
--- FAIL: TestIntegerLiteralExpression (0.00s)
  parser_test.go:162: exp not *ast.IntegerLiteral. got=<nil>
FAIL
FAIL    monkey/parser   0.008s
```

ASTに*ast.IntegerLiteralが置かれるのではなく、nilが出てきた。なぜかというと、parseExpressionがトークンタイプtoken.INTに対応するprefixParseFnを見つけられないからだ。このテストを通すには、parseIntegerLiteralメソッドを登録するだけでよい。

```
// parser/parser.go

func New(l *lexer.Lexer) *Parser {
// [...]
    p.prefixParseFns = make(map[token.TokenType]prefixParseFn)
    p.registerPrefix(token.IDENT, p.parseIdentifier)
    p.registerPrefix(token.INT, p.parseIntegerLiteral)

// [...]
}
```

parseIntegerLiteralが登録されたので、今度はparseExpressionはtoken.INTトークンに関連付けられている関数を知ることができる。そこでparseIntegerLiteralを呼び、その戻り値*ast.IntegerLiteralを返す。これでテストが通る。

```
$ go test ./parser
ok      monkey/parser   0.007s
```

そろそろ順調だと言ってもいい頃合いだ。識別子と整数リテラルができたので、もう一歩進んで前置演算子を構文解析しよう。

2.6.8 前置演算子

Monkeyプログラミング言語には2つの前置演算子がある。「!」と「-」だ。使い方は他の言語から想像されるものとそう違わない。

```
-5;
!foobar;
5 + -10;
```

これらの使い方を見ると、次のような構造になっている。

```
<prefix operator><expression>;
```

そう、これであっている。いかなる式でも前置演算子の後に来てそのオペランドとなることができる。次の例は有効だ。

```
!isGreaterThanZero(2);
5 + -add(5, 5);
```

つまり、前置演算子式のASTノードは、そのオペランドとしてあらゆる式を指し示すことができるように柔軟でなければならない。

ともあれ、順を追って進もう。次のテストケースは前置演算子、あるいは「前置式」のためのものだ。

```
// parser/parser_test.go

func TestParsingPrefixExpressions(t *testing.T) {
    prefixTests := []struct {
        input        string
        operator     string
        integerValue int64
    }{
        {"!5;", "!", 5},
        {"-15;", "-", 15},
    }

    for _, tt := range prefixTests {
        l := lexer.New(tt.input)
```

```
        p := New(l)
        program := p.ParseProgram()
        checkParserErrors(t, p)

        if len(program.Statements) != 1 {
            t.Fatalf("program.Statements does not contain %d statements. got=%d\n",
                1, len(program.Statements))
        }

        stmt, ok := program.Statements[0].(*ast.ExpressionStatement)
        if !ok {
            t.Fatalf("program.Statements[0] is not ast.ExpressionStatement. got=%T",
                program.Statements[0])
        }

        exp, ok := stmt.Expression.(*ast.PrefixExpression)
        if !ok {
            t.Fatalf("stmt is not ast.PrefixExpression. got=%T", stmt.Expression)
        }
        if exp.Operator != tt.operator {
            t.Fatalf("exp.Operator is not '%s'. got=%s",
                tt.operator, exp.Operator)
        }
        if !testIntegerLiteral(t, exp.Right, tt.integerValue) {
            return
        }
    }
}
```

このテスト関数も何行もある。理由は2つで、t.Errorfを使ってエラーメッセージを手動で組み立てるのは紙面をとるのと、テーブルドリブンテストのアプローチを用いているからだ。このアプローチを採用する理由は、テストコードの量を減らせるからだ。確かに今は2つのテストケースしかない。しかし、完全なテストの準備をテストケースごとに重複させてしまうと、さらに多くの行が必要になる。テストのアサーションの背後にあるロジックは同一なので、テストの準備も共通化できる。どちらのテストケース（入力が!5と-15）も、異なっているのは出力として期待される演算子と整数値だけだ（それらをprefixTestsに定義している）。

テスト関数では、テスト入力のスライスを繰り返し処理し、生成されたASTについてアサーションを設ける。これはprefixTestsスライス内の構造体に定義されている値に基づいて行われる。そしてテストの最後で、testIntegerLiteralという名前の新しいヘルパー関数を使って*ast.PrefixExpressionのRightの値が正しい整数リテラルかどうかを判定する。ヘルパー関数を導入することで、テストケースは*ast.PrefixExpressionに集中できる。このヘルパー関数はすぐにまた必要になる。次のようなものだ。

```
// parser/parser_test.go

import (
```

```
// [...]
    "fmt"
)

// [...]

func testIntegerLiteral(t *testing.T, il ast.Expression, value int64) bool {
    integ, ok := il.(*ast.IntegerLiteral)
    if !ok {
        t.Errorf("il not *ast.IntegerLiteral. got=%T", il)
        return false
    }

    if integ.Value != value {
        t.Errorf("integ.Value not %d. got=%d", value, integ.Value)
        return false
    }

    if integ.TokenLiteral() != fmt.Sprintf("%d", value) {
        t.Errorf("integ.TokenLiteral not %d. got=%s", value,
            integ.TokenLiteral())
        return false
    }

    return true
}
```

ここには新しいものは何もない。すでにTestIntegerLiteralExpressionで見てきた通りだ。しかし、今度はこの処理が小さなヘルパー関数に押し込まれて隠蔽されたおかげで、新しく書いたテスト群がより読みやすくなっている。

想定通り、テストはコンパイルすらできない。

```
$ go test ./parser
# monkey/parser
parser/parser_test.go:210: undefined: ast.PrefixExpression
FAIL    monkey/parser [build failed]
```

ast.PrefixExpressionノードを定義する必要がある。

```
// ast/ast.go

type PrefixExpression struct {
    Token    token.Token // 前置トークン、例えば「!」
    Operator string
    Right    Expression
}

func (pe *PrefixExpression) expressionNode()      {}
func (pe *PrefixExpression) TokenLiteral() string { return pe.Token.Literal }
func (pe *PrefixExpression) String() string {
    var out bytes.Buffer
```

```
    out.WriteString("(")
    out.WriteString(pe.Operator)
    out.WriteString(pe.Right.String())
    out.WriteString(")")

    return out.String()
}
```

驚くようなことは何もない。*ast.PrefixExpressionノードは2つの注目すべきフィールドを持っている。OperatorとRightだ。Operatorは文字列で、"-"か"!"のいずれかを格納することになる。Rightフィールドは演算子の右側の式を格納する。

String()メソッドにおいて、演算子とそのオペランドとなるRight内の式をわざと丸括弧で括っている。このようにすることで、どのオペランドがどの演算子に属するのかがわかるようになる。

*ast.PrefixExpressionが定義されると、今度はテストは奇妙なエラーメッセージとともに失敗するようになる。

```
$ go test ./parser
--- FAIL: TestParsingPrefixExpressions (0.00s)
  parser_test.go:198: program.Statements does not contain 1 statements. got=2
FAIL
FAIL    monkey/parser   0.007s
```

なぜprogram.Statementsが、期待される1つの文ではなく、2つの文を含んでいるのだろうか？ この理由は、parseExpressionが前置演算子をまだ認識しておらず、単にnilを返したからだ。program.Statementsは実際には1つ文が入っているのではなく、2つのnilが入っているんだ。

これは改善の余地がある。parseExpressionメソッドを拡張して、このようなことが起きたときにより良いエラーメッセージを出力すればよい。

```
// parser/parser.go

func (p *Parser) noPrefixParseFnError(t token.TokenType) {
    msg := fmt.Sprintf("no prefix parse function for %s found", t)
    p.errors = append(p.errors, msg)
}

func (p *Parser) parseExpression(precedence int) ast.Expression {
    prefix := p.prefixParseFns[p.curToken.Type]
    if prefix == nil {
        p.noPrefixParseFnError(p.curToken.Type)
        return nil
    }
    leftExp := prefix()

    return leftExp
}
```

小さなヘルパーメソッドnoPrefixParseFnErrorはフォーマットしたエラーメッセージを構文解析器のerrorsフィールドに追加するだけだ。これで、テストが失敗したときによりよいエラーメッセージを得るには十分だ。

```
$ go test ./parser
--- FAIL: TestParsingPrefixExpressions (0.00s)
  parser_test.go:227: parser has 1 errors
  parser_test.go:229: parser error: "no prefix parse function for ! found"
FAIL
FAIL    monkey/parser   0.010s
```

これで何をしなければいけないかがわかっただろう。前置演算子式の構文解析関数を書き、構文解析器に登録するんだ。

```
// parser/parser.go

func New(l *lexer.Lexer) *Parser {
// [...]
    p.registerPrefix(token.BANG, p.parsePrefixExpression)
    p.registerPrefix(token.MINUS, p.parsePrefixExpression)
// [...]
}

func (p *Parser) parsePrefixExpression() ast.Expression {
    expression := &ast.PrefixExpression{
        Token:    p.curToken,
        Operator: p.curToken.Literal,
    }

    p.nextToken()

    expression.Right = p.parseExpression(PREFIX)

    return expression
}
```

token.BANGとtoken.MINUSに対して、同じメソッドをprefixParseFnとして登録する。新しく作ったparsePrefixExpressionだ。このメソッドはASTノードを作る。今回は*ast.PrefixExpressionだ。これまで見てきた構文解析関数と同様だ。しかし、少し違う点もある。p.nextToken()を呼び出してトークンを進めているんだ！

parsePrefixExpressionが呼ばれるとき、p.curTokenはタイプtoken.BANGかタイプtoken.MINUSのいずれかだ。なぜかというと、そうでなければ、そもそもこの関数が呼ばれることはないからだ。しかし、-5のような前置演算子式を正しく構文解析するには、複数のトークンが「消費」される必要がある。そこで、*ast.PrefixExpressionノードを構築するためにp.curTokenを使用したあと、このメソッドはトークンを進め、parseExpressionをまた呼ぶんだ。このとき、前置演算子の優先順位を引数に渡す。これはまだ使用されていない。しかし、すぐにこれが何の役に立つのか、どうやって利用するのかがわかるだろう。

さて、parseExpressionがparsePrefixExpressionから呼ばれたとき、トークンはすでに進められていて、現在のトークンは前置演算子のちょうど1つ後になっている。-5の場合でいうと、parseExpressionが呼ばれた時点でp.curToken.Typeはtoken.INTだ。parseExpressionは登録された前置構文解析関数をチェックし、parseIntegerLiteralを発見する。この関数が*ast.IntegerLiteralノードを構築し、返却する。parseExpressionはこの新たに構築されたノードを返し、parsePrefixExpressionはそれを*ast.PrefixExpressionのRightフィールドに設定する。

そう、これでうまくいく。テストは通る。

```
$ go test ./parser
ok      monkey/parser   0.007s
```

ここで私たちの構文解析関数の「規約」がどのように働いているのかを見ておこう。parsePrefixExpressionは前置演算子のトークンがp.curTokenにセットされている状態で動作を開始する。そして、前置演算子式のオペランド、より具体的に言うと、オペランドの最後のトークンがp.curTokenにセットされている状態で終了する。トークンはちょうど必要なだけ進み、見事に動作する。素晴らしいのは、このために必要なコードの量だ。これが再帰的なアプローチの威力だ。

確かに、parseExpressionのprecedence引数はわかりづらい。何しろまだ使われていないんだ。でも、すでにその使い方については重要なことを見てきた。precedenceの値は、呼び出し側で把握している情報とその文脈によって変化する。parseExpressionStatement（今回の式の構文解析を開始するトップレベルのメソッド）は優先順位について何の知識もないので、単にLOWESTを使う。他方parsePrefixExpressionはPREFIXという順位をparseExpressionに渡す。なぜなら、この関数が前置演算子式を構文解析している最中だからだ。

そして、いよいよprecedenceがparseExpressionでどう使われるのかを見ていく。ついに中置演算子式の構文解析に取りかかるんだ。

2.6.9 中置演算子

それでは次の8つの中置演算子を構文解析しよう。

```
5 + 5;
5 - 5;
5 * 5;
5 / 5;
5 > 5;
5 < 5;
5 == 5;
5 != 5;
```

5ばかりなのは気にしないでほしい。中置演算子の左右には、前置演算子と同様にどんな式でも使える。

```
<expression> <infix operator> <expression>
```

オペランドが2つ（左と右）あるので、これらの式を「二項演算子式（binary expressions）」と呼ぶ（他方で前置演算子式は「単項演算子式〈unary expressions〉」と言えるだろう）。演算子の両側にはどんな式を用いることもできる。しかし、まずは整数リテラルをオペランドに用いる場合のテストを書くところから始めよう。

```
// parser/parser_test.go

func TestParsingInfixExpressions(t *testing.T) {
    infixTests := []struct {
        input      string
        leftValue  int64
        operator   string
        rightValue int64
    }{
        {"5 + 5;", 5, "+", 5},
        {"5 - 5;", 5, "-", 5},
        {"5 * 5;", 5, "*", 5},
        {"5 / 5;", 5, "/", 5},
        {"5 > 5;", 5, ">", 5},
        {"5 < 5;", 5, "<", 5},
        {"5 == 5;", 5, "==", 5},
        {"5 != 5;", 5, "!=", 5},
    }

    for _, tt := range infixTests {
        l := lexer.New(tt.input)
        p := New(l)
        program := p.ParseProgram()
        checkParserErrors(t, p)

        if len(program.Statements) != 1 {
            t.Fatalf("program.Statements does not contain %d statements. got=%d\n",
                1, len(program.Statements))
        }

        stmt, ok := program.Statements[0].(*ast.ExpressionStatement)
        if !ok {
            t.Fatalf("program.Statements[0] is not ast.ExpressionStatement. got=%T",
                program.Statements[0])
        }

        exp, ok := stmt.Expression.(*ast.InfixExpression)
        if !ok {
            t.Fatalf("exp is not ast.InfixExpression. got=%T", stmt.Expression)
        }
```

```
        if !testIntegerLiteral(t, exp.Left, tt.leftValue) {
            return
        }

        if exp.Operator != tt.operator {
            t.Fatalf("exp.Operator is not '%s'. got=%s",
                tt.operator, exp.Operator)
        }

        if !testIntegerLiteral(t, exp.Right, tt.rightValue) {
            return
        }
    }
}
```

このテストはTestParsingPrefixExpressionsのほとんど丸写しだ。違いは結果のASTノードのRightフィールドとLeftフィールドについてアサーションがある点だ。ここでもテーブルドリブンアプローチが大いに役立つことになるだろう。すぐあとでテストに識別子を含めるよう拡張するときに使う。

これらのテストはもちろん失敗する。*ast.InfixExpressionの定義が見つからないからだ。より本質的な意味でテストを失敗させるために、*ast.InfixExpressionを定義する。

```
// ast/ast.go

type InfixExpression struct {
    Token    token.Token // 演算子トークン、例えば「+」
    Left     Expression
    Operator string
    Right    Expression
}

func (oe *InfixExpression) expressionNode()      {}
func (oe *InfixExpression) TokenLiteral() string { return oe.Token.Literal }
func (oe *InfixExpression) String() string {
    var out bytes.Buffer

    out.WriteString("(")
    out.WriteString(oe.Left.String())
    out.WriteString(" " + oe.Operator + " ")
    out.WriteString(oe.Right.String())
    out.WriteString(")")

    return out.String()
}
```

ast.PrefixExpressionと同様にast.InfixExpressionを定義し、ast.Expressionインターフェイスとast.Nodeインターフェイスを満たすため、expressionNode()メソッド、TokenLiteral()メソッド、String()メソッドを実装する。ast.PrefixExpressionとの違いは、新しいLeftという名前の

フィールドだ。このフィールドは任意の式を保持できる。

この辺でビルドしてテストを実行できる。すると、テストは私たちが新たに追加したばかりのエラーメッセージを返す。

```
$ go test ./parser
--- FAIL: TestParsingInfixExpressions (0.00s)
  parser_test.go:246: parser has 1 errors
  parser_test.go:248: parser error: "no prefix parse function for + found"
FAIL
FAIL    monkey/parser   0.007s
```

しかし、このエラーメッセージは紛らわしい。「前置構文解析関数がない」と言っている。でも、私たちは構文解析器に「+」に対する前置構文解析関数を見つけてほしいわけではない。見つけてほしいのは中置構文解析関数だ。

さあ、これからが「何やらよく整理されていそうだな」から「おお、これは美しい」に進むポイントだ。ここでparseExpressionが完成するんだ。そのために、まずは優先順位テーブルとヘルパーメソッドがいくつか必要だ。

```
// parser/parser.go

var precedences = map[token.TokenType]int{
    token.EQ:       EQUALS,
    token.NOT_EQ:   EQUALS,
    token.LT:       LESSGREATER,
    token.GT:       LESSGREATER,
    token.PLUS:     SUM,
    token.MINUS:    SUM,
    token.SLASH:    PRODUCT,
    token.ASTERISK: PRODUCT,
}

// [...]

func (p *Parser) peekPrecedence() int {
    if p, ok := precedences[p.peekToken.Type]; ok {
        return p
    }

    return LOWEST
}

func (p *Parser) curPrecedence() int {
    if p, ok := precedences[p.curToken.Type]; ok {
        return p
    }

    return LOWEST
}
```

precedencesが優先順位テーブルだ。トークンタイプとその優先順位を関連付ける。優先順位の値自体は以前に定義してあり、増加していく整数値だ。例えば、このテーブルを使うと「+」(token.PLUS)と「-」(token.MINUS)は同じ優先順位を持っていて、それは「*」(token.ASTERISK)と「/」(token.SLASH)よりも低い、というようなことがわかる。

peekPrecedenceメソッドはp.peekTokenのトークンタイプに対応している優先順位を返す。もしp.peekTokenに対応している優先順位を見つけられなければ、デフォルト値としてLOWESTを返す。これは演算子が取りうる優先順位の中で最も低いものだ。curPrecedenceメソッドも同様の動作をする。ただしこちらはp.curTokenが対象だ。

次のステップは、1つの中置構文解析関数を全ての中置演算子に対して登録することだ。

```
// parser/parser.go

func New(l *lexer.Lexer) *Parser {
// [...]
    p.registerPrefix(token.BANG, p.parsePrefixExpression)
    p.registerPrefix(token.MINUS, p.parsePrefixExpression)

    p.infixParseFns = make(map[token.TokenType]infixParseFn)
    p.registerInfix(token.PLUS, p.parseInfixExpression)
    p.registerInfix(token.MINUS, p.parseInfixExpression)
    p.registerInfix(token.SLASH, p.parseInfixExpression)
    p.registerInfix(token.ASTERISK, p.parseInfixExpression)
    p.registerInfix(token.EQ, p.parseInfixExpression)
    p.registerInfix(token.NOT_EQ, p.parseInfixExpression)
    p.registerInfix(token.LT, p.parseInfixExpression)
    p.registerInfix(token.GT, p.parseInfixExpression)
// [...]
}
```

すでにregisterInfixは手元にあった。ようやくこれを使うときがきた。全ての中置演算子はparseInfixExpressionという名前の同一の構文解析関数に関連付けられる。これは次のようなものだ。

```
// parser/parser.go

func (p *Parser) parseInfixExpression(left ast.Expression) ast.Expression {
    expression := &ast.InfixExpression{
        Token:    p.curToken,
        Operator: p.curToken.Literal,
        Left:     left,
    }

    precedence := p.curPrecedence()
    p.nextToken()
    expression.Right = p.parseExpression(precedence)

    return expression
}
```

ここで、parsePrefixExpressionとの重要な違いは、この新しいメソッドが引数としてleftという名前のast.Expressionを取ることだ。この引数は*ast.InfixExpressionノードを構築する際に使う。leftをLeftフィールドに格納するんだ。それから現在のトークン（中置演算子式の演算子）の優先順位をローカル変数precedenceに保存する。この後にnextTokenを呼び出してトークンを1つ進め、それからparseExpressionを再度呼び出してこのノードのRightフィールドを埋める。このparseExpression呼び出しでは、演算子トークンの優先順位を渡す。

さて、いよいよお披露目だ。ここが私たちのPratt構文解析器の心臓部だ。最終的なバージョンのparseExpressionは次のようになる。

```
// parser/parser.go

func (p *Parser) parseExpression(precedence int) ast.Expression {
    prefix := p.prefixParseFns[p.curToken.Type]
    if prefix == nil {
        p.noPrefixParseFnError(p.curToken.Type)
        return nil
    }
    leftExp := prefix()

    for !p.peekTokenIs(token.SEMICOLON) && precedence < p.peekPrecedence() {
        infix := p.infixParseFns[p.peekToken.Type]
        if infix == nil {
            return leftExp
        }

        p.nextToken()

        leftExp = infix(leftExp)
    }

    return leftExp
}
```

この通り、テストも通る！　全てグリーンだ。

```
$ go test ./parser
ok      monkey/parser   0.006s
```

これで正式に中置演算子式も正しく構文解析できるようになった。**待って、何だって？　何が起きたの？　なんでこれで動くの？**

見ての通り、parseExpressionの仕事がいくつか増えている。現在のトークンに関連付けられているprefixParseFnを探してそれを呼び出すところまではすでに知っている通りだ。これは前置演算子、識別子、整数リテラルで見てきた。

新たに加わったのは、parseExpressionのちょうど真ん中にあるループだ。このループの中で、次のトークンに関連付けられたinfixParseFnを探すよう試みる。もし見つかったら、その関数を呼び出す。このとき、prefixParseFnから返ってきた式を引数として渡す。そして、これをより低い優先順位のトークンに遭遇するまで繰り返す。

これが見事に動作する。異なる優先度を持つ演算子を複数使ったテストを用いて、ASTに演算子の優先度が正しく反映されていることを確認しよう。検証にはASTを文字列の形式で表現したものを用いる。

```
// parser/parser_test.go

func TestOperatorPrecedenceParsing(t *testing.T) {
    tests := []struct {
        input    string
        expected string
    }{
        {
            "-a * b",
            "((-a) * b)",
        },
        {
            "!-a",
            "(!(-a))",
        },
        {
            "a + b + c",
            "((a + b) + c)",
        },
        {
            "a + b - c",
            "((a + b) - c)",
        },
        {
            "a * b * c",
            "((a * b) * c)",
        },
        {
            "a * b / c",
            "((a * b) / c)",
        },
        {
            "a + b / c",
            "(a + (b / c))",
        },
        {
            "a + b * c + d / e - f",
            "(((a + (b * c)) + (d / e)) - f)",
        },
        {
            "3 + 4; -5 * 5",
            "(3 + 4)((-5) * 5)",
        },
        {
            "5 > 4 == 3 < 4",
```

```
            "((5 > 4) == (3 < 4))",
        },
        {
            "5 < 4 != 3 > 4",
            "((5 < 4) != (3 > 4))",
        },
        {
            "3 + 4 * 5 == 3 * 1 + 4 * 5",
            "((3 + (4 * 5)) == ((3 * 1) + (4 * 5)))",
        },
    }

    for _, tt := range tests {
        l := lexer.New(tt.input)
        p := New(l)
        program := p.ParseProgram()
        checkParserErrors(t, p)

        actual := program.String()
        if actual != tt.expected {
            t.Errorf("expected=%q, got=%q", tt.expected, actual)
        }
    }
}
```

これらは全て通っている！　なかなか見事なものだろう？

*ast.InfixExpressionは正しくネストされている。これを観察できるのは、ASTノードのString()メソッドで括弧を使うようにしたおかげだ。

あなたがいま、頭をかきながら動作の全容がどうなっているのか不思議に思っているとしても、心配は無用だ。これからparseExpressionを注意深く見ていくからだ。

2.7 Pratt構文解析の仕組み

parseExpressionメソッドや、構文解析関数と優先順位の組み合わせの背景にあるアルゴリズムは、Vaughan Prattによる論文"Top Down Operator Precedence"に完全に説明されている。しかし、彼の実装と私たちの実装には違いもある。

PrattはParser構造体を使用しておらず、*Parserに定義されたメソッドを順に呼びまわる実装にはしていない。彼はmapも使用していない。もちろんGoだって使っていなかった。何しろ彼の論文はGoのリリースよりも36年も前に書かれたんだ。それから、命名の違いもある。prefixParseFnと呼んでいるものはPrattの用語では"nuds"（"null denotations"を意味する）だ。また、infixParseFnsは"leds"（"left denotations"を意味する）だ。

それでも、擬似コードに示されたparseExpressionはPrattの論文に示されたコードと驚くほどよく似ている。全く同じアルゴリズムを使用していて、変更点はほとんど何もない。

なぜこれがうまくいくのかに答えてくれる理論は飛ばして、**どのように**動作し、全ての部品（parseExpression、構文解析関数、優先順位）がどのように組み合わされているのかを見ていこう。次の式文を構文解析するところだとしよう。

```
1 + 2 + 3;
```

結果のASTにおいて、それぞれの演算子やオペランドそのものを表現するのは、さほど難しい問題ではない。本当に難しいのは、ASTのノードを正しくネストさせることだ。欲しいASTは（文字列としてシリアライズすると）次のようなものだ。

```
((1 + 2) + 3)
```

このASTは*ast.InfixExpressionノードを2つ持っている必要がある。木の上位にある*ast.InfixExpressionは、子ノードRightに整数リテラル3を持ち、子ノードLeftにまた別の*ast.InfixExpressionを持っている必要がある。2番目の*ast.InfixExpressionは、整数リテラル1と2をそれぞれ子ノードLeftとRightとして持っている必要がある。図にすると**図2-2**のようになる。

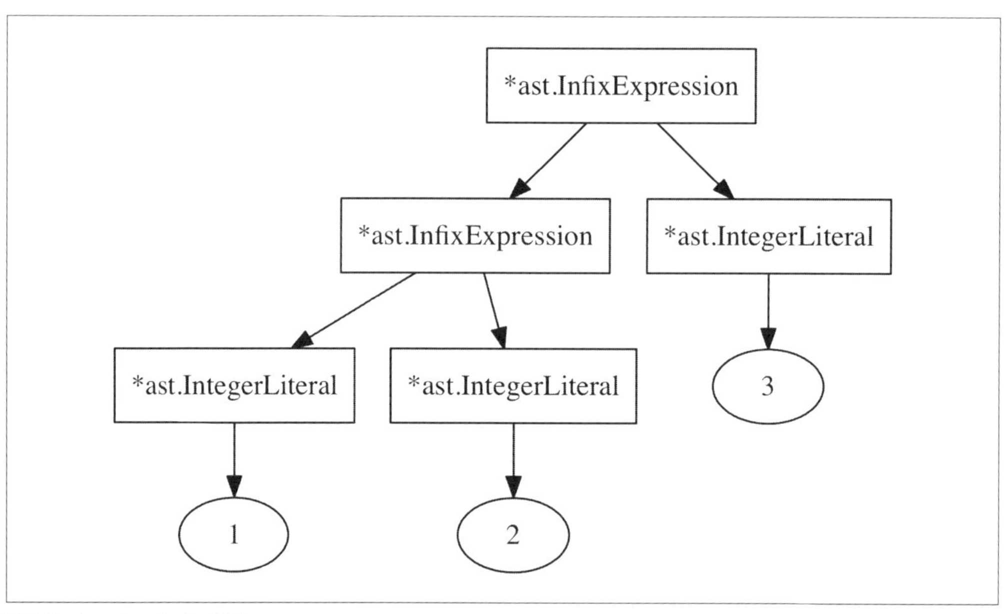

図2-2 1 + 2 + 3;のAST

そして、これこそが私たちの構文解析器が1 + 2 + 3;を構文解析したときに出力するものに他ならない。ではどうやって？ これからこの問いに答えよう。ここで初回にparseExpressionStatementが呼ばれたとき、構文解析器が何をするかを注意深く見ていこう。

さて、始めよう。1 + 2 + 3;を構文解析するときに起こることは次の通りだ。

parseExpressionStatementがparseExpression(LOWEST)を呼ぶ。p.curTokenとp.peekTokenはそれぞれ1と、最初の「+」だ(**図2-3**)。

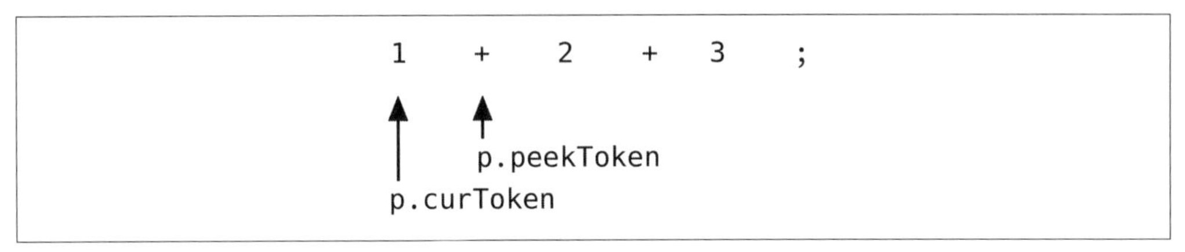

図2-3　初回のparseExpression呼び出し時点の状態

parseExpressionが最初にするのは現在のp.curToken.Type、つまりtoken.INTに関連付けられたprefixParseFnが存在するかどうかを確認することだ。そして、それは存在する。parseIntegerLiteralだ。そこで、parseIntegerLiteralを呼び出す。結果として*ast.IntegerLiteralが返る。parseExpressionはこれをleftExpに代入する。

それからparseExpressionに追加したforループだ。条件を評価するとtrueになる。

```
for !p.peekTokenIs(token.SEMICOLON) && precedence < p.peekPrecedence() {
// [...]
}
```

p.peekTokenはtoken.SEMICOLONではない。また、peekPrecedence(これは「+」トークンの優先順位を返す)はparseExpressionの引数で渡された優先順位であるLOWESTよりも高い。ここで私たちが定義した優先順位を思い出しておこう。

```
// parser/parser.go

const (
    _ int = iota
    LOWEST
    EQUALS      // ==
    LESSGREATER // > または <
    SUM         // +
    PRODUCT     // *
    PREFIX      // -X または !X
    CALL        // myFunction(X)
)
```

したがって、この条件を評価するとtrueになり、parseExpressionはループの本体を実行する。ループの本体は次のようになっている。

```
infix := p.infixParseFns[p.peekToken.Type]
if infix == nil {
  return leftExp
}
```

```
p.nextToken()

leftExp = infix(leftExp)
```

ここでp.peekToken.Typeに対応するinfixParseFnを取得する。これにより、*Parserに定義されているparseInfixExpressionが得られる。parseInfixExpressionを呼び出してその戻り値をleftExpに保存する前に（leftExp変数を使い回していることに注意）、トークンを進める。その結果、**図2-4**のようになる。

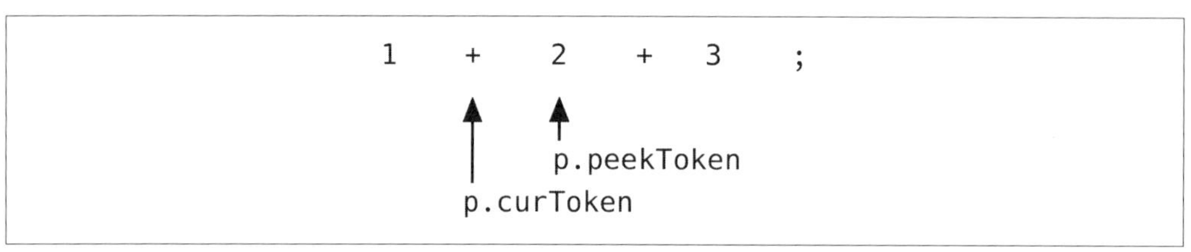

図2-4 parseInfixExpressionが呼び出される時点の状態（初回）

トークンがこの状態でparseInfixExpressionを呼び出す。ここで、すでに構文解析済みの*ast.IntegerLiteral（forループの外でleftExpに代入されている）を渡す。いよいよ面白くなってくるのは、次にparseInfixExpressionで起こることだ。このメソッドを再掲しよう。

```
// parser/parser.go

func (p *Parser) parseInfixExpression(left ast.Expression) ast.Expression {
    expression := &ast.InfixExpression{
        Token:    p.curToken,
        Operator: p.curToken.Literal,
        Left:     left,
    }

    precedence := p.curPrecedence()
    p.nextToken()
    expression.Right = p.parseExpression(precedence)

    return expression
}
```

ここで、leftは構文解析済みの*ast.IntegerLiteralであり、1を表現している点に気をつけてほしい。

parseInfixExpressionはp.curToken（最初の「+」トークン！）の優先順位を保存し、トークンを進め、parseExpressionを呼び出す。このとき、いま保存しておいた優先順位を渡す。というわけで、2回目のparseExpression呼び出しだ。このときトークンは**図2-5**のようになっている。

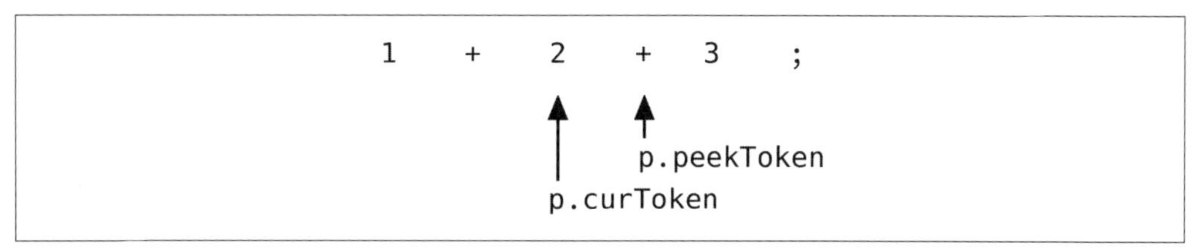

図2-5　2回目のparseExpression呼び出し時点の状態

parseExpressionが最初にするのは、p.curTokenに対応するprefixParseFnを再び探すことだ。それは今度もparseIntegerLiteralだ。しかし、今回はforループの条件がtrueにならない。precedence（parseExpressionに渡された引数）は1 + 2 + 3の**最初の**「+」演算子の優先順位だ。これはp.peekTokenの優先順位、つまり2番目の「+」の優先順位よりも小さくは**ない**。等しいんだ。そのため、forループの本体は実行されず、2を表す*ast.IntegerLiteralが返される。

これで処理はparseInfixExpressionに戻って、parseExpressionの戻り値は新しく作られた*ast.InfixExpressionのRightフィールドに代入される。したがって、**図2-6**のようになる。

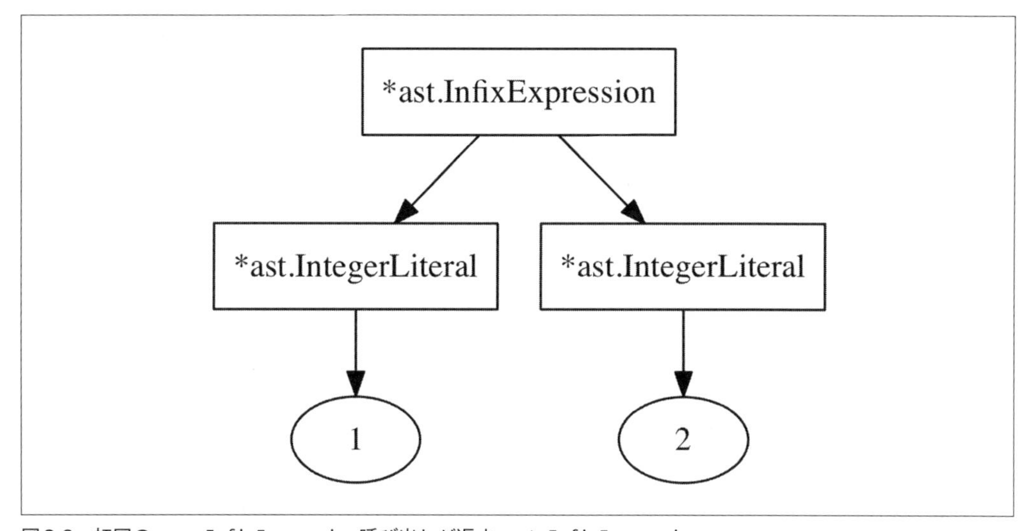

図2-6　初回のparseInfixExpression呼び出しが返す*ast.InfixExpressions

この*ast.InfixExpressionsはparseInfixExpressionから返される。これで一番外側のparseExpression呼び出しまで戻ってくる。ここでのprecedenceは依然としてLOWESTだ。forループの最初の地点に戻ってきていて、次のループに入るための条件が再度評価されるところだ。

```
for !p.peekTokenIs(token.SEMICOLON) && precedence < p.peekPrecedence() {
// [...]
}
```

これはまだtrueだ。precedenceはLOWESTであり、peekPrecedenceは今度は式中2番目の「+」の優先度なので、こちらの方が高い。そこで、parseExpressionはforループの本体を再度実行する。違うのは、今度はleftExpが1を表現する*ast.IntegerLiteralではなく、parseInfixExpressionから返ってきた*ast.InfixExpressionであるという点だ。これは1 + 2を表現している。

ループの中でparseExpressionはparseInfixExpressionをp.peekToken.Type（2番目の「+」）に対応するinfixParseFnとして取り出す。それからトークンを進めてparseInfixExpressionを呼ぶ。このとき、引数としてleftExpを渡す。呼び出されたparseInfixExpressionはparseExpressionをもう一度呼ぶ。これは最後の*ast.IntegerLiteral（式中の3を表現する）を返す。

これでループ本体の終わりに至る。このときleftExpは図2-7のようになっている。

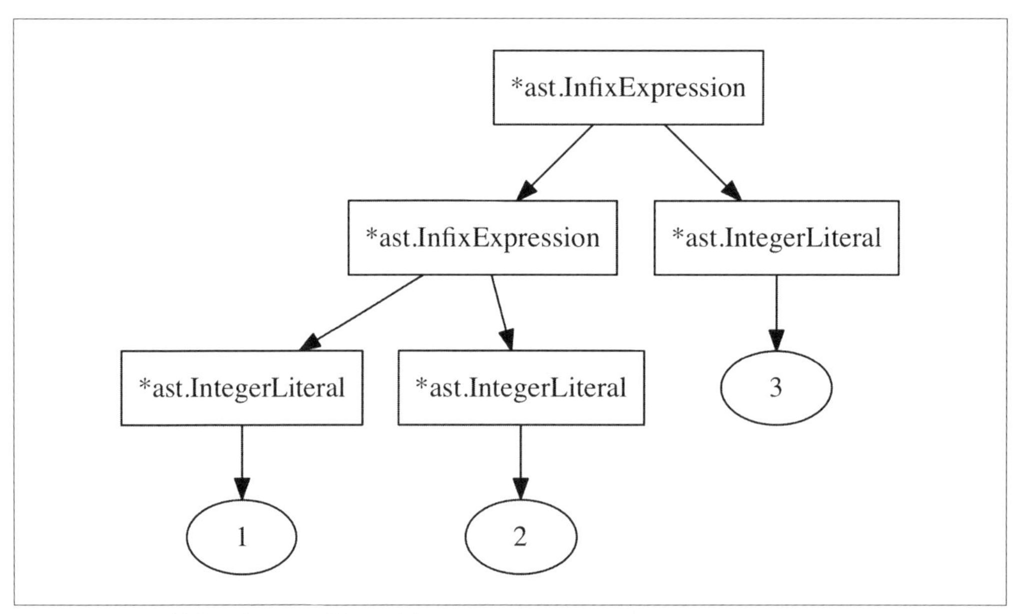

図2-7 forループ本体の終わりに到達した時点のleftExp

これがまさに欲しかったものだ！ 演算子とオペランドが正しくネストされている！ トークンは図2-8のようになっている。

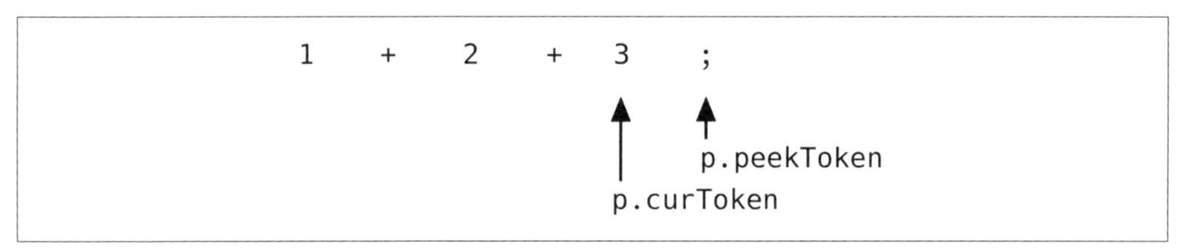

図2-8 forループ本体の終わりに到達した時点の状態

forループの条件を評価するとfalseになる。

```
for !p.peekTokenIs(token.SEMICOLON) && precedence < p.peekPrecedence() {
// [...]
}
```

今度はp.peekTokenIs(token.SEMICOLON)を評価するとtrueになるので、ループは再度実行されることはない。

(p.peekTokenIs(token.SEMICOLON)の呼び出しが必ず必要というわけではない。peekPrecedenceメソッドはp.peekToken.Typeに対応する優先度が見つからないときにデフォルト値としてLOWESTを返すようになっていた。これはtoken.SEMICOLONトークンの場合にも当てはまる。しかし、このように書くことでセミコロンが式終端デリミタとして振る舞うことがより明示的になり、理解もしやすくなると思う。)

これで終わりだ。forループは完了し、leftExpが返される。parseExpressionStatementに戻り、最終的な正しい*ast.InfixExpressionが手に入る。そして、これが*ast.ExpressionStatementのExpressionとして使われる。

これで私たちの構文解析器が1 + 2 + 3を正しく構文解析する様子がわかった。なかなか興味をそそるだろう。私は特にprecedenceとpeekPrecedenceの使い方が興味深いと思う。

では、「本当に優先順位が問題になる場合」はどうだろう。先ほどの例では全ての演算子(「+」)が同じ優先順位を持っていた。異なる優先順位の演算子を実現するには何が必要だろうか？　LOWESTをデフォルトにして、HIGHESTのようなものを全ての演算子に使うことはできないだろうか？

いや、それではいけない。誤ったASTができてしまう。やりたいのは、高い優先順位を持つ演算子に関する式を、より低い優先順位を持つ演算子に関する式と比べて、より木の深いレベルに配置することだ。これはparseExpressionのprecedence値(引数)によって達成される。

parseExpressionが呼ばれたとき、precedenceの値は、現在のparseExpression呼び出しの「右結合力」を表している。「右結合力」は何を意味するのか？　ええと、それが高いほど、現在の式の右に位置する(先読みした)トークン/演算子/オペランドが、現在の式と「結合する」。あるいは、私は「吸い込まれる」と考えるのが気に入っている。

右結合力が可能な限り高い場合、現在までに構文解析したもの(leftExpに代入されている)は、次の演算子(あるいはトークン)に関連付けられているinfixParseFnに渡されることが**決してない**。決して「左」子ノードになることがない。forループの条件が決してtrueにならないからだ。

右結合力の対義語も存在し、それは(あなたの想像通り！)「左結合力」だ。では、どの値が左結合力を表すのだろうか？　parseExpressionのprecedence引数は現在の右結合力を表す。次の演算子の左結合力はどこから来るのだろうか？　簡潔に言うとpeekPrecedenceだ。この関数が返す値が、次の演算子、すなわちp.peekTokenの左結合力を表す。

結局のところ、forループのprecedence < p.peekPrecedence()という条件になるんだ。この条件

は次の演算子/トークンの左結合力が現在の右結合力よりも高いかを判定する。もしそうであれば、これまで構文解析したものは次の演算子に「吸い込まれる」。左から右へ。そして、それは次の演算子のinfixParseFnに渡される。

例を示そう。式文-1 + 2;を構文解析しているところだとしよう。ASTが表現してほしいのは(-1) + 2であり、-(1 + 2)ではない。色々あって（parseExpressionStatementとparseExpressionのあとで）到達する最初のメソッドはtoken.MINUSに関連付けたprefixParseFn、つまりparsePrefixExpressionだ。ここでparsePrefixExpressionの全体をおさらいしておこう。

```
// parser/parser.go

func (p *Parser) parsePrefixExpression() ast.Expression {
  expression := &ast.PrefixExpression{
    Token:    p.curToken,
    Operator: p.curToken.Literal,
  }
  p.nextToken()
  expression.Right = p.parseExpression(PREFIX)
  return expression
}
```

この関数がPREFIXをparseExpressionにprecedenceとして渡す。つまり、PREFIXをparseExpression呼び出しの右結合力にしていることになる。私たちの定義により、PREFIXは相当に高い優先順位を持っている。このため、parseExpression(PREFIX)は-1の中の1を構文解析しようとしてinfixParseFnに渡すことは**決してない**。この場合、precedence < p.peekPrecedence()は決してtrueにはなることはない。つまり、どのinfixParseFnも1を左腕に取ることはない。1は前置式の右腕として返される。1だけだ。後続する他の式は含まれない。残りはこれから構文解析される必要がある。

parseExpression呼び出しの外側（parsePrefixExpressionをprefixParseFnとして呼び出した部分）に戻ると、最初のleftExp := prefix()の直後ではprecedenceの値は依然としてLOWESTだ。これが一番外側の呼び出しで使った値だからだ。この時点での右結合力は依然としてLOWESTだ。ここでp.peekTokenは-1 + 2の「+」になっている。

今度はforループの条件を評価し、ループの本体を実行するべきかを判断するところに来ている。「+」演算子の優先順位（p.peekPrecedence()から返された）は現在の右結合力よりも高い。ここまでに構文解析されたもの（前置式-1）はここで「+」に関連付けられたinfixParseFnに渡される。「+」の左結合力は、これまで構文解析してきたものを「吸い込み」、それを構築中のASTノードの「左腕」として使う。

「+」のinfixParseFnはparseInfixExpressionで、今度は「+」の優先順位をparseExpression呼び出しの右結合力として使う。LOWESTを使うのではない。もしそうしてしまうと、もう一方の「+」がより高い左結合力を持ってしまい、右腕を「吸い取られて」しまう。結果として、a + b + cというような式が(a + (b + c))になってしまう。これは意図したものではない。((a + b) + c)が欲しいんだ。

前置演算子の高い優先度はうまく機能している。中置演算子でも完璧に動作する。演算子の優先順位に関する典型的な例1 + 2 * 3では、「*」の左結合力が「+」の右結合力より高くなっているはずだ。これを構文解析すると、「*」トークンに関連付けられたinfixParseFnに2が渡されることになるだろう。

注意する必要があるのは、私たちの構文解析器ではいずれのトークンも同じ右結合力と左結合力を持っている点だ。両方に1つの値(precedencesテーブルに定義されている)を使っている。この値が意味するところは文脈によって変わる。

もし、ある演算子が左結合ではなく右結合である必要がある場合(つまり「+」を((a + b) + c)ではなく(a + (b + c))とする場合)、その演算子式の「右腕」を構文解析する際により小さな右結合力を使わなければならない。他の言語にあるような前置も後置もできる「++」演算子や「--」演算子を思い浮かべてもらえば、演算子に異なる右結合力と左結合力を設定できるのが便利な場合があることがわかるだろう。

私たちは演算子の右結合力と左結合力を独立して定義しておらず、単一の値を利用しているので、定義を変えるだけではこれは実現できない。しかし、例えば、「+」を右結合にするには、parseExpressionを呼び出す際にその優先順位をデクリメントすればよい。

```
// parser/parser.go

func (p *Parser) parseInfixExpression(left ast.Expression) ast.Expression {
    expression := &ast.InfixExpression{
        Token:    p.curToken,
        Operator: p.curToken.Literal,
        Left:     left,
    }

    precedence := p.curPrecedence()
    p.nextToken()
    expression.Right = p.parseExpression(precedence)
    //                                   ^^^ 右結合にするためにここで減算する

    return expression
}
```

実演のため、このメソッドを少しの間書き換えて、何が起こるか見てみよう。

```
// parser/parser.go

func (p *Parser) parseInfixExpression(left ast.Expression) ast.Expression {
    expression := &ast.InfixExpression{
        Token:    p.curToken,
        Operator: p.curToken.Literal,
        Left:     left,
    }
```

```
    precedence := p.curPrecedence()
    p.nextToken()

    if expression.Operator == "+" {
        expression.Right = p.parseExpression(precedence - 1)
    } else {
        expression.Right = p.parseExpression(precedence)
    }

    return expression
}
```

この変更をすると、「+」が右結合になったことをテストが教えてくれる。

```
$ go test -run TestOperatorPrecedenceParsing ./parser
--- FAIL: TestOperatorPrecedenceParsing (0.00s)
  parser_test.go:359: expected="((a + b) + c)", got="(a + (b + c))"
  parser_test.go:359: expected="((a + b) - c)", got="(a + (b - c))"
  parser_test.go:359: expected="(((a + (b * c)) + (d / e)) - f)",\
    got="(a + ((b * c) + ((d / e) - f)))"
FAIL
```

これでparseExpressionの最深部への長い旅は終わりだ。もし、まだあなたがどうしてこうなるのか自信がなくて、まだ理解できていないとしても、心配はいらない。私もそんな感じだった。本当に理解を助けてくれたのは、Parser関数群にトレース文を埋めて、ある式が構文解析されるときに何が起こるのかを見ることだった。この章のフォルダに./parser/parser_tracing.goというファイルを入れておいた。このファイルには、構文解析器が何をしているのかを理解する上で本当に役立つ関数の定義が2つ含まれている。traceとuntraceだ。これらを次のように使う。

```
// parser/parser.go

func (p *Parser) parseExpressionStatement() *ast.ExpressionStatement {
    defer untrace(trace("parseExpressionStatement"))
// [...]
}

func (p *Parser) parseExpression(precedence int) ast.Expression {
    defer untrace(trace("parseExpression"))
// [...]
}

func (p *Parser) parseIntegerLiteral() ast.Expression {
    defer untrace(trace("parseIntegerLiteral"))
// [...]
}

func (p *Parser) parsePrefixExpression() ast.Expression {
    defer untrace(trace("parsePrefixExpression"))
```

```
// [...]
}

func (p *Parser) parseInfixExpression(left ast.Expression) ast.Expression {
    defer untrace(trace("parseInfixExpression"))
// [...]
}
```

これらの追跡用関数を埋め込むと、構文解析器が何をしているのか見ることができる。次に示すのは、テストスイートにある式文`-1 * 2 + 3`を構文解析しているときの出力だ。

```
$ go test -v -run TestOperatorPrecedenceParsing ./parser
=== RUN   TestOperatorPrecedenceParsing
BEGIN parseExpressionStatement
        BEGIN parseExpression
                BEGIN parsePrefixExpression
                        BEGIN parseExpression
                                BEGIN parseIntegerLiteral
                                END parseIntegerLiteral
                        END parseExpression
                END parsePrefixExpression
                BEGIN parseInfixExpression
                        BEGIN parseExpression
                                BEGIN parseIntegerLiteral
                                END parseIntegerLiteral
                        END parseExpression
                END parseInfixExpression
                BEGIN parseInfixExpression
                        BEGIN parseExpression
                                BEGIN parseIntegerLiteral
                                END parseIntegerLiteral
                        END parseExpression
                END parseInfixExpression
        END parseExpression
END parseExpressionStatement
--- PASS: TestOperatorPrecedenceParsing (0.00s)
PASS
ok      monkey/parser   0.008s
```

2.8 構文解析器の拡張

構文解析器を拡張する前に、まずは既存のテストスイートを整理し、拡張しておこう。変更点の全てを示してあなたを退屈させるつもりはない。テストを理解しやすくするための小さなヘルパー関数をお見せしよう。

すでに`testIntegerLiteral`テストヘルパーは実装済みだ。2番目の関数は`testIdentifier`で、これを使うと多くのテストを整理できる。

```
// parser/parser_test.go

func testIdentifier(t *testing.T, exp ast.Expression, value string) bool {
    ident, ok := exp.(*ast.Identifier)
    if !ok {
        t.Errorf("exp not *ast.Identifier. got=%T", exp)
        return false
    }

    if ident.Value != value {
        t.Errorf("ident.Value not %s. got=%s", value, ident.Value)
        return false
    }

    if ident.TokenLiteral() != value {
        t.Errorf("ident.TokenLiteral not %s. got=%s", value,
            ident.TokenLiteral())
        return false
    }

    return true
}
```

面白くなってくるのは、ここからだ。`testIntegerLiteral`と`testIdentifier`を使って、より一般的なテストヘルパー関数を作る。

```
// parser/parser_test.go

func testLiteralExpression(
    t *testing.T,
    exp ast.Expression,
    expected interface{},
) bool {
    switch v := expected.(type) {
    case int:
        return testIntegerLiteral(t, exp, int64(v))
    case int64:
        return testIntegerLiteral(t, exp, v)
    case string:
        return testIdentifier(t, exp, v)
    }
    t.Errorf("type of exp not handled. got=%T", exp)
    return false
}

func testInfixExpression(t *testing.T, exp ast.Expression, left interface{},
    operator string, right interface{}) bool {

    opExp, ok := exp.(*ast.InfixExpression)
    if !ok {
        t.Errorf("exp is not ast.InfixExpression. got=%T(%s)", exp, exp)
        return false
    }
```

```
    if !testLiteralExpression(t, opExp.Left, left) {
        return false
    }

    if opExp.Operator != operator {
        t.Errorf("exp.Operator is not '%s'. got=%q", operator, opExp.Operator)
        return false
    }

    if !testLiteralExpression(t, opExp.Right, right) {
        return false
    }

    return true
}
```

これらのヘルパー関数を用意すると、次のようなテストコードが書けるようになる。

```
testInfixExpression(t, stmt.Expression, 5, "+", 10)
testInfixExpression(t, stmt.Expression, "alice", "*", "bob")
```

これで、構文解析器が生成したASTのプロパティをテストするのがかなり簡単になる。実際に、既存の構文解析器のテストを変更し、これらの新しいテストヘルパーを使うようにしておいた。parser/parser_test.goに整理して拡張したテストスイートがあるので参照してほしい。

2.8.1 真偽値リテラル

Monkeyプログラミング言語には、構文解析器とASTに実装する必要のあるものがまだ少し残っている。最も簡単なのは真偽値リテラルだろう。Monkeyでは、式を置ける場所であればどこでも真偽値を使うことができる。

```
true;
false;
let foobar = true;
let barfoo = false;
```

識別子や整数リテラルと同様に、真偽値のAST表現はシンプルで小さい。

```
// ast/ast.go

type Boolean struct {
    Token token.Token
    Value bool
}

func (b *Boolean) expressionNode()      {}
func (b *Boolean) TokenLiteral() string { return b.Token.Literal }
func (b *Boolean) String() string       { return b.Token.Literal }
```

Valueフィールドはbool型の値を保持できる。つまり、trueかfalseをそこに保存できる（Goのbool値であって、Monkeyのリテラルではない）。

さて、ASTノードを定義したので、テストを追加しよう。TestBooleanExpressionテスト関数はTestIdentifierExpressionやTestIntegerLiteralExpressionとよく似ているので、ここでは省略する[†3]。真偽値リテラルを実装する方法ついて、正しい指針を与えてくれるエラーメッセージを示すだけで十分だろう。

```
$ go test ./parser
--- FAIL: TestBooleanExpression (0.00s)
  parser_test.go:470: parser has 1 errors
  parser_test.go:472: parser error: "no prefix parse function for TRUE found"
FAIL
FAIL    monkey/parser   0.008s
```

もちろん、そう、token.TRUEとtoken.FALSEのためのprefixParseFnを登録する必要がある。

```
// parser/parser.go

func New(l *lexer.Lexer) *Parser {
// [...]
    p.registerPrefix(token.TRUE, p.parseBoolean)
    p.registerPrefix(token.FALSE, p.parseBoolean)
// [...]
}
```

そしてご想像の通りparseBooleanメソッドがそれだ。

```
// parser/parser.go

func (p *Parser) parseBoolean() ast.Expression {
    return &ast.Boolean{Token: p.curToken, Value: p.curTokenIs(token.TRUE)}
}
```

このメソッドで唯一、やや興味深い部分は、p.curTokenIs(token.TRUE)呼び出しをインライン化しているところだ。とはいえ、さほどでもない。これ以外はわかりやすいし、退屈と言ってもいいくらいかもしれない。別の言い方をすれば、私たちの構文解析器の構造がきちんと機能しているということだ。これこそがPrattのアプローチの美しさの1つだ。簡単に拡張できるんだ。

見てくれ！　テストはグリーンだ。

```
$ go test ./parser
ok      monkey/parser   0.006s
```

しかし、本当に面白いのはこれからだ。新しく実装した真偽値リテラルを組み込んで、テストを拡張

---

†3　訳注：parser/parser_test.goのTestBooleanExpression関数を参照してほしい。

していける。最初の候補はTestOperatorPrecedenceParsingで、文字列の比較をしているところだ。

```
// parser/parser_test.go

func TestOperatorPrecedenceParsing(t *testing.T) {
	tests := []struct {
		input    string
		expected string
	}{
// [...]
		{
			"true",
			"true",
		},
		{
			"false",
			"false",
		},
		{
			"3 > 5 == false",
			"((3 > 5) == false)",
		},
		{
			"3 < 5 == true",
			"((3 < 5) == true)",
		},
// [...]
}
```

testLiteralExpressionヘルパーを拡張し、新たにtestBooleanLiteral関数を提供することで、より多くのテストにおいて真偽値リテラルをテストできる。

```
// parser_test.go

func testLiteralExpression(
	t *testing.T,
	exp ast.Expression,
	expected interface{},
) bool {
	switch v := expected.(type) {
// [...]
	case bool:
		return testBooleanLiteral(t, exp, v)
	}
// [...]
}

func testBooleanLiteral(t *testing.T, exp ast.Expression, value bool) bool {
	bo, ok := exp.(*ast.Boolean)
	if !ok {
		t.Errorf("exp not *ast.Boolean. got=%T", exp)
		return false
```

```
    }

    if bo.Value != value {
        t.Errorf("bo.Value not %t. got=%t", value, bo.Value)
        return false
    }

    if bo.TokenLiteral() != fmt.Sprintf("%t", value) {
        t.Errorf("bo.TokenLiteral not %t. got=%s",
            value, bo.TokenLiteral())
        return false
    }

    return true
}
```

驚くようなものは何もない。あるのは、switch文の新しいcaseと、新しいヘルパー関数だけだ。しかし、これを用意するとTestParsingInfixExpressionsが簡単に拡張できる。

```
// parser/parser_test.go

func TestParsingInfixExpressions(t *testing.T) {
    infixTests := []struct {
        input      string
        leftValue  interface{}
        operator   string
        rightValue interface{}
    }{
// [...]
        {"true == true", true, "==", true},
        {"true != false", true, "!=", false},
        {"false == false", false, "==", false},
    }
// [...]

    for _, tt := range infixTests {
// [...]

            if !testInfixExpression(t, stmt.Expression, tt.leftValue,
                    tt.operator, tt.rightValue) {
                    return
            }
    }
}
```

TestParsingPrefixExpressionsも、テストテーブルに新しいエントリを追加するだけで簡単に拡張できる。

```
// parser/parser_test.go

func TestParsingPrefixExpressions(t *testing.T) {
```

```
    prefixTests := []struct {
        input    string
        operator string
        value    interface{}
    }{
// [...]
        {"!true;", "!", true},
        {"!false;", "!", false},
    }
// [...]
}
```

そろそろ自分を褒めてあげてよい頃合いだ。真偽値の構文解析を実装し、テストも拡張した。このようにテストを拡張しておけば、現時点でのカバレッジを増やすだけではなく、後々もっと役立つ道具となる。おつかれさま！

2.8.2 グループ化された式

次に見ていくのは「Vaughan Prattの最も偉大なトリック」とも言われる部分だ。いや、実は嘘だ。誰もそんなことは言ってない。でも言った方がいいと思う。グループ化された式についての話だ。Monkeyでは丸括弧を使って式をグループ化し、その優先順位、ひいては評価の順序に影響を与えることができる。典型的な例はすでに紹介した通りだ。

```
(5 + 5) * 2;
```

丸括弧は式`5 + 5`をグループ化し、これらにより高い優先順位を与える。その結果、グループ化された式はASTのより深い位置に配置される。おかげでこの数式を正しい順序で評価できる。

もしかすると、あなたは今「**おいおい、優先順位の話はもう勘弁してくれよ！ まだ頭が痛いのに！これだからこいつは……**」と思ったところかもしれない。この章の終わりまで読み飛ばしてしまおうかなと考えているところかもしれない。ちょっと待って！ この先を見逃してはいけない！

これからするのは、グループ化された式のユニットテストを書くことではない。それらは単一のASTノードタイプで表現されるものではないんだ。そう、そうなんだ。グループ化された式を正しく構文解析できるようにするために、ASTを変更する必要はないんだ！ その代わりにすることは、`TestOperatorPrecedenceParsing`テスト関数を拡張することだ。ここで、丸括弧が実際に式をグループ化し、結果のASTに影響を与えられることを確認しよう。

```
// parser/parser_test.go

func TestOperatorPrecedenceParsing(t *testing.T) {
    tests := []struct {
        input    string
        expected string
    }{
// [...]
```

```
        {
            "1 + (2 + 3) + 4",
            "((1 + (2 + 3)) + 4)",
        },
        {
            "(5 + 5) * 2",
            "((5 + 5) * 2)",
        },
        {
            "2 / (5 + 5)",
            "(2 / (5 + 5))",
        },
        {
            "-(5 + 5)",
            "(-(5 + 5))",
        },
        {
            "!(true == true)",
            "(!(true == true))",
        },
    }

// [...]
}
```

これらは失敗する。期待通りだ。

```
$ go test ./parser
--- FAIL: TestOperatorPrecedenceParsing (0.00s)
  parser_test.go:531: parser has 3 errors
  parser_test.go:533: parser error: "no prefix parse function for ( found"
  parser_test.go:533: parser error: "no prefix parse function for ) found"
  parser_test.go:533: parser error: "no prefix parse function for + found"
FAIL
FAIL    monkey/parser   0.007s
```

さて、ここからが目の覚める部分だ。これらのテストが通るようにするために必要なのは、次のコードを追加することだけだ。

```
// parser/parser.go

func New(l *lexer.Lexer) *Parser {
// [...]
    p.registerPrefix(token.LPAREN, p.parseGroupedExpression)
// [...]
}

func (p *Parser) parseGroupedExpression() ast.Expression {
    p.nextToken()

    exp := p.parseExpression(LOWEST)
```

```
    if !p.expectPeek(token.RPAREN) {
        return nil
    }

    return exp
}
```

以上！　そう、本当にこれだけだ。テストは通るし、丸括弧は期待通りに動作する。括られた式の優先順位が高まる。トークンタイプに関数を関連付けるという考え方がここにきて本当に輝くんだ。これで必要なものは全てだ。初めて見るようなものは何もない。

これがさっき言った偉大なトリックというやつだ。さて、仕掛けの一部がわかったところで次へ行こう。

2.8.3 if式

Monkeyでは、他の言語で何百回も書いたことがあるようなやり方でifとelseを使うことができる。

```
if (x > y) {
  return x;
} else {
  return y;
}
```

elseは任意で、省くこともできる。

```
if (x > y) {
  return x;
}
```

ここまでは、どれもごくありふれたものだ。これだけでなく、Monkeyではif-else条件分岐全体が式だ。つまり、値を生成できる。if式において、その値は最後に評価された値だ。ここにreturn文はなくてもよい。

```
let foobar = if (x > y) { x } else { y };
```

if-else条件分岐の構造はおそらく説明するまでもないだろう。しかし、各部の名称を明確にするためにここに示そう。

```
if (<condition>) <consequence> else <alternative>
```

中括弧はconsequenceとalternativeの一部分だ。なぜなら、どちらもブロック文だからだ。ブロック文は、（ちょうどMonkeyにおけるプログラムのように）ひと続きの文の集まりだ。これは開き中括弧「{」と閉じ中括弧「}」によって括られる。

これまでの成功のレシピは「ASTノードを定義し、テストを書き、構文解析のコードを書いてテストを通るようにし、お祝いして、自分を褒めて、お互いを祝福し、皆に知らせる」だ。ここで変える理由もないだろう。

ast.IfExpression ASTノードの定義は次の通りだ。

```
// ast/ast.go

type IfExpression struct {
    Token       token.Token // 'if' トークン
    Condition   Expression
    Consequence *BlockStatement
    Alternative *BlockStatement
}

func (ie *IfExpression) expressionNode()      {}
func (ie *IfExpression) TokenLiteral() string { return ie.Token.Literal }
func (ie *IfExpression) String() string {
    var out bytes.Buffer

    out.WriteString("if")
    out.WriteString(ie.Condition.String())
    out.WriteString(" ")
    out.WriteString(ie.Consequence.String())

    if ie.Alternative != nil {
        out.WriteString("else ")
        out.WriteString(ie.Alternative.String())
    }

    return out.String()
}
```

目新しいことはない。ast.IfExpressionはast.Expressionインターフェイスを満たしていて、3つのフィールドでif-else条件分岐を表現する。Conditionは条件を保持する。これは任意の式をとる。ConsequenceとAlternativeがそれぞれ条件のconsequence部とalternative部を指し示す。しかし、これらは新しい型ast.BlockStatementの参照だ。先ほど確認したように、if-else条件分岐のconsequence/alternativeは一連の文にすぎない。ast.BlockStatementがまさにこれを表現している。

```
// ast/ast.go

type BlockStatement struct {
    Token      token.Token // { トークン
    Statements []Statement
}

func (bs *BlockStatement) statementNode()       {}
func (bs *BlockStatement) TokenLiteral() string { return bs.Token.Literal }
func (bs *BlockStatement) String() string {
    var out bytes.Buffer

    for _, s := range bs.Statements {
        out.WriteString(s.String())
```

```
    }

    return out.String()
}
```

成功のレシピに従えば、次の手順はテストを追加することだ。そろそろ手順もわかっているだろうし、テストも次のように見慣れたものだ。

```
// parser/parser_test.go

func TestIfExpression(t *testing.T) {
    input := `if (x < y) { x }`

    l := lexer.New(input)
    p := New(l)
    program := p.ParseProgram()
    checkParserErrors(t, p)

    if len(program.Statements) != 1 {
        t.Fatalf("program.Statements does not contain %d statements. got=%d\n",
            1, len(program.Statements))
    }

    stmt, ok := program.Statements[0].(*ast.ExpressionStatement)
    if !ok {
        t.Fatalf("program.Statements[0] is not ast.ExpressionStatement. got=%T",
            program.Statements[0])
    }

    exp, ok := stmt.Expression.(*ast.IfExpression)
    if !ok {
        t.Fatalf("stmt.Expression is not ast.IfExpression. got=%T",
            stmt.Expression)
    }

    if !testInfixExpression(t, exp.Condition, "x", "<", "y") {
        return
    }

    if len(exp.Consequence.Statements) != 1 {
        t.Errorf("consequence is not 1 statements. got=%d\n",
            len(exp.Consequence.Statements))
    }

    consequence, ok := exp.Consequence.Statements[0].(*ast.ExpressionStatement)
    if !ok {
        t.Fatalf("Statements[0] is not ast.ExpressionStatement. got=%T",
            exp.Consequence.Statements[0])
    }

    if !testIdentifier(t, consequence.Expression, "x") {
        return
```

```
    }

    if exp.Alternative != nil {
        t.Errorf("exp.Alternative.Statements was not nil. got=%+v", exp.Alternative)
    }
}
```

同様にして、次のテスト入力を使うTestIfElseExpressionテスト関数も追加しておいた。

```
if (x < y) { x } else { y }
```

TestIfElseExpressionでは、*ast.IfExpressionのAlternativeフィールドに対して追加のアサーションを設定する。どちらのテストも結果の*ast.IfExpressionの構造に対してアサーションを設ける。ここでは、ヘルパー関数testInfixExpressionとtestIdentifierを用いて条件分岐に着目しつつ、構文解析器のそれ以外の部分も正しく結合されていることを確認する。

どちらのテストも沢山のエラーメッセージを出して失敗する。しかし、そろそろどれも見慣れたものだ。

```
$ go test ./parser
--- FAIL: TestIfExpression (0.00s)
  parser_test.go:659: parser has 3 errors
  parser_test.go:661: parser error: "no prefix parse function for IF found"
  parser_test.go:661: parser error: "no prefix parse function for { found"
  parser_test.go:661: parser error: "no prefix parse function for } found"
--- FAIL: TestIfElseExpression (0.00s)
  parser_test.go:659: parser has 6 errors
  parser_test.go:661: parser error: "no prefix parse function for IF found"
  parser_test.go:661: parser error: "no prefix parse function for { found"
  parser_test.go:661: parser error: "no prefix parse function for } found"
  parser_test.go:661: parser error: "no prefix parse function for ELSE found"
  parser_test.go:661: parser error: "no prefix parse function for { found"
  parser_test.go:661: parser error: "no prefix parse function for } found"
FAIL
FAIL    monkey/parser   0.007s
```

失敗している最初のテストから取りかかろう。TestIfExpressionだ。明らかに、prefixParseFnをtoken.IFトークンに対して登録する必要がある。

```
// parser/parser.go

func New(l *lexer.Lexer) *Parser {
// [...]
    p.registerPrefix(token.IF, p.parseIfExpression)
// [...]
}

func (p *Parser) parseIfExpression() ast.Expression {
    expression := &ast.IfExpression{Token: p.curToken}
```

```
    if !p.expectPeek(token.LPAREN) {
        return nil
    }

    p.nextToken()
    expression.Condition = p.parseExpression(LOWEST)

    if !p.expectPeek(token.RPAREN) {
        return nil
    }

    if !p.expectPeek(token.LBRACE) {
        return nil
    }

    expression.Consequence = p.parseBlockStatement()

    return expression
}
```

これほどexpectPeekを広範に使う構文解析関数は初めてだ。これまでは必要がなかったからだ。しかし、ここでは役に立つ。もしp.peekTokenが期待したタイプでない場合は、expectPeekは構文解析器にエラーを追加する。一方、期待したタイプである場合は、nextTokenを呼び、トークンを進める。ここではまさにその動作が必要だ。ifの直後には「(」が来なければならない。そして、もし存在するならそれを超えて進んでいく必要がある。条件式の直後の「)」や、ブロック文の開始を表す「{」でも同様だ。

このメソッドはまた、私たちの構文解析関数の規約にも従っている。トークンを適切に進めて、parseBlockStatementが「{」の上に来た状態、つまりp.curTokenがタイプtoken.LBRACEである状態にする。parseBlockStatementは次の通りだ。

```
// parser/parser.go

func (p *Parser) parseBlockStatement() *ast.BlockStatement {
    block := &ast.BlockStatement{Token: p.curToken}
    block.Statements = []ast.Statement{}

    p.nextToken()

    for !p.curTokenIs(token.RBRACE) && !p.curTokenIs(token.EOF) {
        stmt := p.parseStatement()
        if stmt != nil {
            block.Statements = append(block.Statements, stmt)
        }
        p.nextToken()
    }

    return block
}
```

parseBlockStatementはparseStatementを呼び出す。これを「}」かtoken.EOFに遭遇するまで繰り返す。前者はブロック文の終端を意味する。後者は構文解析するべきトークンが残っていないことを表す。後者の場合、ブロック文を正しく構文解析することはできないので、parseStatement呼び出しをループさせる必要はない。

これはトップレベルのParseProgramメソッドに非常によく似ている。ParseProgramメソッドでも「終端トークン」に到達するまでparseStatementを繰り返し呼び出す。ParseProgramの場合は、終端トークンはtoken.EOFトークンだ。とはいえ、これらのループが重複しているのは耐え難いほどではない。ここでは、これら2つのメソッドはそのままにしておいて、テストを見てみよう。

```
$ go test ./parser
--- FAIL: TestIfElseExpression (0.00s)
  parser_test.go:659: parser has 3 errors
  parser_test.go:661: parser error: "no prefix parse function for ELSE found"
  parser_test.go:661: parser error: "no prefix parse function for { found"
  parser_test.go:661: parser error: "no prefix parse function for } found"
FAIL
FAIL    monkey/parser   0.007s
```

TestIfExpressionは通るけれど、TestIfElseExpressionは通らない。まさに期待通りの結果だ。今度は、if-else条件分岐のelse部に対応しよう。その存在をチェックし、存在する場合はelseの直後に来るブロック文を構文解析する必要がある。

```
// parser/parser.go

func (p *Parser) parseIfExpression() ast.Expression {
// [...]
    expression.Consequence = p.parseBlockStatement()

    if p.peekTokenIs(token.ELSE) {
        p.nextToken()

        if !p.expectPeek(token.LBRACE) {
            return nil
        }

        expression.Alternative = p.parseBlockStatement()
    }

    return expression
}
```

これで完成だ。このメソッドの全体を見ると、elseの省略を許すよう構築されていることがわかる。もしelseが存在しなくても、構文解析エラーは追加しない。consequenceブロック文を構文解析したあと、次のトークンがtoken.ELSEトークンかどうかをチェックする。思い出してほしい。parseBlockStatementが終わった時点で、私たちは「}」の上にいる。もしtoken.ELSEがある場合は、トークンを2回進める必要がある。このとき、最初はnextTokenを使う。すでにp.peekTokenがelseであることを知っているからだ。そしてexpectPeekを使う。次のトークンはブロック文の開き波括弧でなければならないからだ。そうでなければプログラムは不正だ。

そう、構文解析はoff-by-oneエラーを起こしやすい。すぐにトークンを進め忘れたり、余計なnextToken呼び出しをしたりしてしまう。それぞれの構文解析関数がトークンをどのように進めるべきかを定める厳格な規約があれば大いに助けになる。幸い、私たちには素晴らしいテストスイートもあるので、全てが正しく動いていることを教えてくれる。

```
$ go test ./parser
ok      monkey/parser   0.007s
```

これ以上あなたに伝えるべきことはないはずだ。おつかれさま！　今回もうまくいった。

2.8.4 関数リテラル

いま追加したばかりのparseIfExpressionメソッドは、これまで書いてきたどのprefixParseFnやinfixParseFnよりも中身が多いことに気がついたかもしれない。一番の理由は、沢山の異なるトークンや式のタイプを扱わなければならず、それに加えて省略可能な部分もあったからだ。今から作る部分も同じくらいの難しさで、トークンタイプの多様さも同じようなものだ。次は関数リテラルの構文解析に取りかかる。

Monkeyでは関数リテラルを用いて関数を定義する。関数のパラメータが何で、その関数が何をするかを定義する。関数リテラルは次のようなものだ。

```
fn(x, y) {
  return x + y;
}
```

キーワードfnから始まり、パラメータのリストが続き、ブロック文が来る。このブロック文が関数の本体で、この関数が呼ばれたときに実行される部分だ。関数リテラルの構造を抽象化すると次のようになる。

```
fn <parameters> <block statement>
```

ブロック文が何かはすでに知っているし、どうやって構文解析するかも知っている。また、パラメータは新しく出てきたけれど、構文解析はさほど難しくない。カンマ区切りの識別子リストを、丸括弧で括ったものにすぎない。

```
(<parameter one>, <parameter two>, <parameter three>, ...)
```

このリストは空になることもありうる。

```
fn() {
  return foobar + barfoo;
}
```

これが関数リテラルの構造だ。ではASTノードのタイプは何だろうか？　式だ。その通り！　関数リテラルは、他の式が有効なあらゆる場所で使うことができる。例えば、let文の中で式として関数リテラルを使う場合は次の通りだ。

```
let myFunction = fn(x, y) { return x + y; }
```

関数リテラルのreturn文の中で、式として別の関数リテラルを使う場合はこうだ。

```
fn() {
  return fn(x, y) { return x > y; };
}
```

関数を呼び出す際に関数リテラルを引数として渡すこともできる。

```
myFunc(x, y, fn(x, y) { return x > y; });
```

複雑そうに聞こえるかもしれないが、実際にはそんなことはない。私たちの構文解析器の素晴らしい点の一つは、関数リテラルを式として定義し、正しい構文解析関数を用意しさえすれば、それであとはうまくいく点だ。素晴らしい話だと思っただろう？　私もそう思う。

関数リテラルの中核となるのは、パラメータのリストと関数本体のブロック文であることを見てきた。それさえわかっていればASTノードを定義するには十分だ。

```
// ast/ast.go

import (
// [...]
    "strings"
)

// [...]

type FunctionLiteral struct {
    Token      token.Token // 'fn' トークン
    Parameters []*Identifier
    Body       *BlockStatement
}

func (fl *FunctionLiteral) expressionNode()      {}
func (fl *FunctionLiteral) TokenLiteral() string { return fl.Token.Literal }
func (fl *FunctionLiteral) String() string {
    var out bytes.Buffer

    params := []string{}
    for _, p := range fl.Parameters {
        params = append(params, p.String())
```

```
    }

    out.WriteString(fl.TokenLiteral())
    out.WriteString("(")
    out.WriteString(strings.Join(params, ", "))
    out.WriteString(") ")
    out.WriteString(fl.Body.String())

    return out.String()
}
```

Parametersフィールドは*ast.Identifiersのスライスだ。それから、Bodyは *ast.BlockStatementだ。これはすでに見てきたし、使ったこともある。

テストは次の通りだ。ここでもヘルパー関数testLiteralExpressionとtestInfixExpressionを使うことができる。

```
// parser/parser_test.go

func TestFunctionLiteralParsing(t *testing.T) {
    input := `fn(x, y) { x + y; }`

    l := lexer.New(input)
    p := New(l)
    program := p.ParseProgram()
    checkParserErrors(t, p)

    if len(program.Statements) != 1 {
        t.Fatalf("program.Statements does not contain %d statements. got=%d\n",
            1, len(program.Statements))
    }

    stmt, ok := program.Statements[0].(*ast.ExpressionStatement)
    if !ok {
        t.Fatalf("program.Statements[0] is not ast.ExpressionStatement. got=%T",
            program.Statements[0])
    }

    function, ok := stmt.Expression.(*ast.FunctionLiteral)
    if !ok {
        t.Fatalf("stmt.Expression is not ast.FunctionLiteral. got=%T",
            stmt.Expression)
    }

    if len(function.Parameters) != 2 {
        t.Fatalf("function literal parameters wrong. want 2, got=%d\n",
            len(function.Parameters))
    }

    testLiteralExpression(t, function.Parameters[0], "x")
    testLiteralExpression(t, function.Parameters[1], "y")
```

```
    if len(function.Body.Statements) != 1 {
        t.Fatalf("function.Body.Statements has not 1 statements. got=%d\n",
            len(function.Body.Statements))
    }

    bodyStmt, ok := function.Body.Statements[0].(*ast.ExpressionStatement)
    if !ok {
        t.Fatalf("function body stmt is not ast.ExpressionStatement. got=%T",
            function.Body.Statements[0])
    }

    testInfixExpression(t, bodyStmt.Expression, "x", "+", "y")
}
```

というわけで、テストは大きく3つの部分に分けられる。*ast.FunctionLiteralがあることを確認する部分、パラメータリストが正しいことを確認する部分、関数本体に正しい文が入っているかを確認する部分だ。最後の部分は絶対に必要というわけではない。IfExpressionのためのブロック文の構文解析ですでにテストしてあるからだ。しかし、ここでテストのアサーションが多少重複しても私は気にしない。むしろブロック文の構文解析が壊れたときに教えてくれるだろう。

ast.FunctionLiteralを定義しただけで構文解析器には手を入れていないので、テストは失敗する。

```
$ go test ./parser
--- FAIL: TestFunctionLiteralParsing (0.00s)
  parser_test.go:755: parser has 6 errors
  parser_test.go:757: parser error: "no prefix parse function for FUNCTION found"
  parser_test.go:757: parser error: "expected next token to be ), got , instead"
  parser_test.go:757: parser error: "no prefix parse function for , found"
  parser_test.go:757: parser error: "no prefix parse function for ) found"
  parser_test.go:757: parser error: "no prefix parse function for { found"
  parser_test.go:757: parser error: "no prefix parse function for } found"
FAIL
FAIL    monkey/parser   0.007s
```

token.FUNCTIONトークンのために、新しいprefixParseFnを登録する必要があるのは明らかだ。

```
// parser/parser.go

func New(l *lexer.Lexer) *Parser {
// [...]
    p.registerPrefix(token.FUNCTION, p.parseFunctionLiteral)
// [...]
}

func (p *Parser) parseFunctionLiteral() ast.Expression {
    lit := &ast.FunctionLiteral{Token: p.curToken}

    if !p.expectPeek(token.LPAREN) {
        return nil
    }
```

```
    lit.Parameters = p.parseFunctionParameters()

    if !p.expectPeek(token.LBRACE) {
        return nil
    }

    lit.Body = p.parseBlockStatement()

    return lit
}
```

このリテラルのパラメータを構文解析するために、ここで使っているparseFunctionParametersメソッドは次の通りだ。

```
// parser/parser.go

func (p *Parser) parseFunctionParameters() []*ast.Identifier {
    identifiers := []*ast.Identifier{}

    if p.peekTokenIs(token.RPAREN) {
        p.nextToken()
        return identifiers
    }

    p.nextToken()

    ident := &ast.Identifier{Token: p.curToken, Value: p.curToken.Literal}
    identifiers = append(identifiers, ident)

    for p.peekTokenIs(token.COMMA) {
        p.nextToken()
        p.nextToken()
        ident := &ast.Identifier{Token: p.curToken, Value: p.curToken.Literal}
        identifiers = append(identifiers, ident)
    }

    if !p.expectPeek(token.RPAREN) {
        return nil
    }

    return identifiers
}
```

ここが核心だ。parseFunctionParametersは、カンマで区切られたリストから識別子を繰り返し構築し、パラメータのスライスを組み立てる。リストが空の場合はすぐに終了するようになっていて、可変長のリストを注意深く扱っている。

このようなメソッドには、エッジケースをチェックする別のテスト群があると本当に役立つ。空のパラメータリスト、1つパラメータを持つリスト、複数のパラメータを持つリストをテストしよう。

```
// parser/parser_test.go

func TestFunctionParameterParsing(t *testing.T) {
    tests := []struct {
        input          string
        expectedParams []string
    }{
        {input: "fn() {};", expectedParams: []string{}},
        {input: "fn(x) {};", expectedParams: []string{"x"}},
        {input: "fn(x, y, z) {};", expectedParams: []string{"x", "y", "z"}},
    }

    for _, tt := range tests {
        l := lexer.New(tt.input)
        p := New(l)
        program := p.ParseProgram()
        checkParserErrors(t, p)

        stmt := program.Statements[0].(*ast.ExpressionStatement)
        function := stmt.Expression.(*ast.FunctionLiteral)

        if len(function.Parameters) != len(tt.expectedParams) {
            t.Errorf("length parameters wrong. want %d, got=%d\n",
                len(tt.expectedParams), len(function.Parameters))
        }

        for i, ident := range tt.expectedParams {
            testLiteralExpression(t, function.Parameters[i], ident)
        }
    }
}
```

これらのテストは全て通る。

```
$ go test ./parser
ok      monkey/parser   0.007s
```

関数リテラルも手に入った！　素晴らしい！　構文解析器を離れてASTの評価について話を始める前に残っているのはあと1つだけだ。

2.8.5 呼び出し式

どうやって関数リテラルを構文解析するのかがわかったところで、次のステップは関数呼び出し、つまり呼び出し式の構文解析だ。構造は次の通りだ。

```
<expression>(<comma separated expressions>)
```

意外だろうか？　これでいいんだ。例を示したほうがよいだろう。私たちの誰もが知っている、普通の関数呼び出しは次の通りだ。

```
add(2, 3)
```

さて、考えてみてほしい。addは識別子だ。識別子は式だ。引数2と3も式だ。整数リテラルだからだ。しかし、引数は必ずしも整数リテラルでなくてもいいんだ。引数は単に式のリストであればよい。

```
add(2 + 2, 3 * 3 * 3)
```

これも有効だ。最初の引数は中置式2 + 2で、2番目は3 * 3 * 3だ。ここまではいい。今度は、呼ばれている関数の方に注目してみよう。この場合、関数は識別子addを束縛している。識別子addは評価されたときその関数を返す。つまり、そもそも識別子を使わずに関数リテラルでaddを置き換えてしまうこともできる。

```
fn(x, y) { x + y; }(2, 3)
```

そう、これも有効だ。関数リテラルを引数として用いることもできる。

```
callsFunction(2, 3, fn(x, y) { x + y; });
```

もう一度構造を見てみよう。

```
<expression>(<comma separated expressions>)
```

呼び出し式は、評価されたときに関数を返す式と、関数呼び出しの引数となる式のリストから構成されている。ASTノードとしては、次のようになる。

```
// ast/ast.go

type CallExpression struct {
    Token     token.Token // '(' トークン
    Function  Expression  // Identifier または FunctionLiteral
    Arguments []Expression
}

func (ce *CallExpression) expressionNode()      {}
func (ce *CallExpression) TokenLiteral() string { return ce.Token.Literal }
func (ce *CallExpression) String() string {
    var out bytes.Buffer

    args := []string{}
    for _, a := range ce.Arguments {
        args = append(args, a.String())
    }

    out.WriteString(ce.Function.String())
    out.WriteString("(")
    out.WriteString(strings.Join(args, ", "))
    out.WriteString(")")

    return out.String()
}
```

呼び出し式のテストケースは他のテストスイートと同様で、*ast.CallExpressionの構造についてアサーションを設けている。

```
// parser/parser_test.go

func TestCallExpressionParsing(t *testing.T) {
    input := "add(1, 2 * 3, 4 + 5);"

    l := lexer.New(input)
    p := New(l)
    program := p.ParseProgram()
    checkParserErrors(t, p)

    if len(program.Statements) != 1 {
        t.Fatalf("program.Statements does not contain %d statements. got=%d\n",
            1, len(program.Statements))
    }

    stmt, ok := program.Statements[0].(*ast.ExpressionStatement)
    if !ok {
        t.Fatalf("stmt is not ast.ExpressionStatement. got=%T",
            program.Statements[0])
    }

    exp, ok := stmt.Expression.(*ast.CallExpression)
    if !ok {
        t.Fatalf("stmt.Expression is not ast.CallExpression. got=%T",
            stmt.Expression)
    }

    if !testIdentifier(t, exp.Function, "add") {
        return
    }

    if len(exp.Arguments) != 3 {
        t.Fatalf("wrong length of arguments. got=%d", len(exp.Arguments))
    }

    testLiteralExpression(t, exp.Arguments[0], 1)
    testInfixExpression(t, exp.Arguments[1], 2, "*", 3)
    testInfixExpression(t, exp.Arguments[2], 4, "+", 5)
}
```

関数リテラルとパラメータの構文解析と同じように、引数の構文解析にも個別のテストを用意するのはよい考えだ。TestCallExpressionParameterParsingテスト関数をまさにそのために追加した。この章のコードの中に入っているので見ることができる。

ここまでは見慣れたものだ。しかし、ここでひとひねりだ。テストを実行すると、次のエラーが出る。

```
$ go test ./parser
--- FAIL: TestCallExpressionParsing (0.00s)
```

```
  parser_test.go:853: parser has 4 errors
  parser_test.go:855: parser error: "expected next token to be ), got , instead"
  parser_test.go:855: parser error: "no prefix parse function for , found"
  parser_test.go:855: parser error: "no prefix parse function for , found"
  parser_test.go:855: parser error: "no prefix parse function for ) found"
FAIL
FAIL    monkey/parser   0.007s
```

おや？　これは意味がよくわからない。呼び出し式のためのprefixParseFnを登録していないというエラーが出ないのはなぜだろうか？　それは、呼び出し式には**新しく出てきたトークンタイプがない**からだ。そうだとすると、prefixParseFnを登録する代わりに何をすればよいのだろうか？　これを見てほしい。

```
add(2, 3);
```

addは識別子であり、prefixParseFnによって構文解析される。その識別子のあと、token.LPARENが来る。識別子と引数リストのまさに間、ちょうど真ん中、中置……。そう、token.LPARENに対するinfixParseFnを登録する必要があるんだ。そうすれば、関数（識別子か関数リテラル）である式を構文解析し、token.LPARENに関連付けられたinfixParseFnをチェックし、すでに構文解析された式を引数として呼び出すことになる。そして、このinfixParseFnの中で引数リストを構文解析する。完璧だ！

```
// parser/parser.go

func New(l *lexer.Lexer) *Parser {
// [...]
    p.registerInfix(token.LPAREN, p.parseCallExpression)
// [...]
}

func (p *Parser) parseCallExpression(function ast.Expression) ast.Expression {
    exp := &ast.CallExpression{Token: p.curToken, Function: function}
    exp.Arguments = p.parseCallArguments()
    return exp
}

func (p *Parser) parseCallArguments() []ast.Expression {
    args := []ast.Expression{}

    if p.peekTokenIs(token.RPAREN) {
        p.nextToken()
        return args
    }

    p.nextToken()
    args = append(args, p.parseExpression(LOWEST))

    for p.peekTokenIs(token.COMMA) {
```

```
        p.nextToken()
        p.nextToken()
        args = append(args, p.parseExpression(LOWEST))
    }

    if !p.expectPeek(token.RPAREN) {
        return nil
    }

    return args
}
```

parseCallExpressionはすでに構文解析されたfunctionを引数として受け取り、*ast.CallExpressionノードの構築に使う。引数リストを構文解析するためにparseCallArgumentsを呼び出す。これはparseFunctionParametersによく似ている。違いはこちらの方がより一般的であることで、つまりast.Expressionのスライスを返す点だ。*ast.Identifierではない。

これまで見たことがないものは何もない。やったことは、新しいinfixParseFnを登録しただけだ。しかし、テストはまだ通らない。

```
$ go test ./parser
--- FAIL: TestCallExpressionParsing (0.00s)
  parser_test.go:853: parser has 4 errors
  parser_test.go:855: parser error: "expected next token to be ), got , instead"
  parser_test.go:855: parser error: "no prefix parse function for , found"
  parser_test.go:855: parser error: "no prefix parse function for , found"
  parser_test.go:855: parser error: "no prefix parse function for ) found"
FAIL
FAIL    monkey/parser   0.007s
```

まだうまくいかないのは、add(1, 2)の中にある「(」が中置演算子になったのに、その優先度を設定していないからだ。まだ正しい「くっつきやすさ」を設定していないので、parseExpressionが欲しいものを返さないんだ。しかし、呼び出し式は最も高い優先順位を持っているべきなので、優先順位テーブルを修正するのを忘れてはいけない。

```
// parser/parser.go

var precedences = map[token.TokenType]int{
// [...]
    token.LPAREN:   CALL,
}
```

呼び出し式が間違いなく最高の優先順位を持つようになったことを確認するためには、TestOperatorPrecedenceParsingテスト関数を拡張すればよい。

```
// parser/parser_test.go

func TestOperatorPrecedenceParsing(t *testing.T) {
```

```
    tests := []struct {
        input    string
        expected string
    }{
// [...]
        {
            "a + add(b * c) + d",
            "((a + add((b * c))) + d)",
        },
        {
            "add(a, b, 1, 2 * 3, 4 + 5, add(6, 7 * 8))",
            "add(a, b, 1, (2 * 3), (4 + 5), add(6, (7 * 8)))",
        },
        {
            "add(a + b + c * d / f + g)",
            "add((((a + b) + ((c * d) / f)) + g))",
        },
    }

// [...]
}
```

今度はテストを実行すると、全てが通ることがわかる。

```
$ go test ./parser
ok      monkey/parser   0.008s
```

そう、全てだ。ユニットテスト、引数の構文解析のテスト、優先順位のテストが全て通った！　そしてここでよいニュースがある。そう、ついに構文解析器は完成した。この本の後ろで構文解析器を拡張するためにもう一度戻ってくるが、まずはこれで一区切りだ。ASTは完全に定義され、構文解析器も動作する。いよいよ評価のトピックに入るときが来た。

その前にコードに残っているTODOを削除して、REPLを拡張し、構文解析器を結合しよう。

2.8.6 TODOの削除

let文とreturn文を構文解析するコードを書いたときに、私たちは式を読み飛ばして近道をしてきた。

```
// parser/parser.go

func (p *Parser) parseLetStatement() *ast.LetStatement {
    stmt := &ast.LetStatement{Token: p.curToken}

    if !p.expectPeek(token.IDENT) {
        return nil
    }

    stmt.Name = &ast.Identifier{Token: p.curToken, Value: p.curToken.Literal}

    if !p.expectPeek(token.ASSIGN) {
```

```
        return nil
    }

    // TODO: セミコロンに遭遇するまで式を読み飛ばしてしまっている
    for !p.curTokenIs(token.SEMICOLON) {
        p.nextToken()
    }

    return stmt
}
```

同じTODOがparseReturnStatementにもある。これらを取り除くときが来た。近道はおしまいだ。手始めに、既存のテストを拡張する必要がある。let文とreturn文の一部として、式が間違いなく構文解析できることを確かめるテストを用意しよう。(テストの主題がぼけないように) ヘルパー関数を用い、複数の種類の式を用いて、parseExpressionが正しく統合されていることを確認する。

TestLetStatements関数は次のようになる。

```
// parser/parser_test.go

func TestLetStatements(t *testing.T) {
    tests := []struct {
        input              string
        expectedIdentifier string
        expectedValue      interface{}
    }{
        {"let x = 5;", "x", 5},
        {"let y = true;", "y", true},
        {"let foobar = y;", "foobar", "y"},
    }

    for _, tt := range tests {
        l := lexer.New(tt.input)
        p := New(l)
        program := p.ParseProgram()
        checkParserErrors(t, p)

        if len(program.Statements) != 1 {
            t.Fatalf("program.Statements does not contain 1 statements. got=%d",
                len(program.Statements))
        }

        stmt := program.Statements[0]
        if !testLetStatement(t, stmt, tt.expectedIdentifier) {
            return
        }

        val := stmt.(*ast.LetStatement).Value
        if !testLiteralExpression(t, val, tt.expectedValue) {
            return
        }
```

```
    }
}
```

同じことをTestReturnStatementsにもする必要がある。すでに大事な仕事は済んでいるので、この変更は些細なものだ。ただparseReturnStatementとparseLetStatementをparseExpressionに接続するだけだ。省略可能なセミコロンを扱う必要もある。このやり方はすでにparseExpressionStatementで見てきた。更新された、完全に動作するバージョンのparseReturnStatementとparseLetStatementは次のようになる。

```
// parser/parser.go

func (p *Parser) parseReturnStatement() *ast.ReturnStatement {
    stmt := &ast.ReturnStatement{Token: p.curToken}

    p.nextToken()

    stmt.ReturnValue = p.parseExpression(LOWEST)

    if p.peekTokenIs(token.SEMICOLON) {
        p.nextToken()
    }

    return stmt
}

func (p *Parser) parseLetStatement() *ast.LetStatement {
    stmt := &ast.LetStatement{Token: p.curToken}

    if !p.expectPeek(token.IDENT) {
        return nil
    }

    stmt.Name = &ast.Identifier{Token: p.curToken, Value: p.curToken.Literal}

    if !p.expectPeek(token.ASSIGN) {
        return nil
    }

    p.nextToken()

    stmt.Value = p.parseExpression(LOWEST)

    if p.peekTokenIs(token.SEMICOLON) {
        p.nextToken()
    }

    return stmt
}
```

よし！　全てのTODOがコードから削除された。この構文解析器を試運転してみよう。

2.9 読み込み — 構文解析 — 表示 — 繰り返し

ここに来るまで、私たちのREPLはむしろRLPL、つまり「読み込み（Read）、字句解析（Lex）、表示（Print）、繰り返し（Loop）」だった。まだどうやってコードを評価するのかは知らないので、字句解析（Lex）を評価（Evaluate）に置き換えるのは無理だ。しかし、できるようになったばかりのことがある。構文解析だ。字句解析（Lex）を構文解析（Parse）に置き換えて、RPPLを作ろう。

```
// repl/repl.go

import (
    "bufio"
    "fmt"
    "io"
    "monkey/lexer"
    "monkey/parser"
)

const PROMPT = ">> "

func Start(in io.Reader, out io.Writer) {
    scanner := bufio.NewScanner(in)

    for {
        fmt.Printf(PROMPT)
        scanned := scanner.Scan()
        if !scanned {
            return
        }

        line := scanner.Text()
        l := lexer.New(line)
        p := parser.New(l)

        program := p.ParseProgram()
        if len(p.Errors()) != 0 {
            printParserErrors(out, p.Errors())
            continue
        }

        io.WriteString(out, program.String())
        io.WriteString(out, "\n")
    }
}

func printParserErrors(out io.Writer, errors []string) {
    for _, msg := range errors {
        io.WriteString(out, "\t"+msg+"\n")
    }
}
```

ループを拡張して、REPLに入力された行を構文解析するようにする。構文解析器の出力*ast.Programを表示するには、そのStringメソッドを呼び出せばよい。このメソッドは、そのプログラムに属する全ての文のStringメソッドを再帰的に呼び出す。これで構文解析器を試せるようになった。コマンドラインで対話的に試せるんだ。

```
$ go run main.go
Hello mrnugget! This is the Monkey programming language!
Feel free to type in commands
>> let x = 1 * 2 * 3 * 4 * 5
let x = ((((1 * 2) * 3) * 4) * 5);
>> x * y / 2 + 3 * 8 - 123
((((x * y) / 2) + (3 * 8)) - 123)
>> true == false
(true == false)
>>
```

素晴らしい！　やろうと思えば、Stringを呼ぶのではなく、文字列ベースのどんなASTの表現だってできるだろう。PrettyPrintメソッドを実装して、ASTノードのタイプを表示したり、子ノードを正しくインデントしたり、ASCIIカラーコードを使うこともできるだろうし、ASCIIグラフを描くこともできるだろうし……。要するに何だってできる。

しかし、私たちのRPPLにはまだ大きな欠点がある。構文解析器がエラーに出くわしたときに起きるのは次のようなことだ。

```
$ go run main.go
Hello mrnugget! This is the Monkey programming language!
Feel free to type in commands
>> let x 12 * 3;
        expected next token to be =, got INT instead
>>
```

これはあまり素敵なエラーメッセージだとは言えない。確かに、役目は果たしている。でもそこまで素晴らしいものでもないだろう。Monkeyプログラミング言語はもっとよくなる。これがユーザ体験を向上させる、よりユーザフレンドリーなprintParseError関数だ。

```
// repl/repl.go

const MONKEY_FACE = `            __,__
   .--.  .-"     "-.  .--.
  / .. \/  .-. .-.  \/ .. \
 | |  '|  /   Y   \  |'  | |
 | \   \  \ 0 | 0 /  /   / |
  \ '- ,\.-"""""""-./, -' /
   ''-' /_   ^ ^   _\ '-''
       |  \._   _./  |
       \   \ '~' /   /
        '._ '-=-' _.'
           '-----'
`

func printParserErrors(out io.Writer, errors []string) {
	io.WriteString(out, MONKEY_FACE)
	io.WriteString(out, "Woops! We ran into some monkey business here!\n")
	io.WriteString(out, " parser errors:\n")
	for _, msg := range errors {
		io.WriteString(out, "\t"+msg+"\n")
	}
}
```

良くなった！　もし構文解析エラーが出たら、猿とご対面だ。こいつは、間違いなく、ユーザの期待を超越したものだろうね。

```
$ go run main.go
Hello mrnugget! This is the Monkey programming language!
Feel free to type in commands
>> let x 12 * 3
            __,__
   .--.  .-"     "-.  .--.
  / .. \/  .-. .-.  \/ .. \
 | |  '|  /   Y   \  |'  | |
 | \   \  \ 0 | 0 /  /   / |
  \ '- ,\.-"""""""-./, -' /
   ''-' /_   ^ ^   _\ '-''
       |  \._   _./  |
       \   \ '~' /   /
        '._ '-=-' _.'
           '-----'
Woops! We ran into some monkey business here!
 parser errors:
	expected next token to be =, got INT instead
>>
```

うーん、どうだろう……。とにかくASTの評価を始めよう。

3章
評価

3.1 シンボルに意味を与える

ついにここまでやってきた。評価だ。REPLのE（Evaluate）であり、インタプリタがソースコードを処理する際にしなければならない最後の部分だ。ここでソースコードが意味を持つ。評価するまでは、`1 + 2`のような式は単なる文字の連なりやトークンの連なりや、この式を表現する木構造にすぎない。何の意味も持っていないんだ。評価が行われると、当然`1 + 2`は`3`になる。`5 > 1`は`true`に、`5 < 1`は`false`に、`puts("Hello World!")`は誰もが知っている、あの親しみ深いメッセージになる。

インタプリタにおける評価のプロセスは、解釈されたプログラムがどのように動作するかを定義する。

```
let num = 5;
if (num) {
  return a;
} else {
  return b;
}
```

これが`a`を返すのか`b`を返すのかは、インタプリタの評価プロセスが整数`5`をtruthyとする（真のように扱う）かどうかによって決まる。ある言語ではtruthyだ。また別の言語では`5 != 0`のような真偽値を生成する式を使う必要があるかもしれない。

次のコードを見てみよう。

```
let one = fn() {
  printLine("one");
  return 1;
};

let two = fn() {
  printLine("two");
```

```
  return 2;
};

add(one(), two());
```

このプログラムは最初にoneを出力してからtwoを出力するのだろうか、それとも逆だろうか？ これは言語の仕様によって決まる。最終的には、呼び出し式において引数をどの順序で評価するかという、インタプリタの実装によって決まる。

この章では、今見てきたような小さな選択が数多く出てくる。そのたびに、私たちはMonkeyがどういう動作をするのか、私たちのインタプリタがMonkeyのソースコードをどう評価するのかを決めていくんだ。

構文解析器を書くのは楽しいと言った後なので疑われるかもしれないが、信用してほしい。この部分がベストだ。ここでMonkeyプログラミング言語に命を吹き込む。ソースコードが鼓動をはじめ、呼吸をはじめるんだ。

3.2 評価の戦略

評価はインタプリタの実装の中で（どの言語を解釈するものかに関わらず）違いが最も大きく出る部分でもある。ソースコードを評価する際の選択肢として、様々な戦略があるんだ。このことは本書の冒頭で色々なインタプリタのアーキテクチャをざっと見たときにも触れた。ここまでやって来たので、ASTは私たちの手元にあるし、この麗しい木を使って何をするのか、どうやって評価をするのか、という疑問は以前よりずっと身近になったはずだ。ここで色々な選択肢を改めて見てみるのがいいだろう。

はじめる前に、インタプリタとコンパイラの境界線がぼんやりしているという話を改めてしておこう。インタプリタは実行可能な生成物を残さない（他方コンパイラは残す）という考え方は、高度に最適化された実用的なプログラミング言語を見ていくうちにあっという間にあやふやになっていく。

とはいうものの、ASTの扱い方でもっとも自明で典型的な選択肢は、それをそのまま解釈することだ。ASTを辿り、それぞれのノードを巡って、そのノードが表現していることをする。具体的に言うと、文字列を表示したり、2つの数を加算したり、関数の本体を実行したりする。全てはオンザフライで行われる。このような動作をするインタプリタは「tree-walking型インタプリタ」と呼ばれる。これはインタプリタの原型だ。実装によっては、ASTを書き換える小さな最適化を行ったり（例えば使われていない変数束縛を削除する）、再帰や繰り返しを実行するのにより適した他の中間表現（IR; intermediate representation）に変換したりすることもある。

同じくASTを辿るインタプリタでも、辿りながら解釈をするのではなく、前もってASTを辿り、それをバイトコードに変換するインタプリタもある。バイトコードはASTとは別のIRで、極めて凝縮された形式になっている。具体的な形式や、それがどんなオペコード（バイトコードを構成する命令群）

で構成されるのかは、ゲスト言語とホスト言語の両方によって左右される。とはいえ、一般的に言えば、オペコードは大半のアセンブリ言語のニーモニックによく似ている。ほとんど全てのバイトコード定義にはスタック操作をするpushとpopが含まれていると言ってもいいだろう。それでも、バイトコードはネイティブの機械語ではないし、アセンブリ言語でもない。オペレーティングシステムやインタプリタが動作しているCPU上では実行できない。そうではなく、インタプリタの一部である仮想マシンによって解釈される。VMwareやVirtualBoxが実機やCPUをエミュレートするのと同じように、これらの仮想マシンはこの特定のバイトコード形式を理解するマシンをエミュレートする。この方式では莫大なパフォーマンス上のメリットが引き出せる。

この戦略のバリエーションには、ASTを構築しないものもある。構文解析器がASTを構築せずに直接バイトコードを出力するんだ。ところで、これはまだインタプリタの話だろうか、それともコンパイラの話だろうか？　バイトコードを出力してそれを解釈する（むしろ「実行する」と言うべきか）のであれば、それはコンパイルの形なんじゃないか？　言ったはずだ、境界は曖昧だと。もっと曖昧にするには、次を考えてみるといい。一部のプログラミング言語の実装はソースコードを構文解析し、ASTを構築し、このASTをバイトコードに変換する。しかし、バイトコードで規定された命令を仮想マシン上で直接実行するのではなく、実行の直前に仮想マシンがジャストインタイムでバイトコードをネイティブの機械語に変換する。これがJIT（Just In Time）インタプリタ/コンパイラと呼ばれるものだ。

バイトコードへのコンパイルはしないものもある。ASTを再帰的に辿るものの、その特定の枝を実行する前にノードをネイティブの機械語にコンパイルするんだ。その後に実行される。ここでも「ジャストインタイム」だ。

この小さなバリエーションとして、これらを混ぜたものもある。インタプリタはASTを再帰的に評価する。そして、ASTのある特定の枝を複数回評価した場合だけ、その枝を機械語に変換する。

この評価というタスクをこなすのにこれほど沢山のやり方がある。沢山の工夫と沢山のバリエーションがあるんだ。

どの戦略を選ぶかは、性能と移植性の要求、解釈しようとしているプログラミング言語、どこまでやりたいかによって大体決まる。再帰的にASTを評価するtree-walkingインタプリタはおそらく全てのアプローチの中で最も遅い。しかし、構築しやすく、拡張しやすく、考えやすく、実装に使う言語と同程度の移植性を備える。

バイトコードにコンパイルし、仮想マシンを使ってそのバイトコードを評価するインタプリタは、かなり速く動作することだろう。しかし、より複雑で、実装も難しい。機械語へJITコンパイルして混ぜ合わせる場合は、インタプリタを動作させようとしている複数のマシンアーキテクチャに対応する必要もある。もし、ARMとx86の両方のCPUで動作させようとすれば、その両方に対応する必要があるんだ。

これらの方式は全て、実用的なプログラミング言語で実際に採用されているものだ。そして、大抵の場合、その言語のライフタイムのうちに方式が変更されている。Rubyがまさにこの例だ。バージョン1.8以下ではtree-walkingインタプリタで、ASTを辿りながら実行する。しかし、バージョン1.9から仮想マシンのアーキテクチャに移行した。現在ではRubyインタプリタはソースコードを構文解析し、ASTを構築し、それからASTをバイトコードにコンパイルし、それが仮想マシン上で実行される。性能の向上は絶大だった。

WebKitのJavaScriptエンジンであるJavaScriptCoreと、その"Squirrelfish"という名前のインタプリタも、ASTを辿り、直接実行する方式だった。2008年に仮想マシンとバイトコードに移行した。現在ではJITコンパイルは4段階(!)に分かれていて、解釈しているプログラムのライフタイムの中で使い分けられる。どの部分が最善のパフォーマンスを必要とするかによって選択されるんだ。

Luaもその例の一つだ。Luaプログラミング言語のメインの実装は、バイトコードへコンパイルし、レジスタ型の仮想マシンで実行するインタプリタから始まった。その最初のリリースから12年の時を経て、この言語の別の実装が生まれた。LuaJITだ。LuaJITの作者であるMike Pallは、可能な限り高速なLua実装を作ることを明確な目標として掲げた。そして彼はやり遂げた。凝縮されたバイトコード形式をアーキテクチャごとの高度に最適化された機械語に変換することで、LuaJIT実装はあらゆるベンチマークでオリジナルのLuaを凌いでいる。それも僅差ではない。50倍速いこともある。

このように、数多くのインタプリタが改善の余地を残した小さなものから始まったんだ。私たちがやろうとしているのもまさにそれだ。速いインタプリタを実装するための手法は沢山ある。でも、それらは必ずしも理解しやすいわけではない。私たちは、学び、理解し、その上に積み上げていくためにここにいるんだ。

3.3 Tree-Walkingインタプリタ

これから構築しようとしているのはtree-walkingインタプリタだ。構文解析器が構築したASTを取り出して、「オンザフライ」で解釈する。前処理やコンパイルの段階は一切ない。

私たちのインタプリタは古典的なLispインタプリタによく似たものになるだろう。採用しようとしている設計は、特に環境の扱い方について『計算機プログラムの構造と解釈』(翔泳社)[†1]に示されているインタプリタを大いに参考にしている。といっても、特定の一つのインタプリタをコピーしようとしているわけではない。むしろ、よくよく見れば他の多くのインタプリタでも見つけられるような設計の青写真を使おうとしている。この設計が普及しているのには実のところ妥当な理由がある。最も簡単にはじめられ、理解しやすく、後から拡張もしやすいためだ。

必要なのは本当に2つだけだ。tree-walking評価器と、ホスト言語であるGoでMonkeyの値を表現する方法だ。評価器などというと強力で壮大な感じがするけれど、実際には"eval"という名前のたった1つの関数だ。その仕事はASTを評価することだ。擬似コード版を示そう。「オンザフライの評価」

†1 "The Structure and Interpretation of Computer Programs" (SICP), MIT Press, McGraw-Hill Companies, 1996

と「tree-walking」がこの文脈でどんな意味を持つのかがわかるようになっている。

```
function eval(astNode) {
  if (astNode is integerliteral) {
    return astNode.integerValue

  } else if (astNode is booleanLiteral) {
    return astNode.booleanValue

  } else if (astNode is infixExpression) {

    leftEvaluated = eval(astNode.Left)
    rightEvaluated = eval(astNode.Right)

    if astNode.Operator == "+" {
      return leftEvaluated + rightEvaluated
    } else if ast.Operator == "-" {
      return leftEvaluated - rightEvaluated
    }
  }
}
```

見ての通り、evalは再帰的だ。もしastNode is infixExpressionが真であれば、evalはさらに自身を2回呼び出して、中置演算子式の左右のオペランドを評価する。今度はまた別の中置式を評価することになるかもしれないし、整数リテラルかもしれないし、あるいは識別子かもしれない……。このような再帰はASTを構築する際やテストするときにすでに見てきた。ここでも同じ考え方が通用する。やろうとしていることが木の構築ではなく評価だという点だけが違う。

この擬似コード片を見れば、おそらくどれほど簡単にこの関数を拡張できるか想像できるだろう。これが利点なんだ。これから私たちは独自のEval関数をひとつずつ組み上げていく。先に進み、インタプリタを拡張するにつれて新しい分岐と機能を加えていく。

でも、このコード片で何より興味深いのはreturn文のところだ。では何を返すのだろうか？　次の2行はeval呼び出しの戻り値に名前を束縛している。

```
leftEvaluated = eval(astNode.Left)
rightEvaluated = eval(astNode.Right)
```

ここでevalは何を返しているのだろうか？　この戻り値の型は何だろうか？　これらの質問の答えは「私たちのインタプリタが実装するオブジェクトシステムはどういう種類か？」という質問に対する答えと同じだ。

3.4 オブジェクトを表現する

待って、何だって？　Monkeyがオブジェクト指向だったなんて一言も聞いてないよ！ その通り。

私は一度も言ってないし、実際オブジェクト指向ではない。**それならなぜ「オブジェクトシステム」が必要なのか？** 何なら「値システム」とか「オブジェクト表現」と呼んでもいい。要するに、私たちの"eval"関数が何を返すかを定義する必要があるんだ。ASTが表現する値や、ASTを評価した際にメモリ上に生成する値を表現できるシステムが必要なんだ。

次のMonkeyコードを評価するところだとしよう。

```
let a = 5;
// [...]
a + a;
```

見ての通り、整数リテラル5に名前aを束縛している。そして何かが行われる。何でもかまわない。問題は、そのあと式`a + a`に来たときだ。aに束縛されている値にアクセスする必要がある。式`a + a`を評価するためには、5に到達できなければならない。ASTの中ではそれは`*ast.IntegerLiteral`として表現されていた。それでは、ASTの残りの部分を評価している間、それをどうやって保持しておき、5を表現すればよいだろうか？

インタプリタ言語において、値の内部表現を構築するには、様々な選択肢がある。そして、このトピックに関する沢山の知恵が世界のインタプリタやコンパイラのコードベースに散りばめられているんだ。それぞれのインタプリタには独自の値の表現方法が実装されていて、大抵は既存の手法と多少異なっていて、解釈しようとしている言語の要求に合うように調整されている。

ホスト言語のネイティブ型（整数、真偽値など）を、解釈しようとしている言語で特にラップすることなくそのまま使うものもある。別の言語では、値やオブジェクトはポインタとして表現されるものもある。また別の言語ではネイティブ型とポインタを混在して用いるものもある。

これほど多様なのはなぜだろうか？ 1つは、ホスト言語が違うからだ。解釈しようとしている言語で文字列を表現する方法は、そのインタプリタを実装する言語で文字列をどうやって表現できるかによる。Rubyで書かれたインタプリタは、Cで書かれたインタプリタが可能なのと全く同じ方法で値を表現することはできない。

それに、ホスト言語が異なるだけではなく、解釈しようとする言語も異なっている。ある言語では、整数や文字列、バイト列などのプリミティブなデータ型の表現だけで十分かもしれない。別の言語では、リストや辞書、関数や複合データ型が必要になるだろう。これらの違いは、値表現に関する要求を大きく変化させる。

ホスト言語と解釈する言語以外で値表現の設計と実装に最も強く影響を与えるのは、プログラムを評価する際の実行速度とメモリ消費だ。もし高速なインタプリタを構築したいのであれば、遅くて肥大化したオブジェクトシステムで済ませるわけにはいかない。もし独自のガベージコレクタを書くのであれば、システム中の値をどうやって追跡するかについて考える必要がある。しかし、パフォーマンスが問題にならないのであれば、さらなる要求が出てくるまで物事をシンプルで理解しやすいように保つことだって理にかなっている。

要するに、解釈される言語の値をホスト言語で表現する方法は色々あるんだ。それらの異なる表現方法について学ぶ最善（かつ唯一）の方法は、有名なインタプリタのコードを実際に読み通してみることだ。私はWrenのソースコード（https://github.com/munificent/wren）を心からおすすめする。2種類の値表現が含まれていて、コンパイラフラグを用いて有効/無効にできる。

ホスト言語内での値表現の他にも、どうやってその値や表現をユーザに対して露出させるかという問題もある。これらの値の「公開API」はどういう風になっているだろうか？

例えばJavaでは、プリミティブデータ型（int、byte、short、long、float、double、boolean、char）と参照データ型の両方をユーザに提供する。プリミティブデータ型はJava実装の内部でさほど大きな表現を持っておらず、ネイティブの表現と密接に対応している。一方、参照型は、ホスト言語において定義された複合データ構造への参照だ。

Rubyにおいては、ユーザはプリミティブデータ型に触れることができない。ネイティブ型のようなものは存在しない。なぜなら、全てはオブジェクトであり、内部表現にラップされているからだ。内部的に、Rubyはあるバイト値とPizzaクラスのインスタンスを区別しない。どちらも同じ型であり、違う値をラップしている。

データをプログラミング言語のユーザに対して露出させる方法は無数にある。どれを選択するべきかは、言語の設計と、またしても性能の要件による。もし性能について気にしないのであれば、どれを選んでもいい。性能が問題になるのであれば、目標を達成するために、いくつか賢明な選択をする必要があるだろう。

3.4.1 オブジェクトシステムの基礎

私たちは、Monkeyインタプリタの性能については今のところ気にしていないので、簡単な方法を選択しよう。Monkeyソースコードを評価する際に出てくる値全てをObjectで表現する。私たちの設計ではこれはインターフェイスだ。全ての値はObjectインターフェイスを満たす構造体にラップされる。

新しくobjectパッケージを作ってObjectインターフェイスとObjectType型を定義しよう。

```
// object/object.go

package object

type ObjectType string

type Object interface {
    Type() ObjectType
    Inspect() string
}
```

これはかなりシンプルで、tokenパッケージにおいてToken型とTokenType型についてしたこととよく似ている。違いは、Object型がTokenのような構造体ではなく、インターフェイスだという点だけだ。

このようにする理由は、それぞれの値が異なった内部表現を持つ必要があるためだ。このとき、1つの構造体のフィールドに整数と真偽値を押し込めようとするよりも、2つの別々の構造体を定義する方が簡単だからだ。

現時点では、Monkeyインタプリタには3つのデータ型しかない。null、真偽値、整数だ。整数表現の実装に着手し、オブジェクトシステムを構築していこう。

3.4.2 整数

object.Integer型は予想通りわずかなコードで済む。

```
// object/object.go

import "fmt"

// [...]

type Integer struct {
    Value int64
}

func (i *Integer) Inspect() string { return fmt.Sprintf("%d", i.Value) }
```

ソースコード中で整数リテラルに出会うたびに、まずそれをast.IntegerLiteralに変換する。そして、そのASTノードを評価する際に、object.Integerへと変換する。この構造体の中に値を保持しておいて、この構造体への参照を引き回す。

object.Integerがobject.Objectインターフェイスを満たすには、そのObjectTypeを返すType()メソッドも必要だ。token.TokenTypeでしたように、それぞれのObjectTypeに対して定数を定義する。

```
// object/object.go

import "fmt"

type ObjectType string

const (
    INTEGER_OBJ = "INTEGER"
)
```

言った通り、これはtokenパッケージでやったことにかなりよく似ている。これができれば、Type()メソッドを*object.Integerに追加できる。

```
// object/object.go

func (i *Integer) Type() ObjectType { return INTEGER_OBJ }
```

これでIntegerは終わりだ！　もう1つのデータ型、真偽値に行こう。

3.4.3 真偽値

この節に何か大きなものを期待していたとしたら、がっかりさせて申し訳ない。object.Booleanはこの上なく小さい。

```
// object/object.go

const (
// [...]
    BOOLEAN_OBJ = "BOOLEAN"
)

type Boolean struct {
    Value bool
}

func (b *Boolean) Type() ObjectType { return BOOLEAN_OBJ }
func (b *Boolean) Inspect() string  { return fmt.Sprintf("%t", b.Value) }
```

単一の値boolをラップする構造体にすぎない。

もうすぐ私たちのオブジェクトシステムの基礎は完成だ。Evalに着手する前に必要なのは、存在しない値を表現することだ。

3.4.4 null

Tony Hoareは1965年にnull参照をALGOL W言語に導入し、これを「10億ドルの失敗」(https://www.infoq.com/presentations/Null-References-The-Billion-Dollar-Mistake-Tony-Hoare)と呼んだ。これが導入されて以来、無数のシステムが"null"、すなわち値の不存在を表現する値への参照が原因でクラッシュしてきた。Null(もしくは"nil"の言語もある)は控えめに言っても良い評判を得てきたとは言い難い。

私もMonkeyにnullが存在するべきかを自問した。nullやnull参照を許さない方が言語は安全に使えるものになるだろう。しかし一方で、私たちは車輪を再発明しようとしているのではなく、学ぼうとしているんだ。それに、Nullが自由に使えると、それを使う機会があるたびに熟考するようになることに気がついた。爆発物を車に積んでいれば、運転がゆっくりで注意深くなるようなものだ。おかげで、プログラミング言語のデザインに組み込まれた選択の価値がわかるようになった。それは私が価値のあるものだと考えるものだ。そこで、Null型を実装し、詳しく見ていき、あとで使うときは慎重に扱おう。

```
// object/object.go

const (
// [...]
    NULL_OBJ  = "NULL"
)
```

```
type Null struct{}

func (n *Null) Type() ObjectType { return NULL_OBJ }
func (n *Null) Inspect() string  { return "null" }
```

object.Nullはobject.Booleanやobject.Integerに似た構造体だ。違いは、これが何の値もラップしていないことだ。値の不存在を表現しているんだ。

object.Nullを追加すると、私たちのオブジェクトシステムは真偽値、整数、nullを表現できるようになる。Evalに取りかかるには十二分だ。

3.5 式の評価

よし、Evalを書き始めよう！　ASTは手元にあるし、できたてのオブジェクトシステムもある。これを使えばMonkeyのソースコードを実行している間に出現した値を処理できる。

最初のバージョンではEvalのシグニチャは次のようなものだ。

```
func Eval(node ast.Node) object.Object
```

Evalはast.Nodeを入力として受け取り、object.Objectを返す。思い出してほしいのは、astパッケージで定義したノードはどれもast.Nodeインターフェイスを満たしていることだ。したがって、Evalに渡すことができる。このおかげで、Evalを再帰的に使用し、ASTのある部分を評価している間に自分自身を呼び出すことができる。それぞれのASTノードに応じて異なった評価の形式が必要であり、Evalはそれがどういうものかを決定する場所だ。例として、*ast.ProgramノードをEvalに渡すことを考えよう。Evalがするべきことは、*ast.Program.Statementsの各要素を単一の文として自分自身に渡して評価することだ。外側のEval呼び出しの戻り値は、その最後の呼び出しの戻り値だ。

自己評価式の実装から始めよう。それは、Evalの世界でリテラルと呼ばれるものに他ならない。具体的に言うと、真偽値リテラルと整数リテラルだ。Monkeyにおいて最も評価が簡単なものだ。なぜなら、評価すると自分自身になるからだ。もし私がREPLに5と入力すれば、5がまた出てくるべきものだ。trueと入力すればtrueがほしい。

簡単そうだろう？　実際そうなんだ。それでは、「5を打ち込むと5が返ってくる」を実現しよう。

3.5.1 整数リテラル

コードを書く前に、具体的にはこれが何を意味しているのかを考えよう。整数リテラルだけを含む式文が与えられたとき、それを評価すると、その整数そのものが返ってくるようなやり方で評価したいんだ。

私たちのシステムの言葉で言えば、*ast.IntegerLiteralが与えられたとき、Eval関数は*object.

Integerを返す必要がある。そのValueフィールドは*ast.IntegerLiteral.Valueと同じ整数値を含んでいる。

このテストは簡単に書ける。新しくevaluatorパッケージを作ってその中に書こう。

```
// evaluator/evaluator_test.go

package evaluator

import (
    "monkey/lexer"
    "monkey/object"
    "monkey/parser"
    "testing"
)

func TestEvalIntegerExpression(t *testing.T) {
    tests := []struct {
        input    string
        expected int64
    }{
        {"5", 5},
        {"10", 10},
    }

    for _, tt := range tests {
        evaluated := testEval(tt.input)
        testIntegerObject(t, evaluated, tt.expected)
    }
}

func testEval(input string) object.Object {
    l := lexer.New(input)
    p := parser.New(l)
    program := p.ParseProgram()

    return Eval(program)
}

func testIntegerObject(t *testing.T, obj object.Object, expected int64) bool {
    result, ok := obj.(*object.Integer)
    if !ok {
        t.Errorf("object is not Integer. got=%T (%+v)", obj, obj)
        return false
    }
    if result.Value != expected {
        t.Errorf("object has wrong value. got=%d, want=%d",
            result.Value, expected)
        return false
    }

    return true
}
```

たったこれだけの小さなテストにしては大量のコードではないか。構文解析器の場合と同様に、ここでテスト基盤を整えておこう。TestEvalIntegerExpressionテストは今後増強していく必要がある。ここで構造化しておけば、それがかなり簡単になる。testEvalとtestIntegerObjectも色々な場所で使われることになるだろう。

このテストの肝はtestEvalの中にあるEval呼び出しだ。入力を受け取り、それを字句解析器に渡し、字句解析器を構文解析器に渡すと、ASTが返ってくる。そして、ここからが新しいところだ。次にそのASTをEvalに渡す。このEvalの戻り値がアサーションを設ける対象だ。ここで、戻り値が*object.Integerであって、その.Valueが正しいものであってほしい。つまり、5を評価すると5になってほしい。

まだEvalを定義していないので、当然このテストは失敗する。しかし、Evalが引数としてast.Nodeを受け取り、object.Objectを返さなければならないことはわかっている。しかも、*ast.IntegerLiteralが来たときは常に*object.Integerを返すべきだ。もちろん、正しい.Valueを持つ必要がある。この振る舞いをコードに落とし込み、evaluatorパッケージにこの動作をする新しいEval関数を定義すると、次のようになる。

```
// evaluator/evaluator.go

package evaluator

import (
    "monkey/ast"
    "monkey/object"
)

func Eval(node ast.Node) object.Object {
    switch node := node.(type) {
    case *ast.IntegerLiteral:
        return &object.Integer{Value: node.Value}
    }

    return nil
}
```

驚くことは何もない。この関数がそうすべきだと書いた通りのことをする。これが実際には動作しないことを除いてはね。テストは依然として失敗したままだ。なぜなら、Evalは*object.Integerではなく、nilを返すからだ。

```
$ go test ./evaluator
--- FAIL: TestEvalIntegerExpression (0.00s)
  evaluator_test.go:36: object is not Integer. got=<nil> (<nil>)
  evaluator_test.go:36: object is not Integer. got=<nil> (<nil>)
FAIL
FAIL    monkey/evaluator        0.006s
```

この失敗の原因は、Evalの中で決して*ast.IntegerLiteralに出会うことがないからだ。ASTを辿っていないからだ。私たちはいつでも、木の一番上から開始しなければならない。つまり、*ast.Programを受け取り、それからその全てのノードを巡回しなければならない。まさにそれが欠けているんだ。今はただ*ast.IntegerLiteralを待っているだけだ。修正するには、*ast.Programの全ての文を辿って評価するように変更すればよい。

```
// evaluator/evaluator.go

func Eval(node ast.Node) object.Object {
    switch node := node.(type) {

    // 文
    case *ast.Program:
        return evalStatements(node.Statements)

    case *ast.ExpressionStatement:
        return Eval(node.Expression)

    // 式
    case *ast.IntegerLiteral:
        return &object.Integer{Value: node.Value}
    }

    return nil
}

func evalStatements(stmts []ast.Statement) object.Object {
    var result object.Object

    for _, statement := range stmts {
        result = Eval(statement)
    }

    return result
}
```

これらの変更によって、Monkeyプログラムにある全ての文を評価するようになる。もし、文が*ast.ExpressionStatementであれば、その式を評価する。これは5のような一行の入力から得られるASTの構造に対応している。つまり、プログラムは1つの文で構成されていて、それは式文であり(return文やlet文ではない)、その式として整数リテラルを持つ。

```
$ go test ./evaluator
ok      monkey/evaluator        0.006s
```

よし、テストが通った。整数リテラルを評価できている。**やあ皆さん、数字を入力したら数字が出てくるよ、それもたった数千行のコードとテストでね！** そう、確かに、大したことではないように見える。でも、これは第一歩なんだ。評価がどのように行われるのか、そして、私たちの評価器をどのように拡張するのかが見えてきた。Evalの構造はもう変わらない。あとは追加して拡張するだけだ。

自己評価式のリストの次に並んでいるのは真偽値リテラルだ。しかし、その前に、私たちの最初の評価が成功したことをお祝いし、自分たちにご褒美を与えてもいいだろう。REPLに評価のE(Evaluate)を入れよう。

3.5.2 REPLを完成させる

これまで私たちのREPLには評価のE(Evaluate)が欠けていたので、実際にはRPPL、つまり「Read(読み込み)、Parse(構文解析)、Print(表示)、Loop(繰り返し)」にすぎなかった。ついにEvalが手に入ったので、ようやく本物の「Read(読み込み)、Evaluate(評価)、Print(表示)、Loop(繰り返し)」を構築できるんだ!

評価器をreplパッケージで使うのは、期待の通り簡単だ。

```
// repl/repl.go

import (
// [...]
    "monkey/evaluator"
)

// [...]

func Start(in io.Reader, out io.Writer) {
    scanner := bufio.NewScanner(in)

    for {
        fmt.Printf(PROMPT)
        scanned := scanner.Scan()
        if !scanned {
            return
        }

        line := scanner.Text()
        l := lexer.New(line)
        p := parser.New(l)

        program := p.ParseProgram()
        if len(p.Errors()) != 0 {
            printParserErrors(out, p.Errors())
            continue
        }

        evaluated := evaluator.Eval(program)
        if evaluated != nil {
            io.WriteString(out, evaluated.Inspect())
            io.WriteString(out, "\n")
        }
    }
}
```

program（構文解析器から返されたAST）を表示する代わりに、programをEvalに渡す。もしEvalが非nil値、つまりobject.Objectを返した場合は、そのInspect()メソッドの出力を表示する。*object.Integerの場合は、それがラップしている整数の文字列表現になるはずだ。

これで、実際に機能するREPLが手に入る。

```
$ go run main.go
Hello mrnugget! This is the Monkey programming language!
Feel free to type in commands
>> 5
5
>> 10
10
>> 999
999
>>
```

素晴らしい。字句解析、構文解析、評価。全てがそこにある。ずいぶん長い道のりを来たものだ。

3.5.3 真偽値リテラル

真偽値リテラルは、整数リテラルと同じように、評価するとそれ自身になる。trueを評価するとtrueになり、falseを評価するとfalseになる。これをEvalに実装するのは、整数リテラルの対応を追加したのと同様に簡単だ。テストも同じように退屈だ。

```
// evaluator/evaluator_test.go

func TestEvalBooleanExpression(t *testing.T) {
    tests := []struct {
        input    string
        expected bool
    }{
        {"true", true},
        {"false", false},
    }

    for _, tt := range tests {
        evaluated := testEval(tt.input)
        testBooleanObject(t, evaluated, tt.expected)
    }
}

func testBooleanObject(t *testing.T, obj object.Object, expected bool) bool {
    result, ok := obj.(*object.Boolean)
    if !ok {
        t.Errorf("object is not Boolean. got=%T (%+v)", obj, obj)
        return false
    }
    if result.Value != expected {
        t.Errorf("object has wrong value. got=%t, want=%t",
```

```
            result.Value, expected)
        return false
    }
    return true
}
```

真偽値で結果を返す式のサポートを増やすときに、このtestsスライスを拡張していく予定だ。今のところはtrueやfalseを与えると正しい出力が得られることだけを確認する。このテストは失敗する。

```
$ go test ./evaluator
--- FAIL: TestEvalBooleanExpression (0.00s)
  evaluator_test.go:42: object is not Boolean. got=<nil> (<nil>)
  evaluator_test.go:42: object is not Boolean. got=<nil> (<nil>)
FAIL
FAIL    monkey/evaluator        0.006s
```

これをグリーンにするには、case分岐を*ast.IntegerLiteralからコピーしてきて、2つ識別子を変更するだけで済む。

```
// evaluator/evaluator.go

func Eval(node ast.Node) object.Object {
// [...]
    case *ast.Boolean:
        return &object.Boolean{Value: node.Value}
// [...]
}
```

これでおしまいだ！ REPLで試してみよう。

```
$ go run main.go
Hello mrnugget! This is the Monkey programming language!
Feel free to type in commands
>> true
true
>> false
false
>>
```

いいね！ でも、1つ聞いてもいいかな。trueやfalseに出会うたびに新しいobject.Booleanを生成するのは無駄じゃないだろうか？ 2つのtrueに違いはないんだ。同じことがfalseにも言える。何のために毎度新しいインスタンスを使うんだろう？ 2つしか取りうる値はないんだから、新しい値を生成するのではなく、その参照を使おう。

```
// evaluator/evaluator.go

var (
    TRUE  = &object.Boolean{Value: true}
    FALSE = &object.Boolean{Value: false}
```

```
)

func Eval(node ast.Node) object.Object {
// [...]
    case *ast.Boolean:
        return nativeBoolToBooleanObject(node.Value)
// [...]
}

func nativeBoolToBooleanObject(input bool) *object.Boolean {
    if input {
        return TRUE
    }
    return FALSE
}
```

これでobject.Booleanのインスタンスは2つだけになった。このパッケージにあるTRUEとFALSEだ。そして、新しいobject.Booleanを割り当てる代わりに、それらを参照する。この方が理にかなっているし、少しの作業で性能が少し向上する。さて、この調子でnullも片付けてしまおう。

3.5.4 null

trueとfalseはそれぞれ唯一であったのと同様に、nullも単一の参照であるべきだ。nullのバリエーションはない。nullっぽいけどnullじゃない何かとか、半nullとか、基本的には他のnullと同じ、というようなものはない。nullであるか、そうでないかだ。NULLを1つ作り、これを評価器全体で使おう。いちいち新しいobject.Nullを生成することはしない。

```
// evaluator/evaluator.go

var (
    NULL  = &object.Null{}
    TRUE  = &object.Boolean{Value: true}
    FALSE = &object.Boolean{Value: false}
)
```

必要なのはこれで全てだ。これで参照可能な単一のNULLができた。

整数リテラルとNULL、TRUE、FALSEトリオが揃ったので、演算子式を評価する準備ができた。

3.5.5 前置式

Monkeyが対応する演算子式の中で最も単純なのは前置式、つまり単項演算子式で、演算子が1つだけオペランドを伴うものだ。私たちの構文解析器では、構文解析を簡単にするため、言語の色々な構成物を前置式であるかのように扱ってきた。しかし、この節においては、1つの演算子と1つのオペランドからなる演算子式のことだけを前置式と呼ぶ。さて、Monkeyは次の前置演算子をサポートする。「!」と「-」だ。

演算子式を評価するのは（特に前置演算子と1つのオペランドからなるものであれば）難しいことではない。小さなステップで進み、望み通りの動作になるように少しずつ組み立てていこう。同時に、これは慎重に進める必要がある。これから実装しようとしているものは、広範囲に影響を及ぼす。思い出してほしい。評価のプロセスは入力された言語に意味を与える。私たちはMonkeyプログラミング言語のセマンティクスを定義しているところなんだ。演算子式の評価方法を少し変えただけで、言語の中で全く無関係に思えるような部分に何らかの意図しない影響を引き起こすかもしれない。インタプリタを期待する動作のまま維持するにはテストが役に立つ。テストは私たちにとっての仕様としても機能する。

それでは「!」演算子の対応を実装しよう。テストはこの演算子がオペランドを真偽値に「変換」して、その否定を返すことを期待している。

```
// evaluator/evaluator_test.go

func TestBangOperator(t *testing.T) {
    tests := []struct {
        input    string
        expected bool
    }{
        {"!true", false},
        {"!false", true},
        {"!5", false},
        {"!!true", true},
        {"!!false", false},
        {"!!5", true},
    }

    for _, tt := range tests {
        evaluated := testEval(tt.input)
        testBooleanObject(t, evaluated, tt.expected)
    }
}
```

前に言ったように、言語がどう振る舞うかを決定するのがこの部分なんだ。`!true`や`!false`という式は見慣れたもので、期待される結果も常識的なものだ。一方、!5となると、他の言語設計者であればエラーを返すべきだと感じる部分かもしれない。でも、ここで私たちは5は「truthy」に（真のように）振る舞うと決めたということだ。

このテストはもちろん通らない。なぜなら`Eval`は`TRUE`や`FALSE`ではなく`nil`を返すからだ。前置式を評価する最初のステップは、そのオペランドを評価することだ。次に、その評価結果を演算子に渡す。

```
// evaluator/evaluator.go

func Eval(node ast.Node) object.Object {
// [...]
    case *ast.PrefixExpression:
        right := Eval(node.Right)
```

```
        return evalPrefixExpression(node.Operator, right)
// [...]
}
```

最初のEval呼び出しの後、rightは*object.Integerや*object.Booleanになっているかもしれないし、もしかするとNULLかもしれない。このrightオペランドを受け取り、それをevalPrefixExpressionに渡す。ここでその演算子をサポートしているかをチェックする。

```
// evaluator/evaluator.go

func evalPrefixExpression(operator string, right object.Object) object.Object {
    switch operator {
    case "!":
        return evalBangOperatorExpression(right)
    default:
        return NULL
    }
}
```

もしその演算子が対応していなければNULLを返す。これは最善の選択だろうか？　そうかもしれないし、そうでないかもしれない。それでも、今のところ最も簡単な選択であることは間違いない。まだエラー処理の仕組みを全く実装していないからだ。

evalBangOperatorExpression関数が「!」の動作を規定する部分だ。

```
// evaluator/evaluator.go

func evalBangOperatorExpression(right object.Object) object.Object {
    switch right {
    case TRUE:
        return FALSE
    case FALSE:
        return TRUE
    case NULL:
        return TRUE
    default:
        return FALSE
    }
}
```

これでテストが通る！

```
$ go test ./evaluator
ok      monkey/evaluator        0.007s
```

さて、「-」前置演算子に移ろう。TestEvalIntegerExpressionテスト関数を拡張してそれを組み込むことができる。

```
// evaluator/evaluator_test.go

func TestEvalIntegerExpression(t *testing.T) {
    tests := []struct {
        input    string
        expected int64
    }{
        {"5", 5},
        {"10", 10},
        {"-5", -5},
        {"-10", -10},
    }
// [...]
}
```

私は「-」前置演算子のために新しいテスト関数を書くのではなく、このテストを拡張することにした。それには2つ理由がある。第一に、前置の「-」演算子がサポートするオペランドは整数だけだからだ。第二に、このテスト関数は全ての整数演算を含むように成長させ、期待する振る舞いを明確で整理された書き方で1つの場所にまとめておくためだ。

テストケースを通すには、先ほど書いたevalPrefixExpression関数を拡張する必要がある。switch文に新しい分岐が必要だ。

```
// evaluator/evaluator.go

func evalPrefixExpression(operator string, right object.Object) object.Object {
    switch operator {
    case "!":
        return evalBangOperatorExpression(right)
    case "-":
        return evalMinusPrefixOperatorExpression(right)
    default:
        return NULL
    }
}
```

evalMinusPrefixOperatorExpression関数は次のようになる。

```
// evaluator/evaluator.go

func evalMinusPrefixOperatorExpression(right object.Object) object.Object {
    if right.Type() != object.INTEGER_OBJ {
        return NULL
    }

    value := right.(*object.Integer).Value
    return &object.Integer{Value: -value}
}
```

最初にしているのは、オペランドが整数かどうかのチェックだ。もし違えば、NULLを返す。整数であれば、*object.Integerの値を取り出し、新しいオブジェクトを割り当て、この値の符号を反転した値をラップする。

大した量のコードではないだろう？　それでも、これはきちんと仕事をする。

```
$ go test ./evaluator
ok      monkey/evaluator        0.007s
```

素晴らしい！　そろそろREPLで前置式を試してみることができる。お仲間の中置式に取りかかるのはそれからだ。

```
$ go run main.go
Hello mrnugget! This is the Monkey programming language!
Feel free to type in commands
>> -5
-5
>> !true
false
>> !-5
false
>> !!-5
true
>> !!!!-5
true
>> -true
null
```

完璧だ！

3.5.6　中置式

おさらいしよう。次に示すのがMonkeyのサポートする8つの中置演算子だ。

```
5 + 5;
5 - 5;
5 * 5;
5 / 5;

5 > 5;
5 < 5;
5 == 5;
5 != 5;
```

これら8つの中置演算子は2つのグループに分けることができる。結果として真偽値を生成するグループと、しないグループだ。2番目のグループを実装するところから始めよう。「+」、「-」、「*」、「/」だ。まずは、整数オペランド同士の組み合わせだけに取り組む。それが動作したら、演算子のオペランドに真偽値が来る場合の対応を追加しよう。

テストの基盤はもう整っている。TestEvalIntegerExpressionテスト関数を拡張し、新しい演算子のためのテストケースを追加しよう。

```
// evaluator/evaluator_test.go

func TestEvalIntegerExpression(t *testing.T) {
    tests := []struct {
        input    string
        expected int64
    }{
        {"5", 5},
        {"10", 10},
        {"-5", -5},
        {"-10", -10},
        {"5 + 5 + 5 + 5 - 10", 10},
        {"2 * 2 * 2 * 2 * 2", 32},
        {"-50 + 100 + -50", 0},
        {"5 * 2 + 10", 20},
        {"5 + 2 * 10", 25},
        {"20 + 2 * -10", 0},
        {"50 / 2 * 2 + 10", 60},
        {"2 * (5 + 10)", 30},
        {"3 * 3 * 3 + 10", 37},
        {"3 * (3 * 3) + 10", 37},
        {"(5 + 10 * 2 + 15 / 3) * 2 + -10", 50},
    }
// [...]
}
```

確かに、いくつかのテストケースは他のテストケースと重複していて、何も新しいものを追加していない。だから削除できるかもしれない。正直に言うと、私はこれらのテストを闇雲に追加してしまった。一旦実装したものが動いたとわかっても、信じられなかったんだ。「こんなに簡単なはずないだろう、まさかね」。まあ、実際には簡単だったんだけど。

これらのテストを通すには、まずEvalのswitch文を拡張する必要がある。

```
// evaluator/evaluator.go

func Eval(node ast.Node) object.Object {
// [...]
    case *ast.InfixExpression:
        left := Eval(node.Left)
        right := Eval(node.Right)
        return evalInfixExpression(node.Operator, left, right)
// [...]
}
```

*ast.PrefixExpressionと同様に、オペランドを先に評価する。今回は2つあって、ASTノードの右腕と左腕だ。これらが他の式（関数呼び出し、整数リテラル、演算子式、など）かもしれないことはご存知の通りだ。ここでは気にしなくていい。Evalに任せればいいんだ。

オペランドを評価したあと、その戻り値と演算子をevalIntegerInfixExpressionに渡す。この関数は次のようになる。

```
// evaluator/evaluator.go

func evalInfixExpression(
    operator string,
    left, right object.Object,
) object.Object {
    switch {
    case left.Type() == object.INTEGER_OBJ && right.Type() == object.INTEGER_OBJ:
        return evalIntegerInfixExpression(operator, left, right)
    default:
        return NULL
    }
}
```

オペランドの両方が整数でない場合はNULLを返す。これは約束した通りだ。もちろん、あとでこの関数を拡張する。でもテストを通すためにはこれで十分だ。核心はevalIntegerInfixExpressionにある。ここで*object.Integerにラップされた値が加算されたり、減算されたり、乗算されたり、除算されたりする。

```
// evaluator/evaluator.go

func evalIntegerInfixExpression(
    operator string,
    left, right object.Object,
) object.Object {
    leftVal := left.(*object.Integer).Value
    rightVal := right.(*object.Integer).Value

    switch operator {
    case "+":
        return &object.Integer{Value: leftVal + rightVal}
    case "-":
        return &object.Integer{Value: leftVal - rightVal}
    case "*":
        return &object.Integer{Value: leftVal * rightVal}
    case "/":
        return &object.Integer{Value: leftVal / rightVal}
    default:
        return NULL
    }
}
```

これで、信じられないかもしれないけれど、テストが通る。そう、本当に通るんだ。

```
$ go test ./evaluator
ok      monkey/evaluator        0.007s
```

続けてもう少し追加しよう。どんどんいこう。ようやく真偽値を返す演算子を追加できる。「==」、「!=」、「<」、「>」だ。

TestEvalBooleanExpressionテスト関数を拡張して、これらの演算子のテストケースを追加しよう。これらは全て真偽値を生成するので、ここに追加するのがふさわしい。

```
// evaluator/evaluator_test.go

func TestEvalBooleanExpression(t *testing.T) {
    tests := []struct {
        input    string
        expected bool
    }{
        {"true", true},
        {"false", false},
        {"1 < 2", true},
        {"1 > 2", false},
        {"1 < 1", false},
        {"1 > 1", false},
        {"1 == 1", true},
        {"1 != 1", false},
        {"1 == 2", false},
        {"1 != 2", true},
    }
// [...]
}
```

数行をevalIntegerInfixExpressionに追加するだけで、これらのテストは通る。

```
// evaluator/evaluator.go

func evalIntegerInfixExpression(
    operator string,
    left, right object.Object,
) object.Object {
    leftVal := left.(*object.Integer).Value
    rightVal := right.(*object.Integer).Value

    switch operator {
// [...]
    case "<":
        return nativeBoolToBooleanObject(leftVal < rightVal)
    case ">":
        return nativeBoolToBooleanObject(leftVal > rightVal)
    case "==":
        return nativeBoolToBooleanObject(leftVal == rightVal)
    case "!=":
        return nativeBoolToBooleanObject(leftVal != rightVal)
    default:
        return NULL
    }
}
```

ここで真偽値リテラルのために使ったnativeBoolToBooleanObject関数を再利用する。アンラップした値の比較結果に応じてTRUEかFALSEの値を返すのに使うんだ。

これだけだ。少なくとも整数についてはね。これで両方のオペランドが整数である場合の8つの中置演算子を完全にサポートした。残っているのは、オペランドとして真偽値が与えられた場合の対応だ。

Monkeyがサポートするのは、真偽値のオペランドに関しては等値演算子「==」と「!=」だけだ。真偽値の加算、減算、除算、乗算には対応しない。trueがfalseより大きいかを「<」や「>」で比較するようなこともサポートしない。おかげで2つの演算子に対応するだけで済む。

最初にしなければならないのは、ご存知の通り、テストを追加することだ。これまでと同様、既存のテスト関数を拡張すればいい。今回はTestEvalBooleanExpressionを使って「==」演算子と「!=」演算子のテストを追加しよう。

```
// evaluator/evaluator_test.go

func TestEvalBooleanExpression(t *testing.T) {
    tests := []struct {
        input    string
        expected bool
    }{
// [...]
        {"true == true", true},
        {"false == false", true},
        {"true == false", false},
        {"true != false", true},
        {"false != true", true},
        {"(1 < 2) == true", true},
        {"(1 < 2) == false", false},
        {"(1 > 2) == true", false},
        {"(1 > 2) == false", true},
    }
// [...]
}
```

厳密に言えば、最初の5つのテストだけが、新たに追加した期待される振る舞いをテストするために必要だ。でも、計算された真偽値との比較が問題ないかを確認するために、残りの4つも入れておこう。

今のところ順調だ。驚くようなことは何もない。失敗するテストの一覧はこうだ。

```
$ go test ./evaluator
--- FAIL: TestEvalBooleanExpression (0.00s)
  evaluator_test.go:121: object is not Boolean. got=*object.Null (&{})
  evaluator_test.go:121: object is not Boolean. got=*object.Null (&{})
  evaluator_test.go:121: object is not Boolean. got=*object.Null (&{})
  evaluator_test.go:121: object is not Boolean. got=*object.Null (&{})
  evaluator_test.go:121: object is not Boolean. got=*object.Null (&{})
  evaluator_test.go:121: object is not Boolean. got=*object.Null (&{})
  evaluator_test.go:121: object is not Boolean. got=*object.Null (&{})
  evaluator_test.go:121: object is not Boolean. got=*object.Null (&{})
```

```
  evaluator_test.go:121: object is not Boolean. got=*object.Null (&{})
FAIL
FAIL    monkey/evaluator        0.007s
```

そして、これらのテストを通すために必要な、いい感じの変更が次の通りだ。

```
// evaluator/evaluator.go

func evalInfixExpression(
    operator string,
    left, right object.Object,
) object.Object {
    switch {
// [...]
    case operator == "==":
        return nativeBoolToBooleanObject(left == right)
    case operator == "!=":
        return nativeBoolToBooleanObject(left != right)
    default:
        return NULL
    }
}
```

そう、これだけでいいんだ。既存のevalInfixExpressionに4行足すだけでテストが通る。ここで真偽値の等価性を確認するためにポインタの比較を使っている。これでうまくいくのは、私たちはオブジェクトを指し示すのに常にポインタを利用していて、かつ真偽値に関してはTRUEとFALSEの2つだけを使っているからだ。したがって、もしTRUEと同じ値（それが配置されているメモリアドレス）を持つ何かがあれば、それはtrueだ。NULLも同様だ。

整数リテラルや後で追加する他のデータ型では、このようにうまくいくとは限らない。*object.Integerの場合は、常に新しいobject.Integerのインスタンスを生成しているので、新しいポインタが使われる。これらの異なるインスタンスへのポインタを比較するわけにはいかない。さもないと5 == 5がfalseになってしまう。それは望む動作ではない。この場合は当然その値同士を比較したいのであって、それらの値をラップしているオブジェクト同士を比較したいわけではない。

というわけで、整数オペランドのチェックはswtich文の上の方にあり、新たに追加したこれらのcase分岐よりも先にマッチする。これらのポインタ比較に到達する前に他のオペランド型の処理が行われる限り、問題なく動作する。

10年後、Monkeyは有名なプログラミング言語の1つになっていて、研究無視の物好きがデザインした言語について議論が行われていて、私たちは金持ちで有名になっている。誰かがStackOverflowでなぜMonkeyの整数比較は真偽値比較よりも遅いのかと質問するだろう。回答はあなたか私のどちらかによって書かれるだろう。どちらかがMonkeyのオブジェクトシステムは整数オブジェクトのポインタ比較を許さないからだと言うはずだ。比較を行うために事前に値をアンラップしなければならない。ゆえに真偽値の比較の方が高速なのだ、と。「ソース：私がそれを書いた」と回答の末尾に書き加えて、前代未聞の量のカルマを受け取る。

脱線してしまった。話を元に戻して、言わせてほしい。ついにやったぞ！ いや、自覚はあるんだ。私が褒め言葉を使いすぎていることも、お祝いする理由をすぐに見つけてくることも。でも、シャンパンを開けるタイミングがあるとしたら、それは今だ。私たちのインタプリタに何ができるかをちょっと見てみよう。

```
$ go run main.go
Hello mrnugget! This is the Monkey programming language!
Feel free to type in commands
>> 5 * 5 + 10
35
>> 3 + 4 * 5 == 3 * 1 + 4 * 5
true
>> 5 * 10 > 40 + 5
true
>> (10 + 2) * 30 == 300 + 20 * 3
true
>> (5 > 5 == true) != false
false
>> 500 / 2 != 250
false
```

ついに完動する電卓が手に入った。しかも、色々なことをする準備ができている。さあ、もっとできるようにしよう。もっとプログラミング言語らしくしよう。

3.6 条件分岐

これから、私たちの評価器に条件分岐を簡単に追加できることに驚くことになるだろう。条件分岐の実装で唯一難しいのは、いつ何を評価するのかを決めることだ。それこそが条件分岐の本質だからだ。つまり、条件に応じて必要なときだけ評価を行うことだ。次の例を見てみよう。

```
if (x > 10) {
  puts("everything okay!");
} else {
  puts("x is too low!");
  shutdownSystem();
}
```

このif-else条件分岐を評価する際に重要なのは、正しい分岐だけを評価することだ。もし条件を満たしていれば、else分岐は決して評価してはならない。評価していいのはif分岐だけだ。条件を満たさない場合はelse分岐だけを評価しなければならない。

つまり、else分岐を評価していいのは、条件`x > 10`が……ではない、ええと、厳密にいうとそれが何ではない場合だろうか？ consequence部、つまり`"everything okay!"`の分岐を評価すべきなのは、条件式がtrueを生成したときだけだろうか、それとも何か「truthy」な値、つまりfalseでないか非nullを生成したときだろうか？

そして、**これこそが**最も難しい部分なんだ。なぜなら、それは設計上の判断、より正確に言えば言語設計上の判断であり、広範囲に影響を及ぼすからだ。

Monkeyの場合は、条件分岐のconsequence部は条件が「truthy」である場合に実行されることにする。ここで、「truthy」はnullでなく、falseでもないことを意味する。必ずしもtrueである必要はない。

```
let x = 10;
if (x) {
  puts("everything okay!");
} else {
  puts("x is too high!");
  shutdownSystem();
}
```

この例では"everything okay!"が表示されるべきだ。なぜか？　その理由は、xは10に束縛されていて、10を評価すると10になり、そしてそれはnullでもないし、falseでもないからだ。これがMonkeyにおいて条件分岐に期待される動作だ。

さて、一通り話したところで、この仕様をテストケースにしよう。

```
// evaluator/evaluator_test.go

func TestIfElseExpressions(t *testing.T) {
    tests := []struct {
        input    string
        expected interface{}
    }{
        {"if (true) { 10 }", 10},
        {"if (false) { 10 }", nil},
        {"if (1) { 10 }", 10},
        {"if (1 < 2) { 10 }", 10},
        {"if (1 > 2) { 10 }", nil},
        {"if (1 > 2) { 10 } else { 20 }", 20},
        {"if (1 < 2) { 10 } else { 20 }", 10},
    }

    for _, tt := range tests {
        evaluated := testEval(tt.input)
        integer, ok := tt.expected.(int)
        if ok {
            testIntegerObject(t, evaluated, int64(integer))
        } else {
            testNullObject(t, evaluated)
        }
    }
}

func testNullObject(t *testing.T, obj object.Object) bool {
```

```
    if obj != NULL {
        t.Errorf("object is not NULL. got=%T (%+v)", obj, obj)
        return false
    }
    return true
}
```

このテスト関数はまだ話題にしていなかった挙動についても規定している。それは、条件分岐を評価した結果が何かの値にならなかった場合はNULLを返すことが期待されることだ。例えば、以下では、elseは存在しない。

```
if (false) { 10 }
```

そのため、この条件分岐はNULLを生成することが期待される。

nilをexpectedに入れられるようにするために型アサーションとちょっとした変換をしなければならない。しかし、このテストは可読性があり、期待される振る舞い、ひいては規定されている振る舞いを的確に表現している。そしてこれらのテストは失敗する。*object.IntegerやNULLを返さないからだ。

```
$ go test ./evaluator
--- FAIL: TestIfElseExpressions (0.00s)
  evaluator_test.go:125: object is not Integer. got=<nil> (<nil>)
  evaluator_test.go:153: object is not NULL. got=<nil> (<nil>)
  evaluator_test.go:125: object is not Integer. got=<nil> (<nil>)
  evaluator_test.go:125: object is not Integer. got=<nil> (<nil>)
  evaluator_test.go:153: object is not NULL. got=<nil> (<nil>)
  evaluator_test.go:125: object is not Integer. got=<nil> (<nil>)
  evaluator_test.go:125: object is not Integer. got=<nil> (<nil>)
FAIL
FAIL    monkey/evaluator        0.007s
```

前に、条件分岐に対応するための実装が簡単すぎて驚くことになるだろうと言ったはずだ。信じてなかった？　では、テストを通すために次のわずかなコードだけで十分なことをご覧に入れよう。

```
// evaluator/evaluator.go

func Eval(node ast.Node) object.Object {
// [...]
    case *ast.BlockStatement:
        return evalStatements(node.Statements)

    case *ast.IfExpression:
        return evalIfExpression(node)
// [...]
}

func evalIfExpression(ie *ast.IfExpression) object.Object {
    condition := Eval(ie.Condition)

    if isTruthy(condition) {
```

```
        return Eval(ie.Consequence)
    } else if ie.Alternative != nil {
        return Eval(ie.Alternative)
    } else {
        return NULL
    }
}

func isTruthy(obj object.Object) bool {
    switch obj {
    case NULL:
        return false
    case TRUE:
        return true
    case FALSE:
        return false
    default:
        return true
    }
}
```

言った通り、唯一難しいのは何を評価すべきかを決めることだけだ。そしてその決定はevalIfExpressionに閉じ込められている。動作のロジックはかなり明確だ。isTruthyも同様にうまく表現されている。これら2つの関数の他に、*ast.BlockStatementのcase分岐をEvalのswitch文に追加した。これは、*ast.IfExpressionの.Consequenceと.Alternativeはどちらもブロック文だからだ。

Monkeyのセマンティクスを明確に表現した簡潔な関数を新たに2つ追加し、既存の関数を再利用し、条件分岐の対応を追加し、その結果テストが通った。私たちのインタプリタはif-else条件分岐に対応した！　電卓の領域を離れてプログラミング言語の世界へと直行しよう。

```
$ go run main.go
Hello mrnugget! This is the Monkey programming language!
Feel free to type in commands
>> if (5 * 5 + 10 > 34) { 99 } else { 100 }
99
>> if ((1000 / 2) + 250 * 2 == 1000) { 9999 }
9999
>>
```

3.7 return文

さて、普通の電卓にはないものがここにある。return文だ。Monkeyにはある。他の数多の言語と同様だ。関数本体の中で使うこともできるし、Monkeyプログラムのトップレベルの文としても使うことができる。どこで使われたとしても、その働きは変わらない。return文は一連の文の評価を中断し、その式の部分を評価した値を返す。

Monkeyプログラムのトップレベルのreturn文はこうだ。

```
5 * 5 * 5;
return 10;
9 * 9 * 9;
```

このプログラムが評価されたときは、10を返すべきだ。もし、これらの文が関数の本体であれば、この関数の呼び出しは10として評価されるべきだ。重要なのは、最後の行、つまり式9 * 9 * 9は決して評価されることがない点だ。

return文を実装するにはいくつかの異なった方法がある。ホスト言語によってはgotoや例外を使えるかもしれない。しかし、Goでは「rescue」と「catch」は簡単には手に入らないし、gotoをきれいなやり方で使う方法は実のところないんだ。そこで、return文に対応するために、評価器を通して「戻り値」を渡していくことにしよう。returnに出くわすたびに、返るべき値をあるオブジェクトの内側にラップしよう。そうすれば、その値を追跡できるようになる。評価を中断すべきかどうかを後で判定できるようにするため、それを追跡しておく必要があるんだ。

そのオブジェクトの実装をお見せしよう。object.ReturnValueは次の通りだ。

```
// object/object.go

const (
// [...]
    RETURN_VALUE_OBJ = "RETURN_VALUE"
)

type ReturnValue struct {
    Value Object
}

func (rv *ReturnValue) Type() ObjectType { return RETURN_VALUE_OBJ }
func (rv *ReturnValue) Inspect() string  { return rv.Value.Inspect() }
```

これは他のオブジェクトのただのラッパーなので、驚くようなことは何もない。面白いのはobject.ReturnValueがいつどのように使われるかだ。

次のテストは、Monkeyプログラムの文脈において何をreturn文に期待しているかを例示している。

```
// evaluator/evaluator_test.go

func TestReturnStatements(t *testing.T) {
    tests := []struct {
        input    string
        expected int64
    }{
        {"return 10;", 10},
        {"return 10; 9;", 10},
        {"return 2 * 5; 9;", 10},
        {"9; return 2 * 5; 9;", 10},
    }
```

```
    for _, tt := range tests {
        evaluated := testEval(tt.input)
        testIntegerObject(t, evaluated, tt.expected)
    }
}
```

これらのテストを通るようにするためには、既存のevalStatements関数を変更し、*ast.ReturnStatementのためのcase分岐をEvalに追加しなければならない。

```
// evaluator/evaluator.go

func Eval(node ast.Node) object.Object {
// [...]
    case *ast.ReturnStatement:
        val := Eval(node.ReturnValue)
        return &object.ReturnValue{Value: val}
// [...]
}

func evalStatements(stmts []ast.Statement) object.Object {
    var result object.Object

    for _, statement := range stmts {
        result = Eval(statement)

        if returnValue, ok := result.(*object.ReturnValue); ok {
            return returnValue.Value
        }
    }

    return result
}
```

この変更の最初の部分は、*ast.ReturnValueの評価だ。ここで、このreturn文に関連付けられた式を評価する。このEval呼び出しの結果を新しいobject.ReturnValueにラップし、追跡できるようにする。

evalStatementsは、evalProgramStatementsとevalBlockStatementsで一連の文を評価するのに使う。evalStatementsでは、直近の評価結果がobject.ReturnValueかどうかを確認し、もしそうならば評価を中断し、アンラップした値を返す。ここが重要だ。object.ReturnValueを返すのではなく、ラップされていた値のほうを返す。その値こそがユーザが返されると期待している値なんだ。

しかし、ここで問題がある。場合によっては、object.ReturnValueをもっと長い間保持しなければならず、初出の時点でアンラップしてはいけないことがあるんだ。ブロック文の場合がそうだ。次を見てみよう。

```
if (10 > 1) {
  if (10 > 1) {
    return 10;
```

```
    }

    return 1;
  }
```

このプログラムは10を返すべきだ。しかし、現在の私たちの実装はそうなっておらず、1を返してしまう。小さなテストケースでこのことを確認しよう。

```
// evaluator/evaluator_test.go

func TestReturnStatements(t *testing.T) {
    tests := []struct {
        input    string
        expected int64
    }{
// [...]
        {
            `
if (10 > 1) {
  if (10 > 1) {
    return 10;
  }

  return 1;
}
`,
            10,
        },
    }
// [...]
}
```

このテストケースは期待通りのメッセージとともに失敗する。

```
$ go test ./evaluator
--- FAIL: TestReturnStatements (0.00s)
  evaluator_test.go:159: object has wrong value. got=1, want=10
FAIL
FAIL    monkey/evaluator        0.007s
```

もう今の実装の何が問題かわかっただろう。説明が必要であれば、次の通りだ。もしネストしたブロック文（これはMonkeyプログラムとして完全に合法だ！）がある場合は、初出のobject.ReturnValueの値をアンラップしてはならないんだ。なぜなら、それをさらに追跡し、一番外のブロック文でそのブロック文の実行を中止する必要があるからだ。

ネストしていないブロック文は現時点の実装で問題なく動作する。しかし、ネストしているものを動作させるには、まずevalStatementsをブロック文の評価に使い回せないという事実を受け入れなければならない。そこで、この名前をevalProgramに変更し、より汎用的ではないものにしよう。

```
// evaluator/evaluator.go

func Eval(node ast.Node) object.Object {
// [...]
    case *ast.Program:
        return evalProgram(node)
// [...]
}

func evalProgram(program *ast.Program) object.Object {
    var result object.Object

    for _, statement := range program.Statements {
        result = Eval(statement)

        if returnValue, ok := result.(*object.ReturnValue); ok {
            return returnValue.Value
        }
    }

    return result
}
```

*ast.BlockStatementの評価のために、evalBlockStatementという名前の新しい関数を用意しよう。

```
// evaluator/evaluator.go

func Eval(node ast.Node) object.Object {
// [...]
    case *ast.BlockStatement:
        return evalBlockStatement(node)
// [...]
}

func evalBlockStatement(block *ast.BlockStatement) object.Object {
    var result object.Object

    for _, statement := range block.Statements {
        result = Eval(statement)

        if result != nil && result.Type() == object.RETURN_VALUE_OBJ {
            return result
        }
    }

    return result
}
```

ここでは戻り値をアンラップせず、それぞれの評価結果のType()を確認するだけに留める。もしそれがobject.RETURN_VALUE_OBJであれば、*object.ReturnValueを返す。.Valueはアンラップしないままだ。これで、さらに外側のブロック文で実行が止まり、evalProgramまで浮上していくはずだ。そこでようやくアンラップされる（この最後の部分は関数呼び出しの評価を実装するときに変更する）。

これでテストが通る。

```
$ go test ./evaluator
ok      monkey/evaluator        0.007s
```

return文が実装された。ここまで来れば、どう見ても電卓を作っているとは言えないだろう。それから、evalProgramとevalBlockStatementの記憶が新しいうちに、次の部分の作業を進めておこう。

3.8 中止！ 中止！ 間違い発見！ あるいはエラー処理

これまでNULLを返していた箇所を全て思い出せるだろうか。あとで戻ってくるので心配しなくてよいと言ったのを覚えているだろうか。今がそのときだ。今こそMonkeyに本物のエラー処理を実装するときだ。手遅れになって手戻りが山ほど必要になる前に実装してしまおう。もっとも、少しは戻ってこれまでのコードを修正する必要がある。それでも、手戻りはさほど多くない。私たちのインタプリタにエラー処理を最初から組み込んでおかなかったのは、心から正直にいうと、先に式の実装をした方がエラー処理よりもよほど面白いと考えたからだ。しかし、私たちはエラー処理を追加する必要のあるところまで来てしまった。さもないと、近い将来、私たちのインタプリタをデバッグしたり利用したりするのが本当に厄介になってしまう。

最初に「本物のエラー処理」という言葉で表現しようとしているものが何かを定義しておこう。それはユーザ定義の例外のこと**ではない**。内部のエラー処理のことだ。誤った演算子、対応していない演算、その他実行中に発生する可能性のあるユーザエラーや内部エラーのことだ。

そのようなエラーの実装に関して言うと、これは奇妙に聞こえるかもしれないが、エラー処理はreturn文の処理とほとんど同じやり方で実装される。似ている理由は実は簡単で、エラーもreturn文も一連の文の実行を中断するからだ。

まず必要なのはエラーオブジェクトだ。

```
// object/object.go

const (
// [...]
    ERROR_OBJ = "ERROR"
)

type Error struct {
    Message string
}

func (e *Error) Type() ObjectType { return ERROR_OBJ }
func (e *Error) Inspect() string  { return "ERROR: " + e.Message }
```

見ての通り、object.Errorは本当に、ごくシンプルだ。エラーメッセージとなる文字列をラップしているだけだ。プロダクション対応のインタプリタであれば、このようなエラーオブジェクトにスタックトレースを追加したり、行番号やカラム番号を追加したりして、単なるメッセージ以上のものを提供したくなるかもしれない。もし、字句解析器が行やカラムの番号をトークンに付加していれば、それはさほど難しいことではない。しかし、私たちの字句解析器はシンプルに保つことを優先しているため、そうなってはいない。そこで、エラーメッセージだけを扱う。それでも何かしらフィードバックを与えてくれるし、実行を中断してくれるので、ずいぶん役に立つ。

これから数カ所でエラーの対応を追加する。その後は、私たちがインタプリタの機能を向上させるのに従って適切な場所に追加していく予定だ。さて、次のテスト関数は現状で私たちがエラー処理機構に期待していることを示している。

```
// evaluator/evaluator_test.go

func TestErrorHandling(t *testing.T) {
    tests := []struct {
        input           string
        expectedMessage string
    }{
        {
            "5 + true;",
            "type mismatch: INTEGER + BOOLEAN",
        },
        {
            "5 + true; 5;",
            "type mismatch: INTEGER + BOOLEAN",
        },
        {
            "-true",
            "unknown operator: -BOOLEAN",
        },
        {
            "true + false;",
            "unknown operator: BOOLEAN + BOOLEAN",
        },
        {
            "5; true + false; 5",
            "unknown operator: BOOLEAN + BOOLEAN",
        },
        {
            "if (10 > 1) { true + false; }",
            "unknown operator: BOOLEAN + BOOLEAN",
        },
        {
            `
if (10 > 1) {
  if (10 > 1) {
    return true + false;
  }
```

```
  return 1;
}
`,
            "unknown operator: BOOLEAN + BOOLEAN",
        },
    }

    for _, tt := range tests {
        evaluated := testEval(tt.input)

        errObj, ok := evaluated.(*object.Error)
        if !ok {
            t.Errorf("no error object returned. got=%T(%+v)",
                evaluated, evaluated)
            continue
        }

        if errObj.Message != tt.expectedMessage {
            t.Errorf("wrong error message. expected=%q, got=%q",
                tt.expectedMessage, errObj.Message)
        }
    }
}
```

テストを実行すれば、旧友NULLと再会だ。

```
$ go test ./evaluator
--- FAIL: TestErrorHandling (0.00s)
  evaluator_test.go:193: no error object returned. got=*object.Null(&{})
  evaluator_test.go:193: no error object returned. got=*object.Integer(&{Value:5})
  evaluator_test.go:193: no error object returned. got=*object.Null(&{})
  evaluator_test.go:193: no error object returned. got=*object.Null(&{})
  evaluator_test.go:193: no error object returned. got=*object.Integer(&{Value:5})
  evaluator_test.go:193: no error object returned. got=*object.Null(&{})
  evaluator_test.go:193: no error object returned. got=*object.Integer(&{Value:10})
FAIL
FAIL    monkey/evaluator        0.007s
```

しかし、予期しない`*object.Integer`も複数ある。なぜかというと、これらのテストケースが実際には2つのことを検証しているからだ。つまり、非対応の演算に対してエラーが生成されることと、そのエラーがその先の実行を妨げることだ。`*object.Integer`が返されたことが原因でテストが失敗した場合には、評価が正しく停止していなかったんだ。

エラーを作成して`Eval`の中を引き回すのは簡単だ。ヘルパー関数を用意して新しい`*object.Error`を生成し、それを必要に応じて返せばよい。

```
// evaluator/evaluator.go

import (
```

```
    // [...]
    "fmt"
)

// [...]

func newError(format string, a ...interface{}) *object.Error {
    return &object.Error{Message: fmt.Sprintf(format, a...)}
}
```

このnewError関数は、これまでどうすべきかわからずにNULLを返していた全ての箇所で、その代わりに使えばよい。

```
// evaluator/evaluator.go

func evalPrefixExpression(operator string, right object.Object) object.Object {
    switch operator {
// [...]
    default:
        return newError("unknown operator: %s%s", operator, right.Type())
    }
}

func evalInfixExpression(
    operator string,
    left, right object.Object,
) object.Object {
    switch {
// [...]
    case left.Type() != right.Type():
        return newError("type mismatch: %s %s %s",
            left.Type(), operator, right.Type())
    default:
        return newError("unknown operator: %s %s %s",
            left.Type(), operator, right.Type())
    }
}

func evalMinusPrefixOperatorExpression(right object.Object) object.Object {
    if right.Type() != object.INTEGER_OBJ {
        return newError("unknown operator: -%s", right.Type())
    }
// [...]
}

func evalIntegerInfixExpression(
    operator string,
    left, right object.Object,
) object.Object {
// [...]
    switch operator {
// [...]
```

```
    default:
        return newError("unknown operator: %s %s %s",
            left.Type(), operator, right.Type())
    }
}
```

これらの変更で、失敗するテストケースはたった2つにまで減った。

```
$ go test ./evaluator
--- FAIL: TestErrorHandling (0.00s)
  evaluator_test.go:193: no error object returned. got=*object.Integer(&{Value:5})
  evaluator_test.go:193: no error object returned. got=*object.Integer(&{Value:5})
FAIL
FAIL    monkey/evaluator        0.007s
```

この出力は、エラーの作成自体は問題なく行われているものの、評価の停止がうまくいっていないことを示している。どこを見ればいいか、もうわかるだろう？　そう、そこだ。evalProgramとevalBlockStatementだ。エラー処理を追加した両方の関数の全体を示す。

```
// evaluator/evaluator.go

func evalProgram(program *ast.Program) object.Object {
    var result object.Object

    for _, statement := range program.Statements {
        result = Eval(statement)

        switch result := result.(type) {
        case *object.ReturnValue:
            return result.Value
        case *object.Error:
            return result
        }
    }

    return result
}

func evalBlockStatement(block *ast.BlockStatement) object.Object {
    var result object.Object

    for _, statement := range block.Statements {
        result = Eval(statement)

        if result != nil {
            rt := result.Type()
            if rt == object.RETURN_VALUE_OBJ || rt == object.ERROR_OBJ {
                return result
            }
        }
    }
```

```
    return result
}
```

これでいい。評価は正しい位置で中断し、テストが通る。

```
$ go test ./evaluator
ok      monkey/evaluator        0.010s
```

最後にもう1つだけ必要なことがある。Evalの中でEvalを呼び出す際には常にエラーをチェックしなければならないんだ。これは、エラーを引き回してしまうのを避け、発生点から呼び出し元に向かって浮上させていくために必要だ。

```
// evaluator/evaluator.go

func isError(obj object.Object) bool {
    if obj != nil {
        return obj.Type() == object.ERROR_OBJ
    }
    return false
}

func Eval(node ast.Node) object.Object {
    switch node := node.(type) {

// [...]
    case *ast.ReturnStatement:
        val := Eval(node.ReturnValue)
        if isError(val) {
            return val
        }
        return &object.ReturnValue{Value: val}

// [...]
    case *ast.PrefixExpression:
        right := Eval(node.Right)
        if isError(right) {
            return right
        }
        return evalPrefixExpression(node.Operator, right)

    case *ast.InfixExpression:
        left := Eval(node.Left)
        if isError(left) {
            return left
        }

        right := Eval(node.Right)
        if isError(right) {
            return right
        }
```

```
        return evalInfixExpression(node.Operator, left, right)
// [...]
}

func evalIfExpression(ie *ast.IfExpression) object.Object {
    condition := Eval(ie.Condition)
    if isError(condition) {
        return condition
    }
// [...]
}
```

これでおしまいだ。エラー処理も実装された。

3.9 束縛と環境

次はインタプリタにlet文の対応を追加して変数束縛を追加する番だ。let文に対応するだけでは不十分で、そう、識別子の評価にも対応する必要がある。さて、次のコード片を評価し終えたところだとしよう。

```
let x = 5 * 5;
```

この文の評価ができるようになるだけでは不十分なんだ。上に示した行を評価した後、xを評価すると25になるようにする必要がある。

つまり、この節ですべきことはlet文と識別子の評価だ。let文を評価するときは、その値を生成する式を評価し、生成された値を指定された名前で保存する。識別子を評価するときは、その名前がすでに値に束縛されているかを調べ、もしそうならその値を評価の結果とし、そうでなければエラーを返す。

まずまずの計画だろう？　よし、いくつかテストを書くところから始めよう。

```
// evaluator/evaluator_test.go

func TestLetStatements(t *testing.T) {
    tests := []struct {
        input    string
        expected int64
    }{
        {"let a = 5; a;", 5},
        {"let a = 5 * 5; a;", 25},
        {"let a = 5; let b = a; b;", 5},
        {"let a = 5; let b = a; let c = a + b + 5; c;", 15},
    }

    for _, tt := range tests {
        testIntegerObject(t, testEval(tt.input), tt.expected)
    }
}
```

これらのテストケースは2つの動作を確認する。let文において値を生成する式の評価と、名前に束縛された識別子の評価だ。さらに、束縛されていない識別子を評価しようとしたときに確かにエラーが出ることを確認するテストも必要だ。これは既存のTestErrorHandling関数を拡張すれば簡単にできる。

```
// evaluator/evaluator_test.go

func TestErrorHandling(t *testing.T) {
    tests := []struct {
        input           string
        expectedMessage string
    }{
// [...]
        {
            "foobar",
            "identifier not found: foobar",
        },
    }
// [...]
}
```

どうすればこれらのテストを通すことができるだろうか？　明らかに最初にしなければならないのは、*ast.LetStatementのための新しいcase分岐をEvalに追加することだ。そして、この分岐の中でlet文の式をEvalする必要がある。そうだろう？　それでは、ここからはじめよう。

```
// evaluator/evaluator.go

func Eval(node ast.Node) object.Object {
// [...]
    case *ast.LetStatement:
        val := Eval(node.Value)
        if isError(val) {
            return val
        }

    // うーん？　ここで何をするんだ？


// [...]
}
```

全くコメントの通りだ。ここで何をすればいいだろうか？　どうやって値を保存するのか？　値も、束縛すべき名前node.Name.Valueも手元にある。それでは、これらをどうやって関連付ければよいのだろうか？

ここで環境というものが活躍する。環境というのは、名前に関連付けられた値を記録しておくために使うものだ。「環境」という呼び方は古典的なもので、他の多くのインタプリタ、とりわけLisp的なものでよく使われる。その名前には洗練された響きがあるけれど、環境は文字列とオブジェクトを関連付けるハッシュマップがその本質だ。私たちの実装でもまさにそれを使う。

新しいEnvironment構造体をobjectパッケージに追加しよう。そう、今のところこれは本当にmapの薄いラッパーにすぎない。

```
// object/environment.go

package object

func NewEnvironment() *Environment {
    s := make(map[string]Object)
    return &Environment{store: s}
}

type Environment struct {
    store map[string]Object
}

func (e *Environment) Get(name string) (Object, bool) {
    obj, ok := e.store[name]
    return obj, ok
}

func (e *Environment) Set(name string, val Object) Object {
    e.store[name] = val
    return val
}
```

あなたが何を考えているか当ててみよう。**どうしてmapじゃだめなの？　なんでラッパーが必要なの？**　次の節で関数と関数呼び出しを実装し始めればすぐに理由がわかる。約束しよう。これは基礎工事だ。後でその上に構築するものがある。

見ての通りobject.Environmentの使い方そのものは自明だ。しかし、Evalの中でどう使うのだろうか？　どこでどうやってこの環境を追跡するのだろうか？　これをEvalのパラメータにして、引き回すことにしよう。

```
// evaluator/evaluator.go

func Eval(node ast.Node, env *object.Environment) object.Object {
// [...]
}
```

この変更をすると全くコンパイルができなくなる。修正するには、Evalの全ての呼び出しを変更して、この環境を使うようにする必要がある。EvalからEval自身への呼び出しだけでなく、evalProgramやevalIfExpressionなどの他の関数でも同様だ。これは手作業で編集すれば済む話なので、変更点のリストを示してあなたを退屈させるのはやめておく。

もちろんREPLのなかのEval呼び出しや、テストスイートも環境を使用するように変更する必要がある。REPLにおいては単一の環境を使う。

```
// repl/repl.go

import (
// [...]
    "monkey/object"
)

// [...]

func Start(in io.Reader, out io.Writer) {
    scanner := bufio.NewScanner(in)
    env := object.NewEnvironment()

    for {
// [...]
        evaluated := evaluator.Eval(program, env)
        if evaluated != nil {
            io.WriteString(out, evaluated.Inspect())
            io.WriteString(out, "\n")
        }
    }
}
```

ここで使う環境envはEvalの複数の呼び出しの間も持続する。さもないと、REPLで名前を値に束縛しても何の効果もなくなってしまう。次の行が評価されるときに、以前の関連付けが新しい環境に含まれなくなってしまうことだろう。

一方、テストの場合はこれがまさに期待される動作だ。複数のテスト関数やテストケースを横断して状態を維持したいわけではない。testEvalの呼び出しごとに新しい環境ができるべきだ。そうしておけば、テストが実行される順序が原因で引き起こされるような、グローバルな状態にまつわる奇妙なバグに巻き込まれることもない。Eval呼び出しのたびに新しい環境を使うには、次のようにする。

```
// evaluator/evaluator_test.go

func testEval(input string) object.Object {
    l := lexer.New(input)
    p := parser.New(l)
    program := p.ParseProgram()
    env := object.NewEnvironment()

    return Eval(program, env)
}
```

Evalの呼び出しを書き換えるとテストがコンパイルできるようになるので、このテストを通すための作業に着手できる。この作業は*object.Environmentがあればそれほど難しいものでもない。*ast.

LetStatementのためのcase分岐の中では、名前と値が手に入っているので、あとはこれを現在の環境に保存するだけだ。

```
// evaluator/evaluator.go

func Eval(node ast.Node, env *object.Environment) object.Object {
// [...]
    case *ast.LetStatement:
        val := Eval(node.Value, env)
        if isError(val) {
            return val
        }
        env.Set(node.Name.Value, val)
// [...]
}
```

これでlet文を評価するときに環境に関連を追加するようになった。それに加えて、識別子を評価するときにはこれらの値を取り出す必要もある。そうするのもかなり簡単で、次のようにすればよい。

```
// evaluator/evaluator.go

func Eval(node ast.Node, env *object.Environment) object.Object {
// [...]
    case *ast.Identifier:
        return evalIdentifier(node, env)
// [...]
}

func evalIdentifier(
    node *ast.Identifier,
    env *object.Environment,
) object.Object {
    val, ok := env.Get(node.Value)
    if !ok {
        return newError("identifier not found: " + node.Value)
    }

    return val
}
```

evalIdentifierは次の節で拡張することになる。今のところは、与えられた名前に関連付けられた値が現在の環境に保存されているかを確認するだけだ。もしあればその値を返し、なければエラーを返す。

さあ、これを見てほしい。

```
$ go test ./evaluator
ok      monkey/evaluator        0.007s
```

そう、その通り。これはつまり、私たちはプログラミング言語の地にしっかり足をつけて立っているという証拠だ。

```
$ go run main.go
Hello mrnugget! This is the Monkey programming language!
Feel free to type in commands
>> let a = 5;
>> let b = a > 3;
>> let c = a * 99;
>> if (b) { 10 } else { 1 };
10
>> let d = if (c > a) { 99 } else { 100 };
>> d
99
>> d * c * a;
245025
```

3.10 関数と関数呼び出し

今までここに向かって進んできたんだ。これが第三幕だ。これから私たちのインタプリタに関数と関数呼び出しの対応を追加していく。この節を終えれば、REPLで次のようなことができるようになるだろう。

```
>> let add = fn(a, b, c, d) { return a + b + c + d };
>> add(1, 2, 3, 4);
10
>> let addThree = fn(x) { return x + 3 };
>> addThree(3);
6
>> let max = fn(x, y) { if (x > y) { x } else { y } };
>> max(5, 10)
10
>> let factorial = fn(n) { if (n == 0) { 1 } else { n * factorial(n - 1) } };
>> factorial(5)
120
```

まだ心が動かされないのであれば、これを見てほしい。関数の引き渡し、高階関数、クロージャも動作するようになるんだ。

```
>> let callTwoTimes = fn(x, func) { func(func(x)) };
>> callTwoTimes(3, addThree);
9
>> callTwoTimes(3, fn(x) { x + 1 });
5
>> let newAdder = fn(x) { fn(n) { x + n } };
>> let addTwo = newAdder(2);
>> addTwo(2);
4
```

そう、**これらが**全てできるようになるんだ。

現在の場所から**そこに**到達するには、2つのことが必要になる。私たちのオブジェクトシステムに関数の内部表現を定義することと、Evalに関数呼び出しの対応を追加することだ。

しかし、心配はいらない。ここまでやってきた作業はここで実を結ぶ。これまでに構築してきた部分の多くを再利用して拡張できる。この節のある時点で、沢山の事柄がぴたりとはまり始めることに気づくだろう。

「一度に一歩」でここまでやって来たのだから、今この戦略を捨てる理由はない。最初の一歩は関数の内部表現の取り扱いだ。

関数の内部表現が必要な理由は、Monkeyにおいて関数は他の値と同じように扱われるからだ。つまり、名前を束縛できる、式の中で使用できる、他の関数に渡すことができる、関数から返すこともできる、などだ。これを実現するためには、他の値と同様に、私たちのオブジェクトシステムで関数を表現できるようにする必要がある。それができれば、関数を引き回したり、代入したり、返したりできる。

しかし、内部的には関数をどうやって、どんなオブジェクトとして表現すればよいだろうか？　私たちの手元にあるast.FunctionLiteralの定義がその出発点を与えてくれる。

```
// ast/ast.go

type FunctionLiteral struct {
    Token      token.Token // 'fn' トークン
    Parameters []*Identifier
    Body       *BlockStatement
}
```

Tokenフィールドは関数オブジェクトには不要だ。しかし、ParametersとBodyには意味がある。関数の本体がなければ評価はできないし、関数がどんなパラメータを持っているのかわからなければ本体を評価できない。ParametersとBodyだけでなく、新しい関数オブジェクトにはもう1つ、第3のフィールドが必要だ。コードを見てみよう。

```
// object/object.go

import (
    "bytes"
    "fmt"
    "monkey/ast"
    "strings"
)

type ObjectType string

const (
// [...]
    FUNCTION_OBJ = "FUNCTION"
)
```

```
type Function struct {
    Parameters []*ast.Identifier
    Body       *ast.BlockStatement
    Env        *Environment
}

func (f *Function) Type() ObjectType { return FUNCTION_OBJ }
func (f *Function) Inspect() string {
    var out bytes.Buffer

    params := []string{}
    for _, p := range f.Parameters {
        params = append(params, p.String())
    }

    out.WriteString("fn")
    out.WriteString("(")
    out.WriteString(strings.Join(params, ", "))
    out.WriteString(") {\n")
    out.WriteString(f.Body.String())
    out.WriteString("\n}")

    return out.String()
}
```

object.FunctionはParametersフィールドとBodyフィールドを持っている。加えてEnv、つまりobject.Environmentへのポインタも持っている。これが必要なのは、Monkeyの関数は、その関数独自の環境を持つからだ。このことがクロージャを実現可能にする。クロージャは関数が定義された環境を「閉じ込め」ておいて、あとからアクセスできるようにするものだ。この意味はEnvフィールドを使い始めればより明確になるだろう。今にわかる。

この定義が終わったら、テストを書いて、私たちのインタプリタが関数を構築する方法を知っていることを検証しよう。

```
// evaluator/evaluator_test.go

func TestFunctionObject(t *testing.T) {
    input := "fn(x) { x + 2; };"

    evaluated := testEval(input)
    fn, ok := evaluated.(*object.Function)
    if !ok {
        t.Fatalf("object is not Function. got=%T (%+v)", evaluated, evaluated)
    }

    if len(fn.Parameters) != 1 {
        t.Fatalf("function has wrong parameters. Parameters=%+v",
            fn.Parameters)
    }
```

```
    if fn.Parameters[0].String() != "x" {
        t.Fatalf("parameter is not 'x'. got=%q", fn.Parameters[0])
    }

    expectedBody := "(x + 2)"

    if fn.Body.String() != expectedBody {
        t.Fatalf("body is not %q. got=%q", expectedBody, fn.Body.String())
    }
}
```

このテスト関数は、関数リテラルを評価したときに、正しいパラメータと正しい本体を持った正しい*object.Functionが返されることを検証する。関数が持っている環境については、後ほど別のテストで間接的にテストされることになるだろう。追加したテストが通るようにするには、数行のコードを新しいcase分岐の形でEvalに追加すればよい。

```
// evaluator/evaluator.go

func Eval(node ast.Node, env *object.Environment) object.Object {
// [...]
    case *ast.FunctionLiteral:
        params := node.Parameters
        body := node.Body
        return &object.Function{Parameters: params, Env: env, Body: body}
// [...]
}
```

簡単だろう？　ParametersフィールドとBodyフィールドはASTノードのものを使い回している。この関数オブジェクトを構築するときに、現在の環境をどのように使うかに注目しておいてほしい。

この比較的低レベルなテストが通ったので、関数の内部表現が正しく構築できていることが確認できた。これで関数適用の話に移ることができる。つまり、私たちのインタプリタを拡張して関数を呼び出せるようにするんだ。これを確認するためのテストはずっと読みやすく、書きやすい。

```
// evaluator/evaluator_test.go

func TestFunctionApplication(t *testing.T) {
    tests := []struct {
        input    string
        expected int64
    }{
        {"let identity = fn(x) { x; }; identity(5);", 5},
        {"let identity = fn(x) { return x; }; identity(5);", 5},
        {"let double = fn(x) { x * 2; }; double(5);", 10},
        {"let add = fn(x, y) { x + y; }; add(5, 5);", 10},
        {"let add = fn(x, y) { x + y; }; add(5 + 5, add(5, 5));", 20},
        {"fn(x) { x; }(5)", 5},
    }
```

```
    for _, tt := range tests {
        testIntegerObject(t, testEval(tt.input), tt.expected)
    }
}
```

どのテストも、していることは同じようなものだ。関数を定義し、引数に適用し、生成された値についてアサーションを設ける。しかし、これらには微妙な違いがあって、複数の重要な点をテストする。具体的に言うと、暗黙の戻り値、return文による値の返却、式の中でのパラメータの使用、複数のパラメータ、関数に渡す前の引数の評価だ。

*ast.CallExpressionの形式としてありうる、2つの形式もここでテストしている。関数が、関数オブジェクトに評価される識別子である場合と、関数リテラルである場合だ。素晴らしいのは、これらが実は大した問題ではないことだ。識別子や関数リテラルを評価する方法はすでにわかっているので、次のようにすればよい。

```
// evaluator/evaluator.go

func Eval(node ast.Node, env *object.Environment) object.Object {
// [...]
    case *ast.CallExpression:
        function := Eval(node.Function, env)
        if isError(function) {
            return function
        }
// [...]
}
```

そう、Evalを使って呼び出したい関数を取得するだけでいいんだ。*ast.Identifierか*ast.FunctionLiteralかのいずれかであれば、Evalは*object.Functionを返す（もちろんエラーがなければの話だが）。

では、この*object.Functionを呼び出すにはどうすればよいだろうか？　最初の手順は呼び出し式の引数を評価することだ。理由は簡単で、以下のようにしたとき、

```
let add = fn(x, y) { x + y };
add(2 + 2, 5 + 5);
```

ここでadd関数に渡したいのは、4と10であって、式2 + 2や式5 + 5ではないからだ。

引数を評価することは、式のリストを評価し、生成された値を保持しておくことにすぎない。ただし、エラーに遭遇したらすぐに評価プロセスを中止する必要はある。まとめると、次のようなコードになる。

```
// evaluator/evaluator.go

func Eval(node ast.Node, env *object.Environment) object.Object {
// [...]
    case *ast.CallExpression:
```

```
        function := Eval(node.Function, env)
        if isError(function) {
            return function
        }
        args := evalExpressions(node.Arguments, env)
        if len(args) == 1 && isError(args[0]) {
            return args[0]
        }
// [...]
}

func evalExpressions(
    exps []ast.Expression,
    env *object.Environment,
) []object.Object {
    var result []object.Object

    for _, e := range exps {
        evaluated := Eval(e, env)
        if isError(evaluated) {
            return []object.Object{evaluated}
        }
        result = append(result, evaluated)
    }

    return result
}
```

手の込んだことは何もない。ast.Expressionのリストの要素を、現在の環境のコンテキストで次々に評価する。もしエラーが発生したら、評価を中止してエラーを返す。この部分は、引数を左から右に評価すると決定した部分でもある。この先Monkeyで引数の評価順を仮定するようなコードを書くことがないように願いたいものだ。しかし、もしそんなことがあっても、言語設計としては保守的で安全な側の選択をしたことになる。

さて、関数と、評価された引数のリストが手に入ってたところで、どうやってその「関数を呼び出す」のだろうか？　関数を引数に適用するにはどうすればよいのだろうか？

明らかなのは、関数の本体を評価しなければならないことだ。ここで、関数の本体はただのブロック文だ。それらを評価する方法はすでにわかっている。Evalに関数の本体を渡して呼び出せばいいのでは？　1つ忘れているものがある。引数だ。関数の本体には関数のパラメータへの参照が含まれている可能性があるので、単に現在の環境においてその本体を評価するだけでは、未知の名前への参照が発生し、エラーになる可能性がある。これは期待する動作ではない。本体をそのまま現在の環境で評価するのではうまくいかないんだ。

そうではなく、関数本体におけるパラメータへの参照が適切な引数で解決されるようにするため、関数が評価される環境を変更する必要があるんだ。といっても、これらの引数をただ現在の環境に追加するわけにはいかない。そうすると、これまでの束縛を上書きしてしまう可能性があり、期待する動作にはならない。期待する動作を説明しよう。

```
let i = 5;
let printNum = fn(i) {
  puts(i);
};

printNum(10);
puts(i);
```

行を表示するputs関数があったとして、このコードは10と5の2行を表示すべきだ。もしprintNumを評価する前にその時点の環境を上書きしてしまうと、最後の行も10を表示することになるだろう。

つまり、関数呼び出しの引数を関数本体からアクセスできるようにするために、現在の環境に追加する方法ではうまくいかないんだ。代わりに必要なのは、過去の束縛を保存しつつ、同時に新しい束縛も有効にすることだ。これを「環境の拡張」と呼ぼう。

環境を拡張することは、拡張する対象の環境へのポインタを含む新しいobject.Environmentのインスタンスを作ることを意味する。こうすれば新しい空の環境で既存の環境を包み込むことができる。

新しい環境のGetメソッドが呼ばれたとき、与えられた名前に関連付けられた値がその環境にない場合、それを閉じ込めている環境のGetを呼び出す。これが、拡張元の環境だ。その環境もまた値を見つけられなければ、さらにその環境が包んでいる環境を呼ぶ。こうして包んでいる環境がなくなるまで続く。ここでようやく"ERROR: unknown identifier: foobar"が発生したと言える。

```
// object/environment.go

package object

func NewEnclosedEnvironment(outer *Environment) *Environment {
    env := NewEnvironment()
    env.outer = outer
    return env
}

func NewEnvironment() *Environment {
    s := make(map[string]Object)
    return &Environment{store: s, outer: nil}
}

type Environment struct {
    store map[string]Object
    outer *Environment
}

func (e *Environment) Get(name string) (Object, bool) {
    obj, ok := e.store[name]
    if !ok && e.outer != nil {
        obj, ok = e.outer.Get(name)
    }
```

```
    return obj, ok
}

func (e *Environment) Set(name string, val Object) Object {
    e.store[name] = val
    return val
}
```

ここでobject.Environmentにouterという新しいフィールドが加わった。このフィールドを使うことで、別の環境への参照を保持できる。つまり、包み込んでいる環境、すなわち拡張元の環境への参照を持つことができる。NewEnclosedEnvironment関数はそのような環境を簡単に作れるようにする。Getメソッドも変更された。今度は与えられた名前を包み込んでいる環境からも探す。

この新しい挙動は私たちの変数スコープに関する考え方に対応している。内側のスコープと外側のスコープがある。内側のスコープで何かが見つからない場合は、外側のスコープでそれを探す。外側のスコープは内側のスコープを**包み込む**。内側のスコープが外側のスコープを**拡張する**。

更新したobject.Environmentの機能があれば、関数の本体を正しく評価できる。思い出してほしい。問題はこうだった。関数呼び出しの引数にパラメータ名を束縛する際に、環境に含まれる既存の束縛を上書きしてしまう可能性があることだった。そこで、束縛を上書きするのではなく、現在の環境によって囲まれた新しい環境を作成し、この新しい空の環境に束縛を追加する。

しかし、閉じ込める環境として現在の環境は使わない。使わないんだ。そうではなく、*object.Functionが持ってきた環境を使う。覚えているだろうか？　こちらが関数の定義されたときの環境なんだ。

更新版のEvalを示す。これは関数呼び出しを完全に正しく扱う。

```
// evaluator/evaluator.go

func Eval(node ast.Node, env *object.Environment) object.Object {
// [...]
    case *ast.CallExpression:
        function := Eval(node.Function, env)
        if isError(function) {
            return function
        }
        args := evalExpressions(node.Arguments, env)
        if len(args) == 1 && isError(args[0]) {
            return args[0]
        }

        return applyFunction(function, args)
// [...]
}

func applyFunction(fn object.Object, args []object.Object) object.Object {
    function, ok := fn.(*object.Function)
    if !ok {
```

```
        return newError("not a function: %s", fn.Type())
    }

    extendedEnv := extendFunctionEnv(function, args)
    evaluated := Eval(function.Body, extendedEnv)
    return unwrapReturnValue(evaluated)
}

func extendFunctionEnv(
    fn *object.Function,
    args []object.Object,
) *object.Environment {
    env := object.NewEnclosedEnvironment(fn.Env)

    for paramIdx, param := range fn.Parameters {
        env.Set(param.Value, args[paramIdx])
    }

    return env
}

func unwrapReturnValue(obj object.Object) object.Object {
    if returnValue, ok := obj.(*object.ReturnValue); ok {
        return returnValue.Value
    }

    return obj
}
```

新しいapplyFunction関数では、実際に*object.Functionが手に入っているかをチェックするだけでなく、fnパラメータを*object.Function参照に変換する。これは、関数の.Envフィールドと.Bodyフィールドにアクセスできるようにするためだ（これらはobject.Objectには定義されていないからね）。

extendFunctionEnv関数は、関数が保持する環境に包まれた新しい*object.Environment環境を作る。この新しい、包み込まれた環境の中で、関数呼び出しの引数に関数のパラメータ名を束縛する。

この新たに包み込まれて更新された環境が、やがて関数を評価するときの環境だ。この評価の結果が*object.ReturnValueの場合はアンラップされる。これが必要だ。なぜかというと、そうしないと、return文の効果が関数をまたいで浮上してしまい、全ての評価が止まってしまうからだ。そうではなく、最後に呼ばれた関数の本体の評価だけを中止したいんだ。アンラップする必要があるのはこのためだ。そうすれば、evalBlockStatementが「外側の」関数において文の評価を止めてしまうのを防げる。この動作が確認できるように、既存のTestReturnStatements関数にテストケースを少し追加しておいた。

これが欠けていた最後のピースだ。信じられない？　では、これを見てほしい。

```
$ go test ./evaluator
ok      monkey/evaluator        0.007s
$ go run main.go
Hello mrnugget! This is the Monkey programming language!
Feel free to type in commands
>> let addTwo = fn(x) { x + 2; };
>> addTwo(2)
4
>> let multiply = fn(x, y) { x * y };
>> multiply(50 / 2, 1 * 2)
50
>> fn(x) { x == 10 }(5)
false
>> fn(x) { x == 10 }(10)
true
```

おおお？！ 動いたぞ！ ついに関数を定義して呼び出せるようになった！ パーティ用の帽子をかぶる前に、関数とその環境のやりとりについてと、それが関数適用に対してどんな意味を持つのか、もっと見てみよう。ここまで見てきたものは、私たちができることの全てではないし、もっとあるからね。

さて、1つの疑問がまだあなたを悩ませているに違いない。「なぜ関数の環境を拡張するのか？ 現在の環境ではなく」。短い答えはこれだ。

```
// evaluator/evaluator_test.go

func TestClosures(t *testing.T) {
    input := `
let newAdder = fn(x) {
  fn(y) { x + y };
};

let addTwo = newAdder(2);
addTwo(2);`

    testIntegerObject(t, testEval(input), 4)
}
```

このテストは通る。そう、間違いない。

```
$ go run main.go
Hello mrnugget! This is the Monkey programming language!
Feel free to type in commands
>> let newAdder = fn(x) { fn(y) { x + y } };
>> let addTwo = newAdder(2);
>> addTwo(3);
5
>> let addThree = newAdder(3);
>> addThree(10);
13
```

Monkeyにはクロージャがあって、すでに私たちのインタプリタに実装されている。これはとても素晴らしい。しかし、クロージャと先ほどの疑問との関連はまださほど明らかではないかもしれない。クロージャはその関数が定義された環境を「閉じ込めている」関数だ。関数はそれぞれ独自の環境を持ち回っていて、いつ呼び出されてもその環境にアクセスできる。

この例で重要なのは次の2行だ。

```
let newAdder = fn(x) { fn(y) { x + y } };
let addTwo = newAdder(2);
```

ここでnewAdderは高階関数だ。高階関数は、他の関数を返すか、引数として受け取る関数だ。この場合、newAdderは別の関数を返す。しかも、ただの関数ではない。クロージャだ。addTwoはnewAdderに2を唯一の引数として与えて呼び出したときに返されたクロージャに束縛される。

それでは何がaddTwoをクロージャにしたのだろうか？　答えは、呼ばれたときにアクセス可能だった束縛だ。

addTwoが呼ばれたときには、その呼び出しの引数であるyパラメータにアクセスできるだけでなく、値xにも到達できる。これはnewAdder(2)の呼び出し時に束縛されたものだ。この束縛はとっくにスコープの外に出ていて、もはや現在の環境には存在しないにもかかわらずだ。

```
>> let newAdder = fn(x) { fn(y) { x + y } };
>> let addTwo = newAdder(2);
>> x
ERROR: identifier not found: x
```

xはトップレベルの環境では値に束縛されていない。にもかかわらず、addTwoはまだそれにアクセスできるんだ。

```
>> addTwo(3);
5
```

言い方を変えると、クロージャaddTwoは未だにその定義時の環境にアクセスできるということなんだ。定義時というのは、newAdderの本体の最後の行が評価された時点のことだ。ここで最後の行は関数リテラルだ。思い出してほしい。関数リテラルが評価されるときには、object.Functionを作成し、現在の環境への参照をその.Envフィールドに保持しているのだった。

定義された後で、addTwoの本体を評価するときには、現在の環境で評価するのではなく、関数が持っている環境で評価する。関数が持っている環境を拡張し、それを現在の環境の代わりにEvalに渡す。なぜかって？　そうすればアクセスできるからだ。なぜクロージャなのかって？　滅茶苦茶かっこよくて私が好きだからだよ！

せっかく素晴らしい物について話しているところだから、他の関数から関数を返せるだけでなく、関数呼び出しの引数に関数を受け取れることも言っておかないとね。そう、Monkeyでは関数は第一級市民だから、他の値と同様に引き回すことができるんだ。

```
>> let add = fn(a, b) { a + b };
>> let sub = fn(a, b) { a - b };
>> let applyFunc = fn(a, b, func) { func(a, b) };
>> applyFunc(2, 2, add);
4
>> applyFunc(10, 2, sub);
8
```

ここでadd関数とsub関数をapplyFuncの引数として渡している。そして、applyFuncは何の問題もなくこの関数を呼べる。funcパラメータは関数オブジェクトに解決され、2つの引数を伴って呼び出される。それ以上のことは何もない。全て私たちのインタプリタですでに動作している。

私にはあなたが今何を考えているのかわかるので、あなたが送りたいと思っているメッセージのテンプレートをここに置いておく。

> 親愛なるNAME_OF_FRIENDへ。以前、私が何者かになって、人々が私のことを記憶に留めるような偉業を成し遂げると言っていたのを覚えているだろうか？　そう、今日がその日だ。私のMonkeyインタプリタは動作し、関数も、高階関数も、クロージャにもサポートしているし、整数と算術演算にも対応していて、手短に言うと、私の人生においてこれほど幸せなことはない！

やった。ついに完動するMonkeyインタプリタができあがった。関数も、関数呼び出しも、高階関数も、クロージャもサポートしている。さあ、お祝いしてきてくれ！　私はここで待っていよう。

3.11 ゴミを片付けているのは誰か

本書の冒頭で私は、何の近道もせず、完動するインタプリタを、私たち自身の手で、サードパーティツールを一切使わずに、ゼロから作り上げると約束した。そして成し遂げた！　しかし、ここで少しばかり白状しなければならないことがある。

私たちのインタプリタで次のMonkeyコード片を実行したとき何が起こるかを考えてみてほしい。

```
let counter = fn(x) {
  if (x > 100) {
    return true;
  } else {
    let foobar = 9999;
    counter(x + 1);
  }
};

counter(0);
```

見ての通り、counter本体を101回評価したあとtrueを返すはずだ。しかし、最後のcounterの再帰呼び出しが返ってくるまでに沢山のことが起きている。

最初に行われるのはif-else式の条件x > 100の評価だ。生成された値がtruthyでなければ、if-else式のelse部が評価される。else部では整数リテラル9999が名前foobarを束縛する。この値は二度と参照されることがない。それからx + 1が評価される。このEval呼び出しの結果は別のcounter呼び出しへと渡される。そしてx > 100を評価した結果がTRUEになるまで最初から繰り返す。

問題なのは、counter呼び出しのたびに大量のオブジェクトが割り当てられることだ。私たちのEval関数とオブジェクトシステムの観点でいうと、counterの本体を評価するたびに、object.Integerが割り当てられ、インスタンス化される。使われない9999やx + 1の結果はもちろんのこと、100や1といったリテラルまでもが、counterが評価されるたびに新しいobject.Integerを生成する。

もしEval関数に手を入れて&object.Integer{}のインスタンスを追跡してみれば、この小さなコード片が400近くのobject.Integerオブジェクトを割り当てることがわかるだろう。

これの何が問題だろうか？

私たちのオブジェクトはメモリに保存される。オブジェクトを多く使えば使うほど、多くのメモリが必要になる。この例のオブジェクトの数は他のプログラムに比べてかなり少ないとはいえ、メモリは無限ではない。

counter呼び出しのたびに、私たちのインタプリタのプロセスのメモリ使用量は増加し続け、やがてメモリが不足し、オペレーションシステムがそれを殺すに違いない。しかし、上のコード片を実行している間メモリ使用量をモニタしたとしても、単調増加したまま減少しないわけではない。そうではなく、増えたり減ったりする。なぜだろう？

この質問への答えこそが、私が白状しなければならないことの核心だ。つまり、Goのガベージコレクタを私たちのゲスト言語のガベージコレクタとして使い回してしまったんだ。だから独自のものを書く必要がなかった。

メモリ不足が発生しないのはGoのガベージコレクタ（GC）のおかげだ。私たちのためにメモリを管理してくれるんだ。counter関数を何度も何度も呼び出し、多量の未使用の整数リテラルやオブジェクトの割り当てが引き起こされたとしても、メモリ不足にはならない。なぜなら、GCがどのobject.Integerにまだ到達可能か、あるいはそうでないかを追跡しているからだ。もし、あるオブジェクトがもはや到達可能ではないことに気がつくと、そのオブジェクトのメモリを開放するんだ。

上の例において、counter呼び出しの後では、到達不能になる多数の整数オブジェクトが生成されている。リテラル1や100、それにfoobarに束縛された無意味な9999がそうだ。counterから返ったあと、これらのオブジェクトにアクセスする方法はない。1と100の場合は、名前が束縛されていないので、到達不能なのがわかりやすい。しかし、foobarが束縛された9999でさえも、関数から返るときにスコープから外れる。counterの本体の評価のために生成された環境は破棄される（これもGoのGCによって行われる、念のため）。それに伴ってfoobarも破棄される。

これらの到達不能オブジェクトは無駄で、メモリを浪費する。だから、GCがそれらを回収して、占有していたメモリを開放するんだ。

そしてこれが私たちにとって最高に好都合なんだ！　山ほどの仕事が省ける。もしCのような言語でインタプリタを書こうとしていたら、CにはGCがないので、自分自身でそれを実装して、インタプリタのユーザのためにメモリを管理する必要がある。

では、仮にそのようなGCを実装するとして、GCは何をする必要があるだろうか？　簡単に言えば、オブジェクトの割り当てとオブジェクトへの参照を追跡し、将来のオブジェクト割り当てに備えて十分な空きメモリを確保し、もし必要のなくなったオブジェクトがあればメモリを回収する必要がある。最後の点がまさにガベージコレクションだ。これがないと、プログラムが「リーク」し、やがてメモリ不足に陥る。

これらの全てを達成するには、色々なアルゴリズムや実装が関係する様々なやり方がある。例えば、基本的な「マーク・アンド・スイープ」アルゴリズムがある。これを実装するには、GCを世代別GCにするのか否か、stop-the-world GCにするのかコンカレントGCにするのか、あるいはどのようにメモリを構造化しメモリのフラグメンテーションをどのように扱うかを決めなければならない。それらを全部決めたとしても、効率的な実装をするのは本当に大変だ。

あなたはこう思ったかもしれない。**なるほど、それでGoのGCを使ったわけだ。でも、ゲスト言語のために自分たちのGCを書いて使うわけにはいかないのかな？**

残念ながら、そうはいかない。GoのGCを無効化してその責務の全てを取って代わる方法を見つけなければならない。言うが易し、行うは難し。あらゆるメモリの確保と開放を自分たちで賄わなければならないのだから、これは莫大な事業だ。ちょうどそのようなことをデフォルトで禁止しているような言語においては特にそうだ。

これが「それでは、次はGoのGCの隣で動作する独自のGCを書いてみましょう」という節をこの本に追加せず、GoのGCを使い回すことに決めた理由だ。ガベージコレクションはそれ自体が大きなトピックだ。もし、既存のGCを置き換えるような内容を追加しようとすれば、本書のスコープからあっという間に飛び出してしまう。しかし、それでも、この節でGCのしていることや、解決している問題について大雑把な考え方を伝えることができればと思う。もしこれまで構築してきたインタプリタをガベージコレクタのない他のホスト言語に移植するとしたら、何をすべきかもわかるかもしれない。

ついにやった！　私たちのインタプリタは動作している。あとは、それを拡張して、データ型や関数を追加して使いやすくするだけだ。

4章 インタプリタの拡張

4.1 データ型と関数

私たちのインタプリタは感動的にうまく動作しているし、第一級関数やクロージャのような刺激的な機能だって持っている。でも、Monkeyのユーザとして利用可能なデータ型は整数と真偽値だけだ。これではお世辞にも実用的とは言えないし、他の言語で慣れ親しんでいるものと比べてしまうと大きく見劣りする。この章ではそれを変えていく。新しいデータ型をインタプリタに実装していく。

この取り組みの素晴らしいところは、インタプリタ全体をもう一度歩き回ることになる点だ。新しいトークンタイプを追加し、字句解析器を変更し、構文解析器を拡張し、最後に評価器とオブジェクトシステムにそのデータ型の対応を追加する。

さらに都合がよいのは、これから追加しようとしているデータ型はすでにGoに存在していることだ。だから、それらをMonkeyで利用可能にするだけで済む。ありがたいことに、それらをゼロから実装する必要はない。何しろこの本は「Goで実装する一般的なデータ構造」ではないんだ。おかげで私たちはインタプリタに集中できる。

これに加えて、インタプリタに新しい関数をいくつか追加して、インタプリタを強化していく。もちろん、私たちのインタプリタのユーザとして、自分たちの関数をうまい具合に定義することはできる。しかし、それではできることが限られてしまう。これから作る、組み込み関数と呼ばれるものは、ずっと強力なものになるだろう。Monkeyプログラミング言語の内部へアクセスできるからだ。

最初に手を付けるのは、誰もが知っている、あのデータ型を追加することだ。そう、文字列だ。ほとんど全ての言語に存在しているし、Monkeyにも存在するべきだろう。

4.2 文字列

Monkeyでは、文字列は文字のシーケンスだ。第一級の値であり、識別子を束縛でき、関数呼び出しの引数として用いることができ、関数から返されることもできる。他の多くのプログラミング言語と同様に、二重引用符によって括られた複数の文字として表される。

この節では、データ型だけでなく、中置演算子「+」を文字列に対応させることで、文字列連結にも対応する。

最終的には、次のようなことができるようになるだろう。

```
$ go run main.go
Hello mrnugget! This is micro, your own programming language!
Feel free to type in commands
>> let firstName = "Thorsten";
>> let lastName = "Ball";
>> let fullName = fn(first, last) { first + " " + last };
>> fullName(firstName, lastName);
Thorsten Ball
```

4.2.1 字句解析器における文字列の対応

最初にしなければならないのは、私たちの字句解析器に文字列リテラルのサポートを追加することだ。文字列の基本的な構造はこうだ。

```
"<sequence of characters>"
```

そんなに難しくないだろう？　二重引用符で括られた文字のシーケンスにすぎない。

字句解析器から出てきて欲しいのは、文字列リテラル一つに対して一つのトークンだ。つまり、"Hello World"の場合であれば、「"」、「Hello」、「World」、「"」ではなく、単一のトークンとして出てきてほしいんだ。文字列リテラルを単一のトークンにしておけば、構文解析器での取り扱いがかなり簡単になるし、面倒事の大半を字句解析器の小さなメソッド一つに押し込めることもできる。

もちろん、複数のトークンを使うアプローチも有効で、場合によっては、あるいは構文解析器によっては有益かもしれない。token.IDENTトークンを囲む「"」を使うこともできるかもしれない。しかし、今回はすでに実装してあるtoken.INT整数トークンの場合を踏襲し、文字列リテラルそのものをトークンの.Literalフィールドに保存することにしよう。

明確になってきたので、そろそろトークンと字句解析器に取りかかろう。これらは最初の章から触っていなかったけれど、問題なくこなせるはずだ。

最初に必要なのは、新しいSTRINGトークンタイプを私たちのtokenパッケージに追加することだ。

```
// token/token.go

const (
// [...]
    STRING = "STRING"
// [...]
)
```

これができたらテストケースを追加し、字句解析器が文字列に適切に対応できているかがわかるようにしよう。そのためには、TestNextTokenテスト関数のinputを拡張するだけでよい。

```
// lexer/lexer_test.go

func TestNextToken(t *testing.T) {
    input := `let five = 5;
let ten = 10;

let add = fn(x, y) {
  x + y;
};

let result = add(five, ten);
!-/*5;
5 < 10 > 5;

if (5 < 10) {
    return true;
} else {
    return false;
}

10 == 10;
10 != 9;
"foobar"
"foo bar"
`

    tests := []struct {
        expectedType    token.TokenType
        expectedLiteral string
    }{
// [...]
        {token.STRING, "foobar"},
        {token.STRING, "foo bar"},
        {token.EOF, ""},
    }
// [...]
}
```

inputに文字列リテラルを含む行が2行追加された。これをトークン列に変換したいんだ。"foobar"は文字列リテラルの字句解析が動作することを確認するためのもの、"foo bar"はリテラルの内部にホワイトスペースが入っても動作することを確認するためのものだ。

もちろんこのテストは失敗する。まだLexerを何も変更していないからだ。

```
$ go test ./lexer
--- FAIL: TestNextToken (0.00s)
  lexer_test.go:122: tests[73] - tokentype wrong. expected="STRING", got="ILLEGAL"
FAIL
```

```
FAIL    monkey/lexer    0.006s
```

このテストを修正するのは、おそらくあなたの予想よりも簡単だ。必要なのは「"」のためのcase分岐をLexerのswitch文に追加することと、小さなヘルパーメソッドを追加することだけだ。

```
// lexer/lexer.go

func (l *Lexer) NextToken() token.Token {
// [...]

    switch l.ch {
// [...]
    case '"':
        tok.Type = token.STRING
        tok.Literal = l.readString()
// [...]
    }

// [...]
}

func (l *Lexer) readString() string {
    position := l.position + 1
    for {
        l.readChar()
        if l.ch == '"' || l.ch == 0 {
            break
        }
    }
    return l.input[position:l.position]
}
```

これらの変更について謎めいたことは本当に何もない。新しいcase分岐とreadStringという名前のヘルパー関数だけだ。この関数は、閉じ二重引用符か入力の最後に至るまでreadCharを呼ぶ。

これが簡単すぎると思うなら、readStringを変更して、入力終端に到達したときに処理を中断するのではなく、エラーを出すようにしてみよう。もしくは、文字のエスケープを実装するのも良いだろう。"hello \"world\""、"hello\n world"、"hello\t\t\tworld"といった文字列リテラルに対応できるようにするんだ。

ともあれ、これでテストは通る。

```
$ go test ./lexer
ok      monkey/lexer    0.006s
```

素晴らしい！　私たちの字句解析器は文字列リテラルをどのように扱えばよいのかを理解した。今度は構文解析器にも教えてあげよう。

4.2.2 文字列の構文解析

構文解析器でtoken.STRINGを文字列リテラルのASTノードへ変換するには、そのノードを定義する必要がある。ありがたいことに、定義はこの上なくシンプルだ。見かけはast.IntegerLiteralとほとんど同じだ。違いは、Valueフィールドに格納するのが今回はint64ではなくstringだという点だ。

```
// ast/ast.go

type StringLiteral struct {
    Token token.Token
    Value string
}

func (sl *StringLiteral) expressionNode()      {}
func (sl *StringLiteral) TokenLiteral() string { return sl.Token.Literal }
func (sl *StringLiteral) String() string       { return sl.Token.Literal }
```

もちろん、文字列リテラルは式であって、文ではない。それらを評価すれば文字列になる。

定義が用意できたので、小さなテストを書いて、構文解析器がtoken.STRINGトークンをどのように扱えばよいか知っていること、*ast.StringLiteralを出力できることを確認できる。

```
// parser/parser_test.go

func TestStringLiteralExpression(t *testing.T) {
    input := `"hello world";`

    l := lexer.New(input)
    p := New(l)
    program := p.ParseProgram()
    checkParserErrors(t, p)

    stmt := program.Statements[0].(*ast.ExpressionStatement)
    literal, ok := stmt.Expression.(*ast.StringLiteral)
    if !ok {
        t.Fatalf("exp not *ast.StringLiteral. got=%T", stmt.Expression)
    }

    if literal.Value != "hello world" {
        t.Errorf("literal.Value not %q. got=%q", "hello world", literal.Value)
    }
}
```

テストを実行すると、お馴染みの構文解析エラーが出る。

```
$ go test ./parser
--- FAIL: TestStringLiteralExpression (0.00s)
  parser_test.go:888: parser has 1 errors
  parser_test.go:890: parser error: "no prefix parse function for STRING found"
FAIL
FAIL    monkey/parser   0.007s
```

これは何度も見てきたので、修正の方法はわかっているはずだ。必要なのはtoken.STRINGトークンのための新しいprefixParseFnを登録することだ。この構文解析関数は*ast.StringLiteralを返す。

```
// parser/parser.go

func New(l *lexer.Lexer) *Parser {
// [...]
    p.registerPrefix(token.STRING, p.parseStringLiteral)
// [...]
}

func (p *Parser) parseStringLiteral() ast.Expression {
    return &ast.StringLiteral{Token: p.curToken, Value: p.curToken.Literal}
}
```

たった3行！　テストを通すのに必要なのはこれが全てだ。

```
$ go test ./parser
ok      monkey/parser   0.007s
```

私たちの字句解析器は文字列リテラルをtoken.STRINGトークンに変換し、構文解析器はそれらを*ast.StringLiteralノードに変換できるようになった。さて、これでオブジェクトシステムと評価器に手を入れる準備は万全だ。

4.2.3　文字列の評価

私たちのオブジェクトシステムにおいて、文字列を表現することは整数を表現するのと同じくらい簡単だ。ここまで簡単な最大の理由はGoのstringデータ型を使い回しているからだ。ホスト言語の組み込みデータ型で表現できないデータ型をゲスト言語に追加するのを想像してみてほしい。例えばCで文字列を実装する場合だ。この場合はずっと多くの作業が必要だ。しかし、ここで私たちがしなければならないのは、文字列を保持する新しいオブジェクトを定義することだけだ。

```
// object/object.go

const (
// [...]
    STRING_OBJ = "STRING"
)

type String struct {
    Value string
}

func (s *String) Type() ObjectType { return STRING_OBJ }
func (s *String) Inspect() string  { return s.Value }
```

今度は私たちの評価器を拡張し、*ast.StringLiteralをobject.Stringオブジェクトに変換できるようにする必要がある。この動作を確認するテストはかなり小さくて済む。

```
// evaluator/evaluator_test.go

func TestStringLiteral(t *testing.T) {
    input := `"Hello World!"`

    evaluated := testEval(input)
    str, ok := evaluated.(*object.String)
    if !ok {
        t.Fatalf("object is not String. got=%T (%+v)", evaluated, evaluated)
    }

    if str.Value != "Hello World!" {
        t.Errorf("String has wrong value. got=%q", str.Value)
    }
}
```

Eval呼び出しはまだ*object.Stringではなく、nilを返す。

```
$ go test ./evaluator
--- FAIL: TestStringLiteral (0.00s)
  evaluator_test.go:317: object is not String. got=<nil> (<nil>)
FAIL
FAIL    monkey/evaluator        0.007s
```

このテストを通すには、構文解析器よりもさらに少ない行で済む。たった2行だ。

```
// evaluator/evaluator.go

func Eval(node ast.Node, env *object.Environment) object.Object {
// [...]

    case *ast.StringLiteral:
        return &object.String{Value: node.Value}

// [...]
}
```

これでテストは通り、REPLで文字列を使用できるようになる。

```
$ go run main.go
Hello mrnugget! This is the Monkey programming language!
Feel free to type in commands
>> "Hello world!"
Hello world!
>> let hello = "Hello there, fellow Monkey users and fans!"
>> hello
Hello there, fellow Monkey users and fans!
>> let giveMeHello = fn() { "Hello!" }
>> giveMeHello()
Hello!
```

これで完全な文字列のサポートが私たちのインタプリタに備わった！ 素晴らしい！ いや、こう言うべきか。

```
>> "This is amazing!"
This is amazing!
```

4.2.4 文字列結合

文字列データ型があるのは素晴らしいことだ。しかし、文字列を使った色々なことはまだできない。できるのは作成だけだ。それを何とかしよう！ この節では、文字列結合を私たちのインタプリタに追加する。「+」中置演算子に文字列オペランドの対応を追加することでそれを実現する。

やりたいことは次のテストで完璧に表現できる。

```
// evaluator/evaluator_test.go

func TestStringConcatenation(t *testing.T) {
    input := `"Hello" + " " + "World!"`

    evaluated := testEval(input)
    str, ok := evaluated.(*object.String)
    if !ok {
        t.Fatalf("object is not String. got=%T (%+v)", evaluated, evaluated)
    }

    if str.Value != "Hello World!" {
        t.Errorf("String has wrong value. got=%q", str.Value)
    }
}
```

TestErrorHandling関数を拡張して、「+」演算子だけに対応を追加していて、それ以外はしていないことを確認することもできる。

```
// evaluator/evaluator_test.go

func TestErrorHandling(t *testing.T) {
    tests := []struct {
        input           string
        expectedMessage string
    }{
// [...]
        {
            `"Hello" - "World"`,
            "unknown operator: STRING - STRING",
        },
// [...]
    }

// [...]
}
```

このテストケースはすでにグリーンであり、実装の指針というよりはどちらかといえば仕様や回帰テストとしての役目を担う。しかし、私たちの文字列連結のテストは失敗している。

```
$ go test ./evaluator
--- FAIL: TestStringConcatenation (0.00s)
  evaluator_test.go:336: object is not String. got=*object.Error\
    (&{Message:unknown operator: STRING + STRING})
FAIL
FAIL    monkey/evaluator        0.007s
```

変更する必要がある場所はevalInfixExpressionだ。ここで既存のswitch文に新しい分岐を追加し、両方のオペランドが文字列の場合に評価されるようにしよう。

```
// evaluator/evaluator.go

func evalInfixExpression(
    operator string,
    left, right object.Object,
) object.Object {
    switch {
// [...]
    case left.Type() == object.STRING_OBJ && right.Type() == object.STRING_OBJ:
        return evalStringInfixExpression(operator, left, right)
// [...]
    }
}
```

evalStringInfixExpressionは可能な限り小さな実装だ。

```
// evaluator/evaluator.go

func evalStringInfixExpression(
    operator string,
    left, right object.Object,
) object.Object {
    if operator != "+" {
        return newError("unknown operator: %s %s %s",
            left.Type(), operator, right.Type())
    }

    leftVal := left.(*object.String).Value
    rightVal := right.(*object.String).Value
    return &object.String{Value: leftVal + rightVal}
}
```

ここで最初にしているのは演算子が正しいかをチェックすることだ。もし、「+」であればサポートしているので、文字列オブジェクトをアンラップし、両方のオペランドを連結してできる新しい文字列を生成する。

もし文字列に対する他の演算子にも対応したいのであれば、ここがそれらを追加する場所だ。「==」

や「!=」を用いた文字列の比較にも対応したい場合も、ここに追加する必要がある。ポインタ比較は文字列の場合にはうまくいかない。少なくとも私たちが期待するような動作はしない。文字列に関しては、ポインタではなく値を比較したい。

そして、これで完了だ。テストは通る。

```
$ go test ./evaluator
ok      monkey/evaluator        0.007s
```

これで文字列リテラルを使ったり、引き回したり、名前を束縛したり、関数から返したり、結合することもできるようになった。

```
>> let makeGreeter = fn(greeting) { fn(name) { greeting + " " + name + "!" } };
>> let hello = makeGreeter("Hello");
>> hello("Thorsten");
Hello Thorsten!
>> let heythere = makeGreeter("Hey there");
>> heythere("Thorsten");
Hey there Thorsten!
```

よし！　文字列は私たちのインタプリタにおいてきちんと動作していると言っていいだろう。しかし、これらを扱うためにまだ追加する余地はある……。

4.3 組み込み関数

この節では、私たちのインタプリタに組み込み関数を追加する。「組み込み」と呼ばれるのは、インタプリタのユーザによって定義されたものではなく、しかもMonkeyで書かれたコードでもないからだ。インタプリタに、言語それ自身に、まさに組み込まれているんだ。

これらの組み込み関数は私たちによってGoで定義され、Monkeyの世界とインタプリタ実装の世界を橋渡しする。多くの言語実装において、そのような関数はユーザにその言語の「内側」では提供されていないような機能を提供する。

例を示そう。例えば、現在の時刻を返す関数がそうだ。現在の時刻を取得するためには、カーネル（もしくは他の計算機など）に問い合わせる必要がある。カーネルとのやり取りは通常システムコールと呼ばれるものを経由して行われる。しかし、プログラミング言語がユーザ自身にそのようなシステムコールを発行することを許さない場合もある。その場合は、言語実装、すなわちコンパイラやインタプリタがユーザの代わりにシステムコールを発行できるような何らかの仕組みを提供する必要がある。

というわけで、もう一度言うと、これから追加しようとしている組み込み関数は私たちインタプリタ実装者によって定義される。インタプリタのユーザはそれらを呼び出すことができる。しかし、定義するのは私たちだ。これらの関数に何ができるかは、私たちに委ねられている。それらに課される制約は、0個以上の`object.Object`を引数として受け取ることと、`object.Object`を1つ返すことだけだ。

```
// object/object.go

type BuiltinFunction func(args ...Object) Object
```

これはGoからは呼び出し可能な関数の型定義だ。しかし、これらのBuiltinFunctionをインタプリタのユーザから利用可能にするため、私たちのオブジェクトシステムと整合させる必要がある。ラップすることによってこれを行う。

```
// object/object.go

const (
// [...]
    BUILTIN_OBJ = "BUILTIN"
)

type Builtin struct {
    Fn BuiltinFunction
}

func (b *Builtin) Type() ObjectType { return BUILTIN_OBJ }
func (b *Builtin) Inspect() string  { return "builtin function" }
```

見ての通り、object.Builtinも大したことはない。見るからにただのラッパーだ。しかし、object.BuiltinFunctionと組み合わせれば、始めるにあたっては十分だ。

4.3.1 len

私たちのインタプリタに追加する最初の組み込み関数はlenだ。この関数の仕事は、文字列の中に含まれる文字の数を返すことだ。この関数をMonkeyのユーザとして実装することはできない。そのため、この関数は組み込み関数にする必要がある。lenに期待することは次の通りだ。

```
>> len("Hello World!")
12
>> len("")
0
>> len("Hey Bob, how ya doin?")
21
```

これでlenの背景にある考え方がかなり明確になったと思う。実際、あまりに明確なので、そのテストも簡単に書ける。

```
// evaluator/evaluator_test.go

func TestBuiltinFunctions(t *testing.T) {
    tests := []struct {
        input    string
        expected interface{}
    }{
```

```
        {`len("")`, 0},
        {`len("four")`, 4},
        {`len("hello world")`, 11},
        {`len(1)`, "argument to `len` not supported, got INTEGER"},
        {`len("one", "two")`, "wrong number of arguments. got=2, want=1"},
    }

    for _, tt := range tests {
        evaluated := testEval(tt.input)

        switch expected := tt.expected.(type) {
        case int:
            testIntegerObject(t, evaluated, int64(expected))
        case string:
            errObj, ok := evaluated.(*object.Error)
            if !ok {
                t.Errorf("object is not Error. got=%T (%+v)",
                    evaluated, evaluated)
                continue
            }
            if errObj.Message != expected {
                t.Errorf("wrong error message. expected=%q, got=%q",
                    expected, errObj.Message)
            }
        }
    }
}
```

さて、lenの機能を確認する複数のテストケースを用意した。空文字列の場合、通常の文字列の場合、ホワイトスペースを含む文字列の場合だ。実際には、文字列中に空文字が含まるかどうかが影響を与えるべきではない。しかし、これは自明ではないだろうから、このテストケースを含めておいた。最後の2つのテストケースはさらに興味深い。整数を伴って呼び出された場合や、引数の数が誤っている場合にlenが*object.Errorを返すことを確認する。

もしこれらのテストを実行すれば、len呼び出しがエラーを返すことがわかる。しかし、このエラーは私たちがテストケースに期待しているものではない。

```
$ go test ./evaluator
--- FAIL: TestBuiltinFunctions (0.00s)
  evaluator_test.go:389: object is not Integer. got=*object.Error\
    (&{Message:identifier not found: len})
  evaluator_test.go:389: object is not Integer. got=*object.Error\
    (&{Message:identifier not found: len})
  evaluator_test.go:389: object is not Integer. got=*object.Error\
    (&{Message:identifier not found: len})
  evaluator_test.go:371: wrong error message.\
    expected="argument to `len` not supported, got INTEGER",\
    got="identifier not found: len"
FAIL
FAIL    monkey/evaluator        0.007s
```

lenが見つからない。しかし、まだ私たちがそれを定義していないことを考えれば、これはさほど難解ではない。

最初にしなければならないのは、組み込み関数を発見できるようにする方法を提供することだ。1つの選択肢は、それらをトップレベルのobject.Environmentに追加することだ。そうすればEvalに渡される。しかし、そうではなく、ここでは組み込み関数のための別の環境を保持することにしよう。

```
// evaluator/builtins.go

package evaluator

import "monkey/object"

var builtins = map[string]*object.Builtin{
    "len": &object.Builtin{
        Fn: func(args ...object.Object) object.Object {
            return NULL
        },
    },
}
```

これを利用するには、evalIdentifier関数を編集し、与えられた識別子が現在の環境で値に束縛されていない場合に、フォールバックして組み込み関数を探すようにする必要がある。

```
// evaluator/evaluator.go

func evalIdentifier(
    node *ast.Identifier,
    env *object.Environment,
) object.Object {
    if val, ok := env.Get(node.Value); ok {
        return val
    }

    if builtin, ok := builtins[node.Value]; ok {
        return builtin
    }

    return newError("identifier not found: " + node.Value)
}
```

さて、これでlen識別子を検索するとlenが見つかるようになった。しかし、呼び出しはまだうまくいかない。

```
$ go run main.go
Hello mrnugget! This is the Monkey programming language!
Feel free to type in commands
>> len()
ERROR: not a function: BUILTIN
>>
```

テストを実行しても同じエラーが発生する。applyFunction関数に*object.Builtinとobject.BuiltinFunctionについて教える必要がある。

```
// evaluator/evaluator.go

func applyFunction(fn object.Object, args []object.Object) object.Object {
    switch fn := fn.(type) {

    case *object.Function:
        extendedEnv := extendFunctionEnv(fn, args)
        evaluated := Eval(fn.Body, extendedEnv)
        return unwrapReturnValue(evaluated)

    case *object.Builtin:
        return fn.Fn(args...)

    default:
        return newError("not a function: %s", fn.Type())
    }
}
```

既存の行を移動したことを除くと、ここで行った変更はcase *object.Builtin分岐を追加したことだ。この中でobject.BuiltinFunctionを呼ぶ。argsスライスを引数として使ってその関数を呼び出すだけでよいので簡単だ。

注目すべきなのは、組み込み関数を呼び出すときはunwrapReturnValueが必要ない点だ。なぜかというと、これらの関数は決して*object.ReturnValueを返さないからだ。

これでテストはlenを呼び出したときにNULLが返ったというエラーを期待通りに返す。

```
$ go test ./evaluator
--- FAIL: TestBuiltinFunctions (0.00s)
  evaluator_test.go:389: object is not Integer. got=*object.Null (&{})
  evaluator_test.go:389: object is not Integer. got=*object.Null (&{})
  evaluator_test.go:389: object is not Integer. got=*object.Null (&{})
  evaluator_test.go:366: object is not Error. got=*object.Null (&{})
  evaluator_test.go:366: object is not Error. got=*object.Null (&{})
FAIL
FAIL    monkey/evaluator        0.007s
```

これはlenの呼び出し自体はうまくいっていることを意味している！ それがNULLを返しているわけだ。これを修正するのは、他のGoの関数を書くのと同じくらい簡単だ。

```
// evaluator/builtins.go

import (
    "monkey/object"
)

var builtins = map[string]*object.Builtin{
```

```
    "len": &object.Builtin{
        Fn: func(args ...object.Object) object.Object {
            if len(args) != 1 {
                return newError("wrong number of arguments. got=%d, want=1",
                    len(args))
            }

            switch arg := args[0].(type) {
            case *object.String:
                return &object.Integer{Value: int64(len(arg.Value))}
            default:
                return newError("argument to `len` not supported, got %s",
                    args[0].Type())
            }
        },
    },
}
```

この関数の最も重要な部分は、Goのlenの呼び出しと、新しく割り当てたobject.Integerを返すところだ。それを除けば、引数の数が誤っている場合や、対応していない型の引数を渡した場合に、この関数を呼び出せないことを確認するためのエラーチェックだ。そして、テストが通る。

```
$ go test ./evaluator
ok      monkey/evaluator        0.007s
```

これでlenをREPLで試運転できる。

```
$ go run main.go
Hello mrnugget! This is the Monkey programming language!
Feel free to type in commands
>> len("1234")
4
>> len("Hello World!")
12
>> len("Woooooohooo!", "len works!!")
ERROR: wrong number of arguments. got=2, want=1
>> len(12345)
ERROR: argument to `len` not supported, got INTEGER
```

完璧だ！　私たちの最初の組み込み関数が動作した。準備万端だ。

4.4 配列

この節でMonkeyインタプリタに追加するのは、配列だ。Monkeyにおける配列は、異なる型をとりうる要素の順序リストだ。配列のそれぞれの要素には個別にアクセスできる。配列はそのリテラル形式を用いて生成できる。カンマ区切りの要素のリストで、角括弧で括られる形式だ。

新しい配列を初期化し、名前を束縛し、個々の要素にアクセスするには次のようにする。

```
>> let myArray = ["Thorsten", "Ball", 28, fn(x) { x * x }];
>> myArray[0]
Thorsten
>> myArray[2]
28
>> myArray[3](2);
4
```

見ての通り、Monkeyの配列は要素の型が本当に何であっても構わない。Monkeyにおいて可能な全ての値が配列の要素になりうる。この例ではmyArrayが2つの文字列と整数、関数を保持する。

添字を用いて配列の個別の要素にアクセスするには、後ろ3行にあるように、新しい演算子を用いて行う。これは添字演算子と呼ばれ、array[index]という形で使う。

この節ではまた、追加したばかりのlen関数にも配列の対応を追加する。そして、配列を扱う組み込み関数もいくつか追加する。

```
>> let myArray = ["one", "two", "three"];
>> len(myArray)
3
>> first(myArray)
one
>> rest(myArray)
[two, three]
>> last(myArray)
three
>> push(myArray, "four")
[one, two, three, four]
```

Monkeyの配列を私たちのインタプリタに実装する際に基礎になるのは、[]object.Objectという型のGoのスライスだ。つまり、新たなデータ構造を実装する必要はない。Goのスライスを使い回すだけでよい。

よし、いい感じだ。そして最初にしなければならないのは、字句解析器に数個の新しいトークンを追加することだ。

4.4.1 字句解析器で配列に対応する

配列リテラルと添字演算子を正しく構文解析するためには、字句解析器が識別できるトークンを追加する必要がある。Monkeyの配列を生成し、利用するのに必要なトークンは、全部で「[」、「]」、「,」だ。私たちの字句解析器はすでに「,」を知っているので、追加で対応する必要があるのは「[」と「]」だ。

最初のステップはこれらの新しいトークンタイプをtokenパッケージに追加することだ。

```
// token/token.go

const (
// [...]
```

```
    LBRACKET = "["
    RBRACKET = "]"

// [...]
)
```

2番目のステップは、字句解析器のテストスイートを拡張することだ。以前に何度もやっているので、これは簡単だ。

```
// lexer/lexer_test.go

func TestNextToken(t *testing.T) {
    input := `let five = 5;
let ten = 10;

let add = fn(x, y) {
  x + y;
};

let result = add(five, ten);
!-/*5;
5 < 10 > 5;

if (5 < 10) {
    return true;
} else {
    return false;
}

10 == 10;
10 != 9;
"foobar"
"foo bar"
[1, 2];
`

    tests := []struct {
        expectedType    token.TokenType
        expectedLiteral string
    }{
// [...]
        {token.LBRACKET, "["},
        {token.INT, "1"},
        {token.COMMA, ","},
        {token.INT, "2"},
        {token.RBRACKET, "]"},
        {token.SEMICOLON, ";"},
        {token.EOF, ""},
    }
// [...]
}
```

今回もinputを拡張し、新しいトークン（ここでは[1, 2]）を追加した。また、字句解析器のNextTokenメソッドが確かにtoken.LBRACKETとtoken.RBRACKETを返すことを確認するため、tests内に新しいテストを追加した。

このテストが通るようにするには、次の4行をNextToken()メソッドに追加するだけでよい。そう、たった4行だ。

```
// lexer/lexer.go

func (l *Lexer) NextToken() token.Token {
// [...]

    case '[':
        tok = newToken(token.LBRACKET, l.ch)
    case ']':
        tok = newToken(token.RBRACKET, l.ch)

// [...]
}
```

よし！ テストは通る。

```
$ go test ./lexer
ok      monkey/lexer    0.006s
```

構文解析器でtoken.LBRACKETとtoken.RBRACKETを使って配列を構文解析しよう。

4.4.2 配列リテラルの構文解析

先ほど確認したように、Monkeyの配列リテラルは開き角括弧と閉じ角括弧に括られたカンマ区切りの式のリストだ。

```
[1, 2, 3 + 3, fn(x) { x }, add(2, 2)]
```

そう、配列リテラルの要素はどんな型の式でもよい。整数リテラル、関数リテラル、中置式あるいは前置式。

複雑そうに聞こえても心配はいらない。私たちはすでにカンマ区切りの式のリストを構文解析する方法を知っている。関数呼び出しの引数がまさにそれだ。そして、対応するトークンに括られるものを構文解析する方法も知っている。そうとわかれば、やってみよう！

最初にすべきことは、配列リテラルのためのASTノードを定義することだ。このための基本的な部品はすでに実装してあるので、定義は一目瞭然だ。

```
// ast/ast.go

type ArrayLiteral struct {
    Token    token.Token // '[' トークン
```

```
    Elements []Expression
}

func (al *ArrayLiteral) expressionNode()      {}
func (al *ArrayLiteral) TokenLiteral() string { return al.Token.Literal }
func (al *ArrayLiteral) String() string {
    var out bytes.Buffer

    elements := []string{}
    for _, el := range al.Elements {
        elements = append(elements, el.String())
    }

    out.WriteString("[")
    out.WriteString(strings.Join(elements, ", "))
    out.WriteString("]")

    return out.String()
}
```

次のテスト関数は、配列リテラルを構文解析した結果が`*ast.ArrayLiteral`として返されることを確認する。(空の配列リテラルのためのテストケースも追加し、厄介なエッジケースに巻き込まれないようにしておく。)

```
// parser/parser_test.go

func TestParsingArrayLiterals(t *testing.T) {
    input := "[1, 2 * 2, 3 + 3]"

    l := lexer.New(input)
    p := New(l)
    program := p.ParseProgram()
    checkParserErrors(t, p)

    stmt, ok := program.Statements[0].(*ast.ExpressionStatement)
    array, ok := stmt.Expression.(*ast.ArrayLiteral)
    if !ok {
        t.Fatalf("exp not ast.ArrayLiteral. got=%T", stmt.Expression)
    }

    if len(array.Elements) != 3 {
        t.Fatalf("len(array.Elements) not 3. got=%d", len(array.Elements))
    }

    testIntegerLiteral(t, array.Elements[0], 1)
    testInfixExpression(t, array.Elements[1], 2, "*", 2)
    testInfixExpression(t, array.Elements[2], 3, "+", 3)
}
```

式の構文解析が間違いなく動作することを確かめるために、テスト入力には念を入れて2つの中置演算子式を含めた。実際には整数リテラルや真偽値リテラルでも十分ではある。テストの残りの部分はかなり退屈で、構文解析器が実際に正しい数の要素を含む*ast.ArrayLiteralを返すかを検証するだけだ。

このテストを通すには、新しいprefixParseFn関数を構文解析器に登録する必要がある。配列リテラルの開き角括弧token.LBRACKETは前置の位置だからだ。

```
// parser/parser.go

func New(l *lexer.Lexer) *Parser {
// [...]

    p.registerPrefix(token.LBRACKET, p.parseArrayLiteral)

// [...]
}

func (p *Parser) parseArrayLiteral() ast.Expression {
    array := &ast.ArrayLiteral{Token: p.curToken}

    array.Elements = p.parseExpressionList(token.RBRACKET)

    return array
}
```

以前にもprefixParseFnを追加したことがあるので、この部分はあまり面白いものでもない。ここで面白いのは、新しいparseExpressionListという名前のメソッドだ。このメソッドは、以前parseCallExpressionでカンマ区切りの引数リストを構文解析するために使ったparseCallArgumentsを変更し、一般化したバージョンだ。

```
// parser/parser.go

func (p *Parser) parseExpressionList(end token.TokenType) []ast.Expression {
    list := []ast.Expression{}

    if p.peekTokenIs(end) {
        p.nextToken()
        return list
    }

    p.nextToken()
    list = append(list, p.parseExpression(LOWEST))

    for p.peekTokenIs(token.COMMA) {
        p.nextToken()
        p.nextToken()
        list = append(list, p.parseExpression(LOWEST))
    }

    if !p.expectPeek(end) {
        return nil
```

```
    }

    return list
}
```

繰り返しになるが、これは以前parseCallArgumentsという名前だったものだ。唯一の変更は、新しいバージョンがendパラメータを受け取る点だ。このパラメータを用いて、どのトークンがリストの終端を表すかをメソッドに伝える。以前parseCallArgumentsで使ったparseCallExpressionの更新版は次のようになる。

```
// parser/parser.go

func (p *Parser) parseCallExpression(function ast.Expression) ast.Expression {
    exp := &ast.CallExpression{Token: p.curToken, Function: function}
    exp.Arguments = p.parseExpressionList(token.RPAREN)
    return exp
}
```

変更はparseExpressionList呼び出しにtoken.RPARENを渡している点だけだ（これが引数リストの終端を表す）。数行変更するだけで比較的大きなメソッドを使い回すことができた。素晴らしい！　最も素晴らしいのは何だと思う？　テストが通るんだ。

```
$ go test ./parser
ok      monkey/parser   0.007s
```

これで「配列リテラルの構文解析」に「完了」の印を付けることができる。

4.4.3 添字演算子式の構文解析

Monkeyにおいて配列を完全にサポートするには、配列リテラルだけでなく添字演算子式も構文解析できる必要がある。「添字演算子」と言われても何のことか心当たりがないかもしれない。しかし、あなたは間違いなくそれが何かを知っているはずだ。添字演算子は次のようなものだ。

```
myArray[0];
myArray[1];
myArray[2];
```

これは基本的な形式だ。しかし、他にも色々ある。これら全ての背後にある構造を探り当てるため、次の例を見てみよう。

```
[1, 2, 3, 4][2];

let myArray = [1, 2, 3, 4];
myArray[2];

myArray[2 + 1];
```

```
returnsArray()[1];
```

そう、もうおわかりだろう。基本的な構造はこうだ。

```
<expression>[<expression>]
```

これは十分にシンプルそうだ。これで新しいASTノードを定義できる。名前はast.IndexExpressionで、この構造を反映している。

```
// ast/ast.go

type IndexExpression struct {
    Token token.Token // '[' トークン
    Left  Expression
    Index Expression
}

func (ie *IndexExpression) expressionNode()      {}
func (ie *IndexExpression) TokenLiteral() string { return ie.Token.Literal }
func (ie *IndexExpression) String() string {
    var out bytes.Buffer

    out.WriteString("(")
    out.WriteString(ie.Left.String())
    out.WriteString("[")
    out.WriteString(ie.Index.String())
    out.WriteString("])")

    return out.String()
}
```

LeftとIndexはどちらも単にExpressionであることに気をつけてほしい。Leftはアクセスされるオブジェクトで、識別子、配列リテラル、関数呼び出しと、いかなる型もありうる。Indexも同様だ。いかなる式もありうる。文法的にはどれでもよいものの、意味論的には整数を生成しなければならない。

LeftとIndexはいずれも式であるおかげで構文解析プロセスはさらに簡単になる。parseExpressionメソッドを使って構文解析できるからだ。ともあれ、大事なことから取りかかろう！　私たちの構文解析器が*ast.IndexExpressionを返す方法を知っていることを確かめるテストケースはこうだ。

```
// parser/parser_test.go

func TestParsingIndexExpressions(t *testing.T) {
    input := "myArray[1 + 1]"

    l := lexer.New(input)
    p := New(l)
    program := p.ParseProgram()
    checkParserErrors(t, p)
```

```
    stmt, ok := program.Statements[0].(*ast.ExpressionStatement)
    indexExp, ok := stmt.Expression.(*ast.IndexExpression)
    if !ok {
        t.Fatalf("exp not *ast.IndexExpression. got=%T", stmt.Expression)
    }

    if !testIdentifier(t, indexExp.Left, "myArray") {
        return
    }

    if !testInfixExpression(t, indexExp.Index, 1, "+", 1) {
        return
    }
}
```

今のところ、このテストが検証しているのは、構文解析器が添字式を含む単一の式文に対して正しいASTを出力することだけだ。しかし、それと同じくらい重要なのは、構文解析器が添字演算子の優先順位を正しく扱うことだ。添字演算子は他の全ての演算子より高い優先度を持たなければならない。これを確認するには、既存のTestOperatorPrecedenceParsingテスト関数を拡張するだけでよい。

```
// parser/parser_test.go

func TestOperatorPrecedenceParsing(t *testing.T) {
    tests := []struct {
        input    string
        expected string
    }{
// [...]
        {
            "a * [1, 2, 3, 4][b * c] * d",
            "((a * ([1, 2, 3, 4][(b * c)])) * d)",
        },
        {
            "add(a * b[2], b[1], 2 * [1, 2][1])",
            "add((a * (b[2])), (b[1]), (2 * ([1, 2][1])))",
        },
    }
// [...]
}
```

ast.IndexExpressionのString()出力に「(」と「)」を追加しておいたので、これらのテストを書くのに役立つ。添字演算子の優先順位が目に見えるようになっているんだ。追加したこれらのテストケースでは、添字演算子の優先順位が、呼び出し式のみならず中置式の「」演算子よりも高いことを期待している。

これらのテストは失敗する。構文解析器は添字式についてまだ何も知らないからだ。

```
$ go test ./parser
--- FAIL: TestOperatorPrecedenceParsing (0.00s)
```

```
  parser_test.go:393: expected="((a * ([1, 2, 3, 4][(b * c)])) * d)",\
    got="(a * [1, 2, 3, 4])([(b * c)] * d)"
  parser_test.go:968: parser has 4 errors
  parser_test.go:970: parser error: "expected next token to be ), got [ instead"
  parser_test.go:970: parser error: "no prefix parse function for , found"
  parser_test.go:970: parser error: "no prefix parse function for , found"
  parser_test.go:970: parser error: "no prefix parse function for ) found"
--- FAIL: TestParsingIndexExpressions (0.00s)
  parser_test.go:835: exp not *ast.IndexExpression. got=*ast.Identifier
FAIL
FAIL    monkey/parser   0.007s
```

テストはprefixParseFnがないことについて文句を言っているけれど、私たちが必要としているのはinfixParseFnだ。いや、そうなんだ。実際には添字演算子式は両側のオペランドの間に演算子を1つ持つものというわけではない。しかし、面倒なことを避けて構文解析するには、まるでそうであるかのように扱った方が楽だ。具体的には、呼び出し式でやったのと同様に、myArray[0]における「[」を中置演算子として扱い、myArrayを左のオペランド、0を右のオペランドとして扱う。

こうすると、私たちの構文解析器のなかに実装が本当にぴったりと納まるんだ。

```go
// parser/parser.go

func New(l *lexer.Lexer) *Parser {
// [...]

    p.registerInfix(token.LBRACKET, p.parseIndexExpression)

// [...]
}

func (p *Parser) parseIndexExpression(left ast.Expression) ast.Expression {
    exp := &ast.IndexExpression{Token: p.curToken, Left: left}

    p.nextToken()
    exp.Index = p.parseExpression(LOWEST)

    if !p.expectPeek(token.RBRACKET) {
        return nil
    }

    return exp
}
```

すっきりした。しかし、これではテストは通らない。

```
$ go test ./parser
--- FAIL: TestOperatorPrecedenceParsing (0.00s)
  parser_test.go:393: expected="((a * ([1, 2, 3, 4][(b * c)])) * d)",\
    got="(a * [1, 2, 3, 4])([(b * c)] * d)"
  parser_test.go:968: parser has 4 errors
```

```
  parser_test.go:970: parser error: "expected next token to be ), got [ instead"
  parser_test.go:970: parser error: "no prefix parse function for , found"
  parser_test.go:970: parser error: "no prefix parse function for , found"
  parser_test.go:970: parser error: "no prefix parse function for ) found"
--- FAIL: TestParsingIndexExpressions (0.00s)
  parser_test.go:835: exp not *ast.IndexExpression. got=*ast.Identifier
FAIL
FAIL    monkey/parser   0.008s
```

この理由は、私たちのPratt構文解析器が優先順位という考え方の上に成り立っているにもかかわらず、私たちはその添字演算子の優先順位をまだ定義していないからだ。

```
// parser/parser.go
const (
    _ int = iota
// [...]
    INDEX       // array[index]
)

var precedences = map[token.TokenType]int{
// [...]
    token.LBRACKET: INDEX,
}
```

重要なのは、INDEXの定義がconstブロックの最後の行にあることだ。こうすることで、定義されている優先順位の中で最も高い値をINDEXに与えることができる。これはiotaの働きのおかげだ。precedencesに追加されたこのエントリは、全ての中で最も高いこの優先順位であるINDEXをtoken.LBRACKETに与える。そして、ほら、これが素晴らしい仕事をする。

```
$ go test ./parser
ok      monkey/parser   0.007s
```

字句解析器が完了し、構文解析器も完了だ。評価器でまた会おう！

4.4.4 配列リテラルの評価

配列リテラルを評価するのは難しくない。GoのスライスをMonkeyに対応させることで、かなり、相当快適に進める。新しいデータ型を実装する必要はない。必要なのは、新たにobject.Array型を定義することだけだ。これは配列リテラルを評価した際に生成されるものだ。そして、object.Arrayの定義はシンプルだ。なぜなら、Monkeyにおける配列がシンプルだからだ。それらはオブジェクトのリストにすぎない。

```
// object/object.go

const (
// [...]
    ARRAY_OBJ = "ARRAY"
```

```
)

type Array struct {
    Elements []Object
}

func (ao *Array) Type() ObjectType { return ARRAY_OBJ }
func (ao *Array) Inspect() string {
    var out bytes.Buffer

    elements := []string{}
    for _, e := range ao.Elements {
        elements = append(elements, e.Inspect())
    }

    out.WriteString("[")
    out.WriteString(strings.Join(elements, ", "))
    out.WriteString("]")

    return out.String()
}
```

この定義で一番複雑なのはInspectメソッドだということに同意してもらえるだろう。それでもかなり理解しやすい。

配列リテラルのための評価器のテストは次の通りだ。

```
// evaluator/evaluator_test.go

func TestArrayLiterals(t *testing.T) {
    input := "[1, 2 * 2, 3 + 3]"

    evaluated := testEval(input)
    result, ok := evaluated.(*object.Array)
    if !ok {
        t.Fatalf("object is not Array. got=%T (%+v)", evaluated, evaluated)
    }

    if len(result.Elements) != 3 {
        t.Fatalf("array has wrong num of elements. got=%d",
            len(result.Elements))
    }

    testIntegerObject(t, result.Elements[0], 1)
    testIntegerObject(t, result.Elements[1], 4)
    testIntegerObject(t, result.Elements[2], 6)
}
```

このテストを通すために、既存のコードをいくつか再利用できる。ちょうど構文解析器でやったのと同様だ。ここでも、元々は呼び出し式のために書いたコードを使う。*ast.ArrayLiteralを評価し、配列オブジェクトを生成するcaseは次のようになる。

```
// evaluator/evaluator.go

func Eval(node ast.Node, env *object.Environment) object.Object {
// [...]

    case *ast.ArrayLiteral:
        elements := evalExpressions(node.Elements, env)
        if len(elements) == 1 && isError(elements[0]) {
            return elements[0]
        }
        return &object.Array{Elements: elements}
    }

// [...]
}
```

これこそプログラミングにおける大いなる歓びの1つではないか？　過剰な一般化で既存のコードをオーバースペックな宇宙船にしてしまうのではなく、うまく使い回すんだ。

テストは通るし、REPLを使って配列リテラルから配列を生成することもできる。

```
$ go run main.go
Hello mrnugget! This is the Monkey programming language!
Feel free to type in commands
>> [1, 2, 3, 4]
[1, 2, 3, 4]
>> let double = fn(x) { x * 2 };
>> [1, double(2), 3 * 3, 4 - 3]
[1, 4, 9, 1]
>>
```

いい感じだ。しかし、添字演算子を使って配列の個々の要素にアクセスすることはまだできない。

4.4.5 添字演算子式の評価

ここで素晴らしいニュースがある。添字式を評価するよりもはるかに難しいのが、構文解析だ。そしてそれはもう終わっている。唯一残されている問題は、配列の要素にアクセスしたり、取得したりする際のoff-by-oneエラーが起こりうることだ。しかし、これにはテストスイートにいくつかテストを追加して対処しよう。

```
// evaluator/evaluator_test.go

func TestArrayIndexExpressions(t *testing.T) {
    tests := []struct {
        input    string
        expected interface{}
    }{
        {
            "[1, 2, 3][0]",
            1,
```

```
        },
        {
            "[1, 2, 3][1]",
            2,
        },
        {
            "[1, 2, 3][2]",
            3,
        },
        {
            "let i = 0; [1][i];",
            1,
        },
        {
            "[1, 2, 3][1 + 1];",
            3,
        },
        {
            "let myArray = [1, 2, 3]; myArray[2];",
            3,
        },
        {
            "let myArray = [1, 2, 3]; myArray[0] + myArray[1] + myArray[2];",
            6,
        },
        {
            "let myArray = [1, 2, 3]; let i = myArray[0]; myArray[i]",
            2,
        },
        {
            "[1, 2, 3][3]",
            nil,
        },
        {
            "[1, 2, 3][-1]",
            nil,
        },
    }

    for _, tt := range tests {
        evaluated := testEval(tt.input)
        integer, ok := tt.expected.(int)
        if ok {
            testIntegerObject(t, evaluated, int64(integer))
        } else {
            testNullObject(t, evaluated)
        }
    }
}
```

確かに、やり過ぎに見えるかもしれない。それは認めよう。ここでテストしていることの多くは、すでに他の場所でも暗黙的にテストされている。しかし、これらのテストケースは簡単に書けるんだ。それにとても読みやすい。私はこういうテストが大好きだ。

これらのテストが規定している、期待される動作に注目しよう。まだ話題にしていないことも含まれている。配列の境界外の添字を使った場合に、NULLを返すことだ。言語によっては、このような場合にエラーを返すものもあるし、nullを返すものもある。私はNULLを返す方を選んだ。

想定通りテストは失敗している。それだけでなく、派手に落ちる。

```
$ go test ./evaluator
--- FAIL: TestArrayIndexExpressions (0.00s)
  evaluator_test.go:492: object is not Integer. got=<nil> (<nil>)
  evaluator_test.go:492: object is not Integer. got=<nil> (<nil>)
  evaluator_test.go:492: object is not Integer. got=<nil> (<nil>)
  evaluator_test.go:492: object is not Integer. got=<nil> (<nil>)
  evaluator_test.go:492: object is not Integer. got=<nil> (<nil>)
  evaluator_test.go:492: object is not Integer. got=<nil> (<nil>)
panic: runtime error: invalid memory address or nil pointer dereference
[signal SIGSEGV: segmentation violation code=0x1 addr=0x28 pc=0x70057]
[redacted: backtrace here]
FAIL    monkey/evaluator        0.011s
```

さて、どうやってこれを修正して添字式を評価すればよいだろうか？　ここまで見てきた通り、添字演算子の左オペランドは任意の式をとるし、添字自体も任意の式をとる。だから、私たちは「インデクシング」自体よりも前にその両者を評価する必要があるんだ。

*ast.IndexExpressionのためのcase分岐は次のようになる。これは期待通りのEval呼び出しを行う。

```
// evaluator/evaluator.go

func Eval(node ast.Node, env *object.Environment) object.Object {
// [...]

    case *ast.IndexExpression:
        left := Eval(node.Left, env)
        if isError(left) {
            return left
        }
        index := Eval(node.Index, env)
        if isError(index) {
            return index
        }
        return evalIndexExpression(left, index)

// [...]
}
```

これが利用するevalIndexExpression関数は次の通りだ。

```
// evaluator/evaluator.go

func evalIndexExpression(left, index object.Object) object.Object {
    switch {
    case left.Type() == object.ARRAY_OBJ && index.Type() == object.INTEGER_OBJ:
        return evalArrayIndexExpression(left, index)
    default:
        return newError("index operator not supported: %s", left.Type())
    }
}
```

このswitch文にはcaseが1つしかないから、if文でも済みそうなものだろう。でも、ここには後で他のcase分岐を追加する予定なんだ。エラー処理を除けば（このためのテストも後ほど追加する）、この関数には面白いことは特に何もない。添字操作の核心はevalArrayIndexExpressionにある。

```
// evaluator/evaluator.go

func evalArrayIndexExpression(array, index object.Object) object.Object {
    arrayObject := array.(*object.Array)
    idx := index.(*object.Integer).Value
    max := int64(len(arrayObject.Elements) - 1)

    if idx < 0 || idx > max {
        return NULL
    }

    return arrayObject.Elements[idx]
}
```

ここで指定された添字に対応する要素を配列から実際に取得する。ちょっとした型アサーションと変換を除けば、この関数はかなり単純だ。添字が範囲外かを確認し、そうであればNULLを返す。そうでなければ、要求された要素を返す。テストで規定した通りだ。そしてこのテストは通る。

```
$ go test ./evaluator
ok      monkey/evaluator        0.007s
```

よし、深呼吸して、リラックスしてからこれを見てほしい。

```
$ go run main.go
Hello mrnugget! This is the Monkey programming language!
Feel free to type in commands
>> let a = [1, 2 * 2, 10 - 5, 8 / 2];
>> a[0]
1
>> a[1]
4
>> a[5 - 3]
5
>> a[99]
null
```

配列からの要素取得が動いた！　私はまたここでも言わずにはいられない。これほどの言語機能をこんなに簡単に実装できるとは、なんて素晴らしいんだ！

4.4.6 配列のための組み込み関数を追加する

配列リテラルを使って、配列を生成できるようになった。添字式を使って、個々の要素にアクセスすることもできるようになった。これらの2つはそれだけでもかなり便利なものだ。しかし、より使いやすくするためには、いくつか組み込み関数を追加する必要がある。配列を扱うのをより便利にする関数だ。この項ではそれを行う。

ここではテストコードやテストケースを一切示さないつもりだ。理由は、それらのテストが紙面を消費するわりには何ら新しいものをもたらさないからだ。組み込み関数をテストするための「フレームワーク」はすでにTestBuiltinFunctionsにあるので、新しいテストを追加するのはこれまでと同様の流れでできる。ソースコードのアーカイブにはそれらが含まれている。

私たちの目標は新しい組み込み関数を追加することだ。とはいえ、まずは新しいものを追加するのではなく、既存の関数を変更することからだ。lenに配列への対応を追加する必要がある。これまでは文字列にしか対応していなかった。

```
// evaluator/builtins.go

var builtins = map[string]*object.Builtin{
    "len": &object.Builtin{
        Fn: func(args ...object.Object) object.Object {
            if len(args) != 1 {
                return newError("wrong number of arguments. got=%d, want=1",
                    len(args))
            }

            switch arg := args[0].(type) {
            case *object.Array:
                return &object.Integer{Value: int64(len(arg.Elements))}
            case *object.String:
                return &object.Integer{Value: int64(len(arg.Value))}
            default:
                return newError("argument to `len` not supported, got %s",
                    args[0].Type())
            }
        },
    },
}
```

変更したのは*object.Arrayのためのcase分岐を追加した点だけだ。さて、これができれば新しい関数を追加する準備は万端だ。

最初に実装する新しい組み込み関数はfirstだ。firstは与えられた配列の最初の要素を返す。そう、myArray[0]はこれと同じ動作をする。しかし、firstの方が間違いなくしっくりくる。その実装をお見せしよう。

```
// evaluator/builtins.go

var builtins = map[string]*object.Builtin{
// [...]

    "first": &object.Builtin{
        Fn: func(args ...object.Object) object.Object {
            if len(args) != 1 {
                return newError("wrong number of arguments. got=%d, want=1",
                    len(args))
            }
            if args[0].Type() != object.ARRAY_OBJ {
                return newError("argument to `first` must be ARRAY, got %s",
                    args[0].Type())
            }

            arr := args[0].(*object.Array)
            if len(arr.Elements) > 0 {
                return arr.Elements[0]
            }

            return NULL
        },
    },
}
```

素晴らしい！ 動いた！ ではfirstの後に来るのは何だろう？ そうだ、次に実装する関数はlastという名前だ。

lastの目的は与えられた配列の最後の要素を返すことだ。添字演算子でいうとmyArray[len(myArray)-1]だ。そして、そうとわかればlastを実装するのもfirstと同じく簡単だ。難しいわけがないよね？ 次の通りだ。

```
// evaluator/builtins.go

var builtins = map[string]*object.Builtin{
// [...]

    "last": &object.Builtin{
        Fn: func(args ...object.Object) object.Object {
            if len(args) != 1 {
                return newError("wrong number of arguments. got=%d, want=1",
                    len(args))
            }
            if args[0].Type() != object.ARRAY_OBJ {
                return newError("argument to `last` must be ARRAY, got %s",
                    args[0].Type())
            }
```

```
            arr := args[0].(*object.Array)
            length := len(arr.Elements)
            if length > 0 {
                return arr.Elements[length-1]
            }

            return NULL
        },
    },
}
```

次に追加する関数はSchemeでいうcdrだ。言語によってはtailと呼ばれることもある。私たちはrestと呼ぶことにする。restは、与えられた配列の**最初の1つを除いて**残りを全て含む新しい配列を返す。使い方は次の通りだ。

```
>> let a = [1, 2, 3, 4];
>> rest(a)
[2, 3, 4]
>> rest(rest(a))
[3, 4]
>> rest(rest(rest(a)))
[4]
>> rest(rest(rest(rest(a))))
[]
>> rest(rest(rest(rest(rest(a)))))
null
```

実装はシンプルだ。しかし、**新しく割り当てられた**配列を返していることには注意してほしい。restに渡された配列は変更しない。

```
// evaluator/builtins.go

var builtins = map[string]*object.Builtin{
// [...]

    "rest": &object.Builtin{
        Fn: func(args ...object.Object) object.Object {
            if len(args) != 1 {
                return newError("wrong number of arguments. got=%d, want=1",
                    len(args))
            }
            if args[0].Type() != object.ARRAY_OBJ {
                return newError("argument to `rest` must be ARRAY, got %s",
                    args[0].Type())
            }

            arr := args[0].(*object.Array)
            length := len(arr.Elements)
            if length > 0 {
                newElements := make([]object.Object, length-1, length-1)
                copy(newElements, arr.Elements[1:length])
```

```
                return &object.Array{Elements: newElements}
            }

            return NULL
        },
    },
}
```

配列の関数で私たちのインタプリタに最後に追加するのはpushと呼ばれるものだ。この関数は配列の最後に新しい要素を追加する。でも、ここで気をつけることがある。この関数は与えられた配列は変更しないんだ。そうではなく、新しい配列を割り当てる。この新しい配列は古い配列と同じ要素を持ち、加えて、新しく追加された要素も含む。Monkeyにおいて配列は不変なんだ。pushの動作は次の通りだ。

```
>> let a = [1, 2, 3, 4];
>> let b = push(a, 5);
>> a
[1, 2, 3, 4]
>> b
[1, 2, 3, 4, 5]
```

そして、実装はこうだ。

```
// evaluator/builtins.go

var builtins = map[string]*object.Builtin{
// [...]

    "push": &object.Builtin{
        Fn: func(args ...object.Object) object.Object {
            if len(args) != 2 {
                return newError("wrong number of arguments. got=%d, want=2",
                    len(args))
            }
            if args[0].Type() != object.ARRAY_OBJ {
                return newError("argument to `push` must be ARRAY, got %s",
                    args[0].Type())
            }

            arr := args[0].(*object.Array)
            length := len(arr.Elements)

            newElements := make([]object.Object, length+1, length+1)
            copy(newElements, arr.Elements)
            newElements[length] = args[1]

            return &object.Array{Elements: newElements}
        },
    },
}
```

4.4.7 配列の試運転

配列リテラルがあり、添字演算子もあり、配列を扱う組み込み関数もいくつかある。いよいよ試運転の時間だ。これらで何ができるのかを見てみよう。

first、rest、pushを使うと、map関数を作ることができる。

```
let map = fn(arr, f) {
  let iter = fn(arr, accumulated) {
    if (len(arr) == 0) {
      accumulated
    } else {
      iter(rest(arr), push(accumulated, f(first(arr))));
    }
  };

  iter(arr, []);
};
```

そして、mapがあれば次のようなことができる。

```
>> let a = [1, 2, 3, 4];
>> let double = fn(x) { x * 2 };
>> map(a, double);
[2, 4, 6, 8]
```

素晴らしいだろう？　まだまだこれからだ！　同じ組み込み関数を使って、reduce関数を定義することだってできる。

```
let reduce = fn(arr, initial, f) {
  let iter = fn(arr, result) {
    if (len(arr) == 0) {
      result
    } else {
      iter(rest(arr), f(result, first(arr)));
    }
  };

  iter(arr, initial);
};
```

そして、今度はreduceをsum関数を定義するのに使う。

```
let sum = fn(arr) {
  reduce(arr, 0, fn(initial, el) { initial + el });
};
```

すると、次のコードが見事に動作する。

```
>> sum([1, 2, 3, 4, 5]);
15
```

ご存知のように、私は自慢するのは好きではないんだけど、これだけは言わせてほしい。私たちはついにここまで来た！　私たちのインタプリタでmapやreduceができるんだ！

そして、これで全てではないんだ。現時点でもできることがまだ山ほどある。あなた自身で、この配列データ型とわずかな組み込み関数がもたらす可能性を探求してほしい。しかし、あなたが最初にすべきことが何かおわかりだろうか？　ゆっくり休んで、このことを友人や家族に自慢し、みんなからの賞賛を十分に受けてほしい。それであなたが戻ってきたら、また別のデータ型を追加することにしよう。

4.5 ハッシュ

次に追加しようとするデータ型は「ハッシュ」と呼ばれるものだ。Monkeyにおけるハッシュは、他の言語では、ハッシュ、マップ、ハッシュマップ、ディクショナリと呼ばれたりするものだ。ハッシュはキーを値にマッピングする。

Monkeyでハッシュを生成するにはハッシュリテラルを使う。キー－値のペアをカンマで区切ったリストを、波括弧で括ったものだ。それぞれのキー－値ペアにおいては、キーと値を区切るためにコロンを使う。ハッシュリテラルの使い方はこうだ。

```
>> let myHash = {"name": "Jimmy", "age": 72, "band": "Led Zeppelin"};
>> myHash["name"]
Jimmy
>> myHash["age"]
72
>> myHash["band"]
Led Zeppelin
```

この例では、myHashはキー－値ペアを3つ持っている。キーは全て文字列だ。そして、今見たように、ここでも添字演算子式を使ってハッシュから値を取り出すことができる。ちょうど配列と同じだ。違うのは、この例では添字の値が文字列であることで、配列ではこれはうまくいかない。しかも、ハッシュキーとして利用できるのは文字列だけではないんだ。

```
>> let myHash = {true: "yes, a boolean", 99: "correct, an integer"};
>> myHash[true]
yes, a boolean
>> myHash[99]
correct, an integer
```

これも有効だ。文字列や整数や真偽値リテラル以外にも、任意の式を添字演算子式の添字として使うことができる。

```
>> myHash[5 > 1]
yes, a boolean
>> myHash[100 - 1]
correct, an integer
```

これらの式を評価した結果が文字列、整数、真偽値のどれかになるのであれば、ハッシュキーとして利用できる。ここで`5 > 1`は評価すると`true`になり、`100 - 1`は`99`になる。どちらも有効であり、`myHash`の値にマップされる。

もう意外でもないだろうが、私たちの実装ではGoの`map`をMonkeyにおけるハッシュの基礎的なデータ構造として用いる。しかし、キーとして文字列、整数、真偽値を同じように扱いたいので、純粋な`map`の上に何かを構築してそれを実現する必要がある。後ほど私たちのオブジェクトシステムを拡張するときに、この話題に戻ってこよう。まずはハッシュリテラルをトークン列にしなければならない。

4.5.1 ハッシュリテラルの字句解析

どうやってハッシュリテラルをトークン列に変換すればよいだろうか？　後から構文解析器で扱えるようにするためには、字句解析器ではどんなトークンを認識して出力する必要があるだろうか？　ここで、上のハッシュリテラルをもう一度見てみよう。

```
{"name": "Jimmy", "age": 72, "band": "Led Zeppelin"}
```

リテラルを除くと、ここには4つの重要な文字が使われている。「{」、「}」、「,」、「:」だ。最初の3つを字句解析する方法はすでに知っている。私たちの字句解析器はこれらをそれぞれ`token.LBRACE`、`token.RBRACE`、`token.COMMA`に変換する。要するに、この節でしなければならないのは「`:`」をトークンに変換することだけだ。

そして、そのためには、まずそのトークンタイプを`token`パッケージに登録する必要がある。

```
// token/token.go

const (
// [...]
    COLON = ":"
// [...]
)
```

次に、`Lexer`の`NextToken`メソッドのためのテストを追加して、`Lexer`が`token.COLON`に対応していることを確認しよう。

```
// lexer/lexer_test.go

func TestNextToken(t *testing.T) {
    input := `let five = 5;
let ten = 10;

let add = fn(x, y) {
  x + y;
};

let result = add(five, ten);
```

```
!-/*5;
5 < 10 > 5;

if (5 < 10) {
    return true;
} else {
    return false;
}

10 == 10;
10 != 9;
"foobar"
"foo bar"
[1, 2];
{"foo": "bar"}
`

    tests := []struct {
        expectedType    token.TokenType
        expectedLiteral string
    }{
// [...]
        {token.LBRACE, "{"},
        {token.STRING, "foo"},
        {token.COLON, ":"},
        {token.STRING, "bar"},
        {token.RBRACE, "}"},
        {token.EOF, ""},
    }

// [...]
}
```

テストの入力に1つだけ「:」を追加することでやり過ごすこともできた。しかし、ここでしたようにハッシュリテラルを使っておけば、後でテストを見返したりデバッグすることになったとき、文脈がより把握しやすくなる。

「:」をtoken.COLONに変換するのはこんなに簡単だ。

```
// lexer/lexer.go

func (l *Lexer) NextToken() token.Token {
// [...]
    case ':':
        tok = newToken(token.COLON, l.ch)
// [...]
}
```

2行追加するだけで、もう字句解析器はtoken.COLONを吐く。

```
$ go test ./lexer
ok      monkey/lexer    0.006s
```

よし、これで字句解析器はtoken.LBRACE、token.RBRACE、token.COMMAと、新たに追加したtoken.COLONを返すようになった。ハッシュリテラルを構文解析するために必要なものはこれで全てだ。

4.5.2 ハッシュリテラルの構文解析

構文解析器に着手する前に、そしてテストを書くよりも前に、ハッシュリテラルの基本的な構文の構造を見ておこう。

```
{<expression> : <expression>, <expression> : <expression>, ... }
```

これはカンマ区切りのペアのリストだ。それぞれのペアは2つの式から構成される。一方はキーを、もう一方は値を生成する。キーはコロンで値と区切られる。このリストは一対の波括弧によって括られる。

これをASTノードに変換するとき、キー－値のペアを保持しなければならない。ではどうすればよいだろうか？ mapを使おう。それはよいとして、このmapのキーと値の型は何だろうか？

ハッシュキーとして許されるデータ型は文字列、整数、真偽値だと言った。でも、これを構文解析器において強制することはできないんだ。そうではなく、評価の段階でハッシュキーの型を検証し、エラーがあればその時点で発生させなければならない。

なぜかというと、評価した結果が文字列や整数、真偽値になる可能性のある式は様々だからだ。必ずしもそれらのリテラル形式とは限らないんだ。構文解析の段階でハッシュキーのデータ型を強制してしまうと、例えば次のようなことができなくなってしまう。

```
let key = "name";
let hash = {key: "Monkey"};
```

ここでkeyを評価すると"name"になる。つまり、ハッシュキーとして完全に有効だ。それ自身は識別子であるにもかかわらずだ。これを許容するには、少なくとも構文解析の段階では、ハッシュリテラルにおいて任意の式をキーとして許容し、また、任意の式を値として許容する必要がある。したがって、ast.HashLiteralの定義は次のようになる。

```
// ast/ast.go

type HashLiteral struct {
    Token token.Token // '{' トークン
    Pairs map[Expression]Expression
}

func (hl *HashLiteral) expressionNode()      {}
func (hl *HashLiteral) TokenLiteral() string { return hl.Token.Literal }
func (hl *HashLiteral) String() string {
    var out bytes.Buffer
```

```
    pairs := []string{}
    for key, value := range hl.Pairs {
        pairs = append(pairs, key.String()+":"+value.String())
    }

    out.WriteString("{")
    out.WriteString(strings.Join(pairs, ", "))
    out.WriteString("}")

    return out.String()
}
```

ハッシュリテラルの構造が明らかになり、ast.HashLiteralが定義できたので、構文解析器のテストを書ける。

```
// parser/parser_test.go

func TestParsingHashLiteralsStringKeys(t *testing.T) {
    input := `{"one": 1, "two": 2, "three": 3}`

    l := lexer.New(input)
    p := New(l)
    program := p.ParseProgram()
    checkParserErrors(t, p)

    stmt := program.Statements[0].(*ast.ExpressionStatement)
    hash, ok := stmt.Expression.(*ast.HashLiteral)
    if !ok {
        t.Fatalf("exp is not ast.HashLiteral. got=%T", stmt.Expression)
    }

    if len(hash.Pairs) != 3 {
        t.Errorf("hash.Pairs has wrong length. got=%d", len(hash.Pairs))
    }

    expected := map[string]int64{
        "one":   1,
        "two":   2,
        "three": 3,
    }

    for key, value := range hash.Pairs {
        literal, ok := key.(*ast.StringLiteral)
        if !ok {
            t.Errorf("key is not ast.StringLiteral. got=%T", key)
        }

        expectedValue := expected[literal.String()]

        testIntegerLiteral(t, value, expectedValue)
    }
}
```

それから、空のハッシュリテラルも正しく構文解析できることを忘れずに検証しておかなければならない。こういうエッジケースがプログラミングにおける全ての苦労の根源なんだ。

```
// parser/parser_test.go

func TestParsingEmptyHashLiteral(t *testing.T) {
    input := "{}"

    l := lexer.New(input)
    p := New(l)
    program := p.ParseProgram()
    checkParserErrors(t, p)

    stmt := program.Statements[0].(*ast.ExpressionStatement)
    hash, ok := stmt.Expression.(*ast.HashLiteral)
    if !ok {
        t.Fatalf("exp is not ast.HashLiteral. got=%T", stmt.Expression)
    }

    if len(hash.Pairs) != 0 {
        t.Errorf("hash.Pairs has wrong length. got=%d", len(hash.Pairs))
    }
}
```

TestHashLiteralStringKeysに似たテストをさらに2つ追加した。こちらはハッシュキーとして整数と真偽値を使っていて、構文解析器がそれらをそれぞれ*ast.IntegerLiteralと*ast.Booleanに変換することを確かめる。そして、5番目のテスト関数はハッシュリテラルの値が任意の式をとりうること、もちろん演算子式でもよいことを確認する。これは次の通りだ。

```
// parser/parser_test.go

func TestParsingHashLiteralsWithExpressions(t *testing.T) {
    input := `{"one": 0 + 1, "two": 10 - 8, "three": 15 / 5}`

    l := lexer.New(input)
    p := New(l)
    program := p.ParseProgram()
    checkParserErrors(t, p)

    stmt := program.Statements[0].(*ast.ExpressionStatement)
    hash, ok := stmt.Expression.(*ast.HashLiteral)
    if !ok {
        t.Fatalf("exp is not ast.HashLiteral. got=%T", stmt.Expression)
    }

    if len(hash.Pairs) != 3 {
        t.Errorf("hash.Pairs has wrong length. got=%d", len(hash.Pairs))
    }

    tests := map[string]func(ast.Expression){
```

```
        "one": func(e ast.Expression) {
            testInfixExpression(t, e, 0, "+", 1)
        },
        "two": func(e ast.Expression) {
            testInfixExpression(t, e, 10, "-", 8)
        },
        "three": func(e ast.Expression) {
            testInfixExpression(t, e, 15, "/", 5)
        },
    }

    for key, value := range hash.Pairs {
        literal, ok := key.(*ast.StringLiteral)
        if !ok {
            t.Errorf("key is not ast.StringLiteral. got=%T", key)
            continue
        }

        testFunc, ok := tests[literal.String()]
        if !ok {
            t.Errorf("No test function for key %q found", literal.String())
            continue
        }

        testFunc(value)
    }
}
```

さて、これらのテスト関数はどう動作するだろうか？　正直なところ、あまり具合はよくない。失敗と構文解析エラーが山ほど出る。

```
$ go test ./parser
--- FAIL: TestParsingEmptyHashLiteral (0.00s)
  parser_test.go:1173: parser has 2 errors
  parser_test.go:1175: parser error: "no prefix parse function for { found"
  parser_test.go:1175: parser error: "no prefix parse function for } found"
--- FAIL: TestParsingHashLiteralsStringKeys (0.00s)
  parser_test.go:1173: parser has 7 errors
  parser_test.go:1175: parser error: "no prefix parse function for { found"
[... more errors ...]
--- FAIL: TestParsingHashLiteralsBooleanKeys (0.00s)
  parser_test.go:1173: parser has 5 errors
  parser_test.go:1175: parser error: "no prefix parse function for { found"
[... more errors ...]
--- FAIL: TestParsingHashLiteralsIntegerKeys (0.00s)
  parser_test.go:967: parser has 7 errors
  parser_test.go:969: parser error: "no prefix parse function for { found"
[... more errors ...]
--- FAIL: TestParsingHashLiteralsWithExpressions (0.00s)
  parser_test.go:1173: parser has 7 errors
  parser_test.go:1175: parser error: "no prefix parse function for { found"
[... more errors ...]
```

```
FAIL
FAIL    monkey/parser   0.008s
```

信じられないかもしれないけれど、いいニュースがある。これらのテストを全て通すのに必要なのは関数たった1つなんだ。正確には、prefixParseFnを1つ追加するだけだ。ハッシュリテラルのtoken.LBRACEは前置の位置なので、配列リテラルのtoken.LBRACKETと同様にparseHashLiteralメソッドをprefixParseFnとして登録すればよい。

```
// parser/parser.go

func New(l *lexer.Lexer) *Parser {
// [...]
    p.registerPrefix(token.LBRACE, p.parseHashLiteral)
// [...]
}

func (p *Parser) parseHashLiteral() ast.Expression {
    hash := &ast.HashLiteral{Token: p.curToken}
    hash.Pairs = make(map[ast.Expression]ast.Expression)

    for !p.peekTokenIs(token.RBRACE) {
        p.nextToken()
        key := p.parseExpression(LOWEST)

        if !p.expectPeek(token.COLON) {
            return nil
        }

        p.nextToken()
        value := p.parseExpression(LOWEST)

        hash.Pairs[key] = value

        if !p.peekTokenIs(token.RBRACE) && !p.expectPeek(token.COMMA) {
            return nil
        }
    }

    if !p.expectPeek(token.RBRACE) {
        return nil
    }

    return hash
}
```

威圧的に見えるかもしれないけれど、parseHashLiteralにはこれまでに見たことがないものは何もない。キー－値の式ペアを繰り返し処理しながら、閉じのtoken.RBRACEがないかを確認し、parseExpressionを2回呼び出す。この部分と、hash.Pairsを埋める部分がこのメソッドで最も重要な部分だ。これはきちんと仕事をする。

```
$ go test ./parser
ok      monkey/parser   0.006s
```

構文解析器のテストが全て通った！　そして、追加したテストの数から考えれば、私たちの構文解析器がハッシュリテラルを構文解析する方法を理解していると言って良いだろう。つまり、私たちのインタプリタにハッシュを追加するうえで最も面白い部分までやってきたんだ。そう、オブジェクトシステムにおいてそれらを表現し、ハッシュリテラルを評価する部分だ。

4.5.3 オブジェクトをハッシュ化する

字句解析器と構文解析器を拡張することに加えて、新しいデータ型を追加することは、それをオブジェクトシステムの中で表現することを意味する。整数や文字列、配列については問題なくこなしてきた。これらのデータ型を実装するには、適切な型の.Valueフィールドを持った構造体を定義するだけでよかった。しかし、それに比べるとハッシュはもう少し苦労が必要だ。その理由を説明しよう。

新しいobject.Hash型を次のように定義したとしよう。

```
type Hash struct {
  Pairs map[Object]Object
}
```

これがGoのmapをベースにしてHashデータ型を実装するための最も自明な選択だ。しかし、この定義を採用するとして、どうやってPairsのmapを埋めればよいのだろうか？　さらに重要なことには、どうやって値をそこから取り出せばよいだろうか？

次のMonkeyコード片を考えよう。

```
let hash = {"name": "Monkey"};
hash["name"]
```

今、これらの2行を評価しているところで、上記のobject.Hash定義を使っているとしよう。最初の行でハッシュリテラルを評価する際には、それぞれのキー－値ペアを取り出してmap[Object]Objectに投入する。その結果、.Pairsは次のようなマッピングを持つ。.Valueが"name"であるような*object.Stringから、.Valueが"Monkey"であるような*object.Stringへのマッピングだ。

ここまではまあよいだろう。しかし、次の行で問題が発生する。添字式を使って"Monkey"文字列にアクセスしようとしている部分だ。

この2行目において、添字式の"name"文字列リテラルは新たに割り当てられた*object.Stringだ。この新しい*object.Stringは確かに"name"をその.Valueフィールドに保持しているし、それはPairsにある*object.Stringでも同様だ。しかし、それでも、この新しい*object.Stringを使って"Monkey"を取り出すことはできないんだ。

なぜかというと、それらがポインタで、それぞれ別のメモリ位置を指し示しているからだ。指し示した先のメモリ位置にある内容が同じ（"name"）でもそれは関係ないんだ。これらのポインタを比較すれば、それらは等しくないという結果が得られるだろう。つまり、新しく作られた*object.Stringをキーとして使うと、"Monkey"は手に入らない。これがGoにおけるポインタ、あるいはポインタ間比較の挙動だ。

ここで上記のobject.Hash実装を使ったときに直面する問題を実演するために、例をお見せしよう。

```
name1 := &object.String{Value: "name"}
monkey := &object.String{Value: "Monkey"}

pairs := map[object.Object]object.Object{}
pairs[name1] = monkey

fmt.Printf("pairs[name1]=%+v\n", pairs[name1])
// => pairs[name1]=&{Value:Monkey}

name2 := &object.String{Value: "name"}

fmt.Printf("pairs[name2]=%+v\n", pairs[name2])
// => pairs[name2]=<nil>

fmt.Printf("(name1 == name2)=%t\n", name1 == name2)
// => (name1 == name2)=false
```

この問題の解決策として、全ての.Pairsのキーを繰り返し処理し、それが*object.Stringであることを確認し、かつその.Valueと添字式にあるキーの.Valueとを比較するという方法があるかもしれない。しかし、このやり方でマッチする値を見つけられるにしても、あるキーに対する検索の時間が$O(1)$ではなく$O(n)$になってしまう。これではそもそもハッシュを使う意味がない。

別の選択肢はPairsをmap[string]Objectとして定義することだ。そして*object.Stringの.Valueをキーとして使う。ここまではいい。しかし整数と真偽値はこれではうまくいかない。

違うんだ。私たちに必要なのは、簡単に比較可能で、object.Hashのハッシュキーとして使えるような、オブジェクトのハッシュ値を生成する方法だ。ある*object.Stringに対するハッシュキーは、別の*object.Stringインスタンスのハッシュキーとも比較可能であり、同じ.Valueを持つのであれば、その結果は等しくなければならない。*object.Integerや*object.Booleanについても同様だ。一方、*object.Stringのハッシュキーは*object.Integerや*object.Booleanのハッシュキーと決して一致してはならない。型が違えばハッシュキーは必ず違うものでなければならない。

テスト関数を使って、私たちのオブジェクトシステムにおいて期待する動作を表現できる。

```
// object/object_test.go

package object

import "testing"
```

```
func TestStringHashKey(t *testing.T) {
    hello1 := &String{Value: "Hello World"}
    hello2 := &String{Value: "Hello World"}
    diff1 := &String{Value: "My name is johnny"}
    diff2 := &String{Value: "My name is johnny"}

    if hello1.HashKey() != hello2.HashKey() {
        t.Errorf("strings with same content have different hash keys")
    }

    if diff1.HashKey() != diff2.HashKey() {
        t.Errorf("strings with same content have different hash keys")
    }

    if hello1.HashKey() == diff1.HashKey() {
        t.Errorf("strings with different content have same hash keys")
    }
}
```

これがまさにHashKey()メソッドにしてほしいことだ。そして、*object.Stringだけでなく、*object.Booleanや*object.Integerでも同様だ。そのため、それらのためにも同様のテスト関数を用意する。

これらのテストをビルドできるようにするためには、これら3つの型にそれぞれHashKey()メソッドを実装する必要がある。

```
// object/object.go

import (
// [...]
    "hash/fnv"
)

type HashKey struct {
    Type  ObjectType
    Value uint64
}

func (b *Boolean) HashKey() HashKey {
    var value uint64

    if b.Value {
        value = 1
    } else {
        value = 0
    }

    return HashKey{Type: b.Type(), Value: value}
}

func (i *Integer) HashKey() HashKey {
```

```
    return HashKey{Type: i.Type(), Value: uint64(i.Value)}
}

func (s *String) HashKey() HashKey {
    h := fnv.New64a()
    h.Write([]byte(s.Value))

    return HashKey{Type: s.Type(), Value: h.Sum64()}
}
```

どのHashKey()メソッドもHashKeyを返す。定義を見ればわかるように、HashKeyには洒落たところは何もない。TypeフィールドはObjectTypeを格納するようになっていて、異なるオブジェクト型のHashKeyを効果的に「スコープ」することができる。Valueフィールドは実際のハッシュ値を保持する。これはただの整数だ。HashKeyと他のHashKeyを比較する場合は、これらは単に2つの整数なので、「==」演算子を使うだけでよい。しかも、こうすればGoのmapのキーとしてHashKeyが使えるようになる。

これでもなお、異なるValueを持つ異なるStringが、同一のハッシュ値をとる可能性がわずかながら残っている。これは、hash/fnvパッケージが、異なる値に対して同一の整数値を返した場合に発生する。ハッシュの衝突と呼ばれる出来事だ。この問題に私たちが直面する可能性はそこまで高くないとしても、「チェイン法」や「オープンアドレス法」というよく知られた方法でこの問題に対処できることは指摘しておくべきだろう。これらの対策を実装することは本書の範疇を超えているものの、興味のある読者にはよい演習になるはずだ。

先ほど実演した問題は、この新しく定義したHashKeyとHashKey()メソッドで解決する。

```
name1 := &object.String{Value: "name"}
monkey := &object.String{Value: "Monkey"}

pairs := map[object.HashKey]object.Object{}
pairs[name1.HashKey()] = monkey

fmt.Printf("pairs[name1.HashKey()]=%+v\n", pairs[name1.HashKey()])
// => pairs[name1.HashKey()]=&{Value:Monkey}

name2 := &object.String{Value: "name"}

fmt.Printf("pairs[name2.HashKey()]=%+v\n", pairs[name2.HashKey()])
// => pairs[name2.HashKey()]=&{Value:Monkey}

fmt.Printf("(name1 == name2)=%t\n", name1 == name2)
// => (name1 == name2)=false

fmt.Printf("(name1.HashKey() == name2.HashKey())=%t\n",
  name1.HashKey() == name2.HashKey())
// => (name1.HashKey() == name2.HashKey())=true
```

これがまさしく私たちの欲しかったものだ。このHashKey定義とHashKey()メソッドの実装があれば、最初の素朴なHash定義にあった問題が解決する。テストも通る。

```
$ go test ./object
ok      monkey/object   0.008s
```

さて、これでobject.Hashを定義し、このHashKey型を使うことができる。

```
// object/object.go

const (
// [...]
    HASH_OBJ = "HASH"
)

type HashPair struct {
    Key   Object
    Value Object
}

type Hash struct {
    Pairs map[HashKey]HashPair
}

func (h *Hash) Type() ObjectType { return HASH_OBJ }
```

このコードはHashとHashPair両方の定義を追加する。HashPairはHash.Pairsにおける値の型だ。なぜそんなものを使うのか、疑問に感じるかもしれない。Pairsをmap[HashKey]Objectとして定義するだけではいけないのか、と。

こうする理由は、HashのInspect()メソッドにある。後からREPLでMonkeyのハッシュを表示するとき、ハッシュに格納されている値だけでなく、そのキーも表示したいんだ。その場合、単にHashKeyを表示するだけではあまり訳に立たない。そこで、HashPairを値として使うことで、HashKeyを生成したオブジェクトを記録しておく。オリジナルのキーオブジェクトと、それがマッピングしている値オブジェクトを保存しておくんだ。こうすれば、キーオブジェクトのInspect()メソッドを呼び出すことができ、*object.HashのInspect()出力をうまく生成できる。これがそのInspect()メソッドだ。

```
// object/object.go

func (h *Hash) Inspect() string {
    var out bytes.Buffer

    pairs := []string{}
    for _, pair := range h.Pairs {
        pairs = append(pairs, fmt.Sprintf("%s: %s",
            pair.Key.Inspect(), pair.Value.Inspect()))
    }
```

```
    out.WriteString("{")
    out.WriteString(strings.Join(pairs, ", "))
    out.WriteString("}")

    return out.String()
}
```

実は、HashKeyを生成したオブジェクトを記録しておくと良い理由はInspect()メソッドだけではない。Monkeyのハッシュに対してrange関数のようなもの、つまり全てのキーと値を繰り返し処理するようなものを実装しようとすると、これが必要になる。firstPairを追加して最初のキーと値を配列で返すようなものを実装するときにも必要になるし、他にも必要な場合がある。たとえ今はInspect()だけで有益だとしても、キーを記録しておくといろいろと役に立つ。

これで完成だ！　これがobject.Hashの実装の全てだ。それから、objectパッケージを開いているうちにさっと済ませておくべきことがある。

```
// object/object.go

type Hashable interface {
    HashKey() HashKey
}
```

このインターフェイスを評価器で使うことで、与えられたオブジェクトがハッシュキーとして利用可能かをチェックできる。これをハッシュリテラルを評価する際やハッシュの添字式を評価する際に利用する。

現時点でこのインターフェイスを実装しているのは*object.String、*object.Boolean、*object.Integerだけだ。

そうだ、次に移る前にまだやれることが確かに1つ残っている。HashKey()の戻り値をキャッシュしておくことで、その性能を最適化できるかもしれない。これは性能が気になる読者にとってちょうどよい練習になりそうだ。

4.5.4 ハッシュリテラルを評価する

これからハッシュリテラルの評価に着手する。本当に正直に言うのだけれど、ハッシュを私たちのインタプリタに実装する上で一番難しいところはもう終わっている。ここからはスムーズな航海だ。楽しんで、リラックスしてテストを書こう。

```
// evaluator/evaluator_test.go

func TestHashLiterals(t *testing.T) {
    input := `let two = "two";
    {
        "one": 10 - 9,
        two: 1 + 1,
```

```
        "thr" + "ee": 6 / 2,
        4: 4,
        true: 5,
        false: 6
    }`

    evaluated := testEval(input)
    result, ok := evaluated.(*object.Hash)
    if !ok {
        t.Fatalf("Eval didn't return Hash. got=%T (%+v)", evaluated, evaluated)
    }

    expected := map[object.HashKey]int64{
        (&object.String{Value: "one"}).HashKey():   1,
        (&object.String{Value: "two"}).HashKey():   2,
        (&object.String{Value: "three"}).HashKey(): 3,
        (&object.Integer{Value: 4}).HashKey():      4,
        TRUE.HashKey():                             5,
        FALSE.HashKey():                            6,
    }

    if len(result.Pairs) != len(expected) {
        t.Fatalf("Hash has wrong num of pairs. got=%d", len(result.Pairs))
    }

    for expectedKey, expectedValue := range expected {
        pair, ok := result.Pairs[expectedKey]
        if !ok {
            t.Errorf("no pair for given key in Pairs")
        }

        testIntegerObject(t, pair.Value, expectedValue)
    }
}
```

このテスト関数はEvalが*ast.HashLiteralに出くわしたときに何を返してほしいのかを示している。欲しいのは新しい*object.Hashであり、そのPairs属性は適切な数のHashPairを持っていて、その要素それぞれが対応するHashKeyに関連付けられているものだ。

そして、このテスト関数は私たちが抱える別の要件も示している。文字列、識別子、中置演算子式、真偽値、整数、これら全てがキーとして使えることだ。本当にどんな式でもよい。Hashableインターフェイスを実装するobjectを生成する限り、それはハッシュキーとして使えなければならない。

それから、値もだ。値も任意の式から生成できなければならない。このことをテストするために、10 - 9を評価すると1になること、6 / 2を評価すると3になること、などを検証する。

期待通りテストは失敗する。

```
$ go test ./evaluator
--- FAIL: TestHashLiterals (0.00s)
  evaluator_test.go:522: Eval didn't return Hash. got=<nil> (<nil>)
```

```
FAIL
FAIL    monkey/evaluator        0.008s
```

でも、このテストを通す方法はわかっている。Eval関数を拡張して、*ast.HashLiteralのためのcase分岐を追加するんだ。

```
// evaluator/evaluator.go

func Eval(node ast.Node, env *object.Environment) object.Object {
// [...]

    case *ast.HashLiteral:
        return evalHashLiteral(node, env)

// [...]
}
```

このevalHashLiteral関数は怖そうに見えるかもしれないが、大丈夫、噛んだりはしない。

```
// evaluator/evaluator.go

func evalHashLiteral(
    node *ast.HashLiteral,
    env *object.Environment,
) object.Object {
    pairs := make(map[object.HashKey]object.HashPair)

    for keyNode, valueNode := range node.Pairs {
        key := Eval(keyNode, env)
        if isError(key) {
            return key
        }

        hashKey, ok := key.(object.Hashable)
        if !ok {
            return newError("unusable as hash key: %s", key.Type())
        }

        value := Eval(valueNode, env)
        if isError(value) {
            return value
        }

        hashed := hashKey.HashKey()
        pairs[hashed] = object.HashPair{Key: key, Value: value}
    }

    return &object.Hash{Pairs: pairs}
}
```

node.Pairsの繰り返し処理では、まずkeyNodeが評価される。Eval呼び出しがエラーを発生させていないかを確認するだけでなく、評価結果に型アサーションを設けている。つまり、評価の結果はobject.Hashableインターフェイスを実装している必要があるんだ。そうでなければハッシュキーとして使用できない。まさにこのためにHashableの定義を追加したんだ。

それからEvalをもう一度呼び出し、今度はvalueNodeを評価する。もし、このEval呼び出しでもエラーがなければ、この新しく生成されたキー－値ペアをpairsマップに追加できる。このために、HashKey()呼び出しを用い、そのままの名前を持つhashKeyオブジェクトのためのHashKeyを生成する。そして、keyとvalueを指し示す新しいHashPairを生成し、それをpairsに追加する。

必要なものはこれで全部だ。今度はテストが通るようになっている。

```
$ go test ./evaluator
ok      monkey/evaluator        0.007s
```

つまり、もう私たちのREPLでハッシュリテラルを使えるんだ。

```
$ go run main.go
Hello mrnugget! This is the Monkey programming language!
Feel free to type in commands
>> {"name": "Monkey", "age": 0, "type": "Language", "status": "awesome"}
{age: 0, type: Language, status: awesome, name: Monkey}
```

これは素晴らしい！　しかし、まだハッシュから要素を取り出すことができない。これではせっかくの便利さが台無しだ。

```
>> let bob = {"name": "Bob", "age": 99};
>> bob["name"]
ERROR: index operator not supported: HASH
```

これからそれを修正しよう。

4.5.5 ハッシュの添字式を評価する

評価器のevalIndexExpressionに追加したswitch文のことを覚えているだろうか？　それから、ここにもう1つcase分岐を追加するつもりだ、と言ったのを覚えているだろうか？　そう、今がそのときだ。

とはいえ、最初にする必要があるのは、添字式でハッシュの中の値にアクセスできることを確認するテスト関数を追加することだ。

```
// evaluator/evaluator_test.go

func TestHashIndexExpressions(t *testing.T) {
    tests := []struct {
        input    string
        expected interface{}
    }{
```

```
        {
            `{"foo": 5}["foo"]`,
            5,
        },
        {
            `{"foo": 5}["bar"]`,
            nil,
        },
        {
            `let key = "foo"; {"foo": 5}[key]`,
            5,
        },
        {
            `{}["foo"]`,
            nil,
        },
        {
            `{5: 5}[5]`,
            5,
        },
        {
            `{true: 5}[true]`,
            5,
        },
        {
            `{false: 5}[false]`,
            5,
        },
    }

    for _, tt := range tests {
        evaluated := testEval(tt.input)
        integer, ok := tt.expected.(int)
        if ok {
            testIntegerObject(t, evaluated, int64(integer))
        } else {
            testNullObject(t, evaluated)
        }
    }
}
```

TestArrayIndexExpressionsと同様に、添字演算子式が正しい値を生成することを確認している。今度はハッシュについて確認する点だけが違う。ここで用いている色々なテストケースでは、ハッシュから値を取り出すときに、文字列、整数、真偽値のハッシュキーを用いる。というわけで、本質的には、このテストは様々なデータ型に実装されているHashKeyメソッドが正しく呼ばれていることを検証していることになる。

TestErrorHandlingテスト関数にもう1つテストを追加して、object.Hashableを実装していないオブジェクトをハッシュキーとして使うとエラーが発生することを確認できる。

```
// evaluator/evaluator_test.go

func TestErrorHandling(t *testing.T) {
    tests := []struct {
        input           string
        expectedMessage string
    }{
// [...]
        {
            `{"name": "Monkey"}[fn(x) { x }];`,
            "unusable as hash key: FUNCTION",
        },
    }

// [...]
}
```

go testを実行すると、期待通りに失敗する。

```
$ go test ./evaluator
--- FAIL: TestErrorHandling (0.00s)
  evaluator_test.go:237: wrong error message.\
    expected="unusable as hash key: FUNCTION",\
    got="index operator not supported: HASH"
--- FAIL: TestHashIndexExpressions (0.00s)
  evaluator_test.go:597: object is not Integer.\
    got=*object.Error (&{Message:index operator not supported: HASH})
  evaluator_test.go:625: object is not NULL.\
    got=*object.Error (&{Message:index operator not supported: HASH})
  evaluator_test.go:597: object is not Integer.\
    got=*object.Error (&{Message:index operator not supported: HASH})
  evaluator_test.go:625: object is not NULL.\
    got=*object.Error (&{Message:index operator not supported: HASH})
  evaluator_test.go:597: object is not Integer.\
    got=*object.Error (&{Message:index operator not supported: HASH})
  evaluator_test.go:597: object is not Integer.\
    got=*object.Error (&{Message:index operator not supported: HASH})
  evaluator_test.go:597: object is not Integer.\
    got=*object.Error (&{Message:index operator not supported: HASH})
FAIL
FAIL    monkey/evaluator        0.009s
```

これで、case分岐をevalIndexExpressionのswitch文に追加する準備が整った。

```
// evaluator/evaluator.go

func evalIndexExpression(left, index object.Object) object.Object {
    switch {
    case left.Type() == object.ARRAY_OBJ && index.Type() == object.INTEGER_OBJ:
        return evalArrayIndexExpression(left, index)
    case left.Type() == object.HASH_OBJ:
        return evalHashIndexExpression(left, index)
```

```
    default:
        return newError("index operator not supported: %s", left.Type())
    }
}
```

新しいcase分岐は新しい関数evalHashIndexExpressionを呼び出す。私たちは、すでにテストの中やハッシュリテラルを評価する際にobject.Hashableインターフェイスの使い方を見てきたので、evalHashIndexExpressionがどうなっているべきかわかっている。ここで驚くようなことはない。

```
// evaluator/evaluator.go

func evalHashIndexExpression(hash, index object.Object) object.Object {
    hashObject := hash.(*object.Hash)

    key, ok := index.(object.Hashable)
    if !ok {
        return newError("unusable as hash key: %s", index.Type())
    }

    pair, ok := hashObject.Pairs[key.HashKey()]
    if !ok {
        return NULL
    }

    return pair.Value
}
```

evalHashIndexExpressionをswitch文に追加すると、テストが通るようになる。

```
$ go test ./evaluator
ok      monkey/evaluator        0.007s
```

これでハッシュから値をうまく取り出すことができた！　信じられない？　テストが嘘をついているって？　私がテスト出力を偽造したって？　それならこれを見てほしい。

```
$ go run main.go
Hello mrnugget! This is the Monkey programming language!
Feel free to type in commands
>> let people = [{"name": "Alice", "age": 24}, {"name": "Anna", "age": 28}];
>> people[0]["name"];
Alice
>> people[1]["age"];
28
>> people[1]["age"] + people[0]["age"];
52
>> let getName = fn(person) { person["name"]; };
>> getName(people[0]);
Alice
>> getName(people[1]);
Anna
```

4.6 グランドフィナーレ

私たちのMonkeyインタプリタは、今や完全に動作している。数式、変数束縛、関数とその適用、条件分岐、return文に対応している。より高度な概念である高階関数やクロージャにも対応している。そして、複数のデータ型を持っている。整数、真偽値、文字列、配列、ハッシュだ。自信を持っていい。

しかし、私たちのインタプリタは未だに最も基本的なプログラミング言語のテストに合格していない。何かを表示することができていないのだ。これでは私たちのMonkeyインタプリタは外の世界とやりとりできない。BashやBrainfuckみたいなプログラミング言語のならず者でもできるというのに。次に何をすべきかはもうおわかりだろう。最後の組み込み関数を1つ追加しなければならない。putsだ。

putsは与えられた引数を改行付きでSTDOUTに出力する。引数として渡されたオブジェクトのInspect()メソッドを呼び出し、それらの呼び出しの戻り値を表示する。Inspect()はObjectインターフェイスに含まれているので、私たちのオブジェクトシステムにおける全ての存在はこれをサポートしている。putsの使い方はこんな感じになるはずだ。

```
>> puts("Hello!")
Hello!
>> puts(1234)
1234
>> puts(fn(x) { x * x })
fn(x) {
(x * x)
}
```

さらに、putsは可変個引数の関数だ。任意の数の引数をとり、それぞれを別の行に表示する。

```
>> puts("hello", "world", "how", "are", "you")
hello
world
how
are
you
```

もちろん、putsは表示するだけで値を生成しないので、それがNULLを返すことを確認する必要がある。

```
>> let putsReturnValue = puts("foobar");
foobar
>> putsReturnValue
null
```

つまり、REPLではputsから期待される出力に加えてnullも表示される。というわけで、結果は次のようになるだろう。

```
>> puts("Hello!")
Hello!
null
```

私たちの最後の冒険を成し遂げるために必要な情報と仕様はこれで十分すぎるくらいだ。準備はいいかい？

それでは、この節で築き上げつつあるものをお見せしよう。これがputsの完全な、動作する実装だ。

```
// evaluator/builtins.go

import (
    "fmt"
    "monkey/object"
)

var builtins = map[string]*object.Builtin{
// [...]
    "puts": &object.Builtin{
        Fn: func(args ...object.Object) object.Object {
            for _, arg := range args {
                fmt.Println(arg.Inspect())
            }

            return NULL
        },
    },
}
```

そして、これで終わりだ。やり遂げた。これまでは私が誘う小さなお祝いを軽くあしらってきたとしても、いよいよ愉快なパーティ帽を被ってよい時間だ。

3章では、Monkeyプログラミング言語に生を与えた。呼吸を始めたんだ。そして、私たちの最後の変更で、声を与えた。そう、Monkeyはついに、本物のプログラミング言語になった。

```
$ go run main.go
Hello mrnugget! This is the Monkey programming language!
Feel free to type in commands
>> puts("Hello World!")
Hello World!
null
>>
```

付録 マクロシステム

A.1 マクロシステム

マクロシステムとは、マクロの定義方法、アクセス方法、評価方法、マクロ自体の動作方法などに関する、プログラミング言語自体の機能だ。マクロは大別すると2つのカテゴリに分類できる。テキスト置換マクロシステムと構文マクロシステムだ。私の気持ちとしては、「検索置換」陣営と「データとしてのコード」陣営だ。

最初のカテゴリであるテキスト置換マクロのほうが、間違いなくシンプルだ。この種のマクロシステムの例としては、C言語のプリプロセッサがある。これを用いると、通常のCコードとはまた別のマクロ言語を使って、Cのコードを生成したり変更したりできる。プリプロセッサはCとは別の言語を構文解析し、評価する。その後、Cコンパイラが評価結果のコードをコンパイルする。例を見てみよう。

```
#define GREETING "Hello there"

int main(int argc, char *argv[])
{
#ifdef DEBUG
  printf(GREETING " Debug-Mode!\n");
#else
  printf(GREETING " Production-Mode!\n");
#endif

  return 0;
}
```

このプリプロセッサのための命令は「#」が前置されている行だ。最初の行で変数GREETINGを定義している。これはソースコードの残りの部分では"Hello there"に置換される。かなり字面通りに置換されるので、エスケープとスコープについて十分に注意しなければならない。5行目で、プリプロセッサ変数DEBUGが定義されているかを確認している。これは、私たち自身か、ビルドシステムか、コンパイラか、OSに付属のCライブラリかによって定義される。これによってDebug-ModeかProduction-Modeの文のいずれかが生成される。

これはシンプルなシステムであり、注意深く、適度に利用する限りにおいては非常によく機能する。しかし、できることには制限もある。なぜなら、単なるテキストのレベルでしかコードに影響を与えることができないからだ。その意味では、2番目のカテゴリである構文マクロのマクロシステムと比べると、テンプレートシステムにずっと近いものだ。

もう一方のマクロシステムは、コードをテキストとして扱うのではなく、**コードをデータとして**扱う。奇妙に聞こえる？ 確かに。もしあなたが慣れていなければ、これはちょっと奇妙な考え方に感じるかもしれない。でも、理解するのは難しくない。約束しよう。ちょっと見方を変えるだけできちんと理解できる。

実のところ、この考え方には2章ですでに触れている。字句解析器と構文解析器がどうやってソースコードをテキストからASTに変換するかを見たときだ。ASTはソースコードを文字列ではないデータ構造で表現する。そのデータ構造は、構文解析器が動作している言語の中で利用可能だった。私たちの場合で言うと、Monkeyのソースコードはまず文字列として与えられる。これをMonkeyのASTを構成するGoの構造体へと変換した。以降はコードをデータとして扱うことができた。つまり、私たちのGoプログラムの中で、Monkeyソースコードを引き回したり、変更したり、生成したりできた。

構文マクロが備わっている言語では、それを外側のホスト言語だけでなく、**その言語自身**で行える。もし、ある言語Xが構文マクロシステムを備えていれば、言語Xを使ってXで書かれたソースコードを扱うことができる。私たちがMonkeyのソースコードをGoで扱っていたときのように扱えるんだ。「このif式をこの関数に渡す」「この関数呼び出しを取り出して保存する」「このlet文に使われている名前を変更する」。言うなれば言語が**自己を認識している**んだ。そして、マクロを使うと、それを調査したり変更したりできる。自分で自分の外科手術をするようなものだ。いい感じだ。

この種のマクロはLispによって先駆けて開発され、その子孫の多くに受け継がれている。Common Lisp、Clojure、Scheme、Racketなどだ。しかし、非Lisp言語であるElixirやJuliaもまた洗練されたマクロシステムを持っている。こちらもコードをデータとして扱い、マクロからアクセス可能にするという考え方に基づいて構築されている。

これまでの話はまだかなり抽象的だ。実際にそのような構文マクロシステムで遊んでみて、もやもやしているところをすっきりさせよう。ここではElixirを使うことにしよう。読みやすく理解しやすい文法を備えているからだ。しかし、考え方と機構自体は先ほど挙げた全ての言語で通用する。

最初に理解する必要があるのは、Elixirのquote関数だ。これを使うとコードが評価されるのを止めることができる。つまり、うまい具合にコードをデータに変換できるんだ。

```
iex(1)> quote do: 10 + 5
{:+, [context: Elixir, import: Kernel], [10, 5]}
```

ここで10 + 5をdoブロック内の単一の引数としてquoteに渡している。しかし、10 + 5は評価されるのではなく（通常は関数呼び出しにおける引数は評価される）、quoteはまさにこの式を表現するデータ構造を返す。返ってくるのは、演算子「:+」、呼び出しのコンテキストのようなメタ情報、オペランドのリスト[10, 5]を持つタプルだ。これがElixirのASTであり、Elixirでは言語全体を通じてこのようにコードを表現しているんだ。

これは他のタプルと同様にアクセスできる。

```
iex(2)> exp = quote do: 10 + 5
{:+, [context: Elixir, import: Kernel], [10, 5]}
iex(3)> elem(exp, 0)
:+
iex(4)> elem(exp, 2)
[10, 5]
```

というわけで、quoteを使うとコードの評価を停止し、コードをデータとして扱うことができる。これだけでもすごく面白いけれど、まだ序の口だ。

quoteを使って、3つの整数リテラルからなる中置式を表現するASTノードを構築することを考えよう。これらの数のうち1つを動的にASTに注入できなければならないとする。その値には名前my_numberが束縛されているとしよう。単にこの名前でその値を参照したいだけだ。さて、quoteを使う最初の案を見てみよう。ただし、これは動作しない。

```
iex(6)> my_number = 99
99
iex(7)> quote do: 10 + 5 + my_number
{:+, [context: Elixir, import: Kernel],
 [{:+, [context: Elixir, import: Kernel], [10, 5]}, {:my_number, [], Elixir}]}
```

そうなんだ、当然これではうまくいかない。quoteはその引数が評価されるのを止めてしまう。そうすると、my_numberはquoteに渡されるときにはただの識別子になってしまう。これが99に解決されることはない。評価されないからだ。これをするためにはもう一つ関数が必要だ。unquoteという名前の関数だ。

```
iex(8)> quote do: 10 + 5 + unquote(my_number)
{:+, [context: Elixir, import: Kernel],
 [{:+, [context: Elixir, import: Kernel], [10, 5]}, 99]}
```

unquoteを使うとquoteのコンテキストから「飛び出して」コードを評価できる。これで識別子my_numberを評価すると99になる。

これらの2つ、quoteとunquoteはElixirが提供しているツールで、コードがいつどのように評価されるか、あるいは触らずにデータへと変換するかについて私たちが影響を与えられるようにする。これらは、ほとんどの場合マクロの内側で使用される。Elixirではマクロはキーワードdefmacroを用いて定義できる。シンプルな例を示そう。「+」演算子を使った中置式を、「-」を使った中置式に置き換える、

plus_to_minusという名前のマクロだ。

```
defmodule MacroExample do
  defmacro plus_to_minus(expression) do
    args = elem(expression, 2)

    quote do
      unquote(Enum.at(args, 0)) - unquote(Enum.at(args, 1))
    end
  end
end
```

Elixirのマクロにおいて（この種のマクロシステムを備える多くの言語でも）最も重要なのは次の点だ。引数としてマクロに渡されるものは全てquoteされる。マクロの引数は評価されず、データの他の部分と同じようにアクセスできる。

plus_to_minusの最初の行で、まさにそれをしている。渡された式である引数にargsを束縛し、その後でquoteとunquoteを使って中置式のASTを構築する。こうしてできた新しい式は、「-」を使って最初の引数から2番目の引数を減算する。

このマクロが10 + 5を引数として呼ばれると、出てくるのは15ではなく、10 - 5を評価した結果になる。

```
iex(1)> MacroExample.plus_to_minus 10 + 5
5
```

そう、まさにコードがデータであるかのように変更したんだ！　これはCのプリプロセッサよりもはるかに強力だ。そうだろう？　ここが「データとしてのコード」陣営の面白くなってくるところだ。データとしてのコード？　コードが自分自身を変更する？　自分自身の外科手術？　マクロがコードを書く？　コードを書くコードを書く？　素晴らしい！　よし、私もやろう！

当然、Monkeyがマクロシステムを持つならば、マクロシステムはこの種のものでなければならないと私は心に決めた。そして、それがこれから作ろうとしているものだ。Monkeyのための構文マクロシステム。これでMonkeyのソースコードにアクセスしたり、変更したり、生成することもできる。

さあやってみよう！

A.2 Monkeyのためのマクロシステム

プログラミング言語にマクロを追加するには、何よりもまず沢山の質問に答える必要がある。「厳密にはどうやって？」「この変更がもたらす影響は何か？」「何が影響をうけるか？」。結果についての明確なイメージがあれば、これらの質問で迷子になることはない。そこで、いつも通り、具体的にはどういうものを構築したいのかを明らかにすることから始めよう。

これからMonkeyに追加するマクロシステムは、Elixirをお手本にしよう。これはさらにLispや

Schemeの世界で知られるシンプルなdefine-macroシステムをお手本にしている。

最初に追加するのはquote関数とunquote関数だ。これらがあれば、Monkeyコードが評価されるまさにその時点に影響を与えることができる。

Monkeyにおいてquoteを使うと次のようになるだろう。

```
$ go run main.go
Hello mrnugget! This is the Monkey programming language!
Feel free to type in commands
>> quote(foobar);
QUOTE(foobar)
>> quote(10 + 5);
QUOTE((10 + 5))
>> quote(foobar + 10 + 5 + barfoo);
QUOTE((((foobar + 10) + 5) + barfoo))
```

見ての通り、quoteは引数を1つ取り、その評価を中止する。クオートされたコードを表現するオブジェクトを返すことになる。

quoteと対をなすunquoteを使うと、quoteを迂回できるようになる。

```
>> quote(8 + unquote(4 + 4));
QUOTE((8 + 8))
```

unquoteはquoteに渡された式の中でのみ利用可能だ。しかし、その中であれば、前もってquoteされたソースコードをunquoteすることもできる。

```
>> let quotedInfixExpression = quote(4 + 4);
>> quotedInfixExpression;
QUOTE((4 + 4))
>> quote(unquote(4 + 4) + unquote(quotedInfixExpression));
QUOTE((8 + (4 + 4)))
```

これがマクロシステムの最後のピースを埋めるときに必要になるんだ。その最後のピースとは、macroリテラルだ。これらを使ってマクロを定義できる。

```
>> let reverse = macro(a, b) { quote(unquote(b) - unquote(a)); };
>> reverse(2 + 2, 10 - 5);
1
```

マクロリテラルは関数リテラルとよく似た見た目をしている。違いは、キーワードがfnではなくmacroだという点だ。一度マクロが名前を束縛すれば、それを関数のように呼び出すこともできる。ただし、マクロの呼び出しは評価のやり方が違う。Elixirと同様に、引数がマクロ本体に渡される前に評価されることはない。前述のあらかじめquoteしておいたコードをunquoteする機能と組み合わせると、選択的にマクロの引数を評価できる。引数は、つまるところquoteされたコードにすぎないんだ。

```
>> let evalSecondArg = macro(a, b) { quote(unquote(b)) };
>> evalSecondArg(puts("not printed"), puts("printed"));
printed
```

2番目の引数であるputs("printed")式だけを含むコードを返すことで、最初の引数が評価されるのをうまい具合に止めることができる。

これらの例でまだわからないことがあっても、わかってくるから心配はいらないよ！　これから、どういう仕組みで、なぜ動作するのかを具体的に見ることになる。なぜなら、これらが使っている機能を、私たち自身でゼロから実装していくからだ。

もちろん、マクロシステムを構築するにあたっては妥協も必要だ。その最も大きなものは、他の言語にあるような実戦投入可能なマクロシステムと同じように磨き上げられ、機能を完全に備えるというわけにはいかないことだ。しかし、そうは言っても、私たちは完全に動作するマクロシステムを構築する。理解しやすく、拡張しやすいものになる。だから、いつだって調整したり、最適化したり、改善できる。後でやりたいようにできるんだ。

さあ、コードを書くコードを書けるようにするコードを書こう！

A.3　クオート(quote)

最初に追加するのはquote関数だ。quoteはマクロの中でのみ使用できる。そして、その動作はシンプルに言葉にできる。もし呼ばれたら、その引数の評価を停止する。その代わりに、その引数を表現するASTノードを返す。

どうやってこれを実装するのだろうか？　戻り値から考えてみよう。Monkeyの全ての関数はインターフェイス型object.Objectの値を返す。そして、quoteもこの点では例外にできない。さもないと、Eval関数を壊してしまう。Eval関数は、全てのMonkeyの値がobject.Objectであることと、関数がobject.Objectを返すことを前提にしているんだ。

だから、quoteがast.Nodeを返せるようにするには、シンプルなラッパーが必要になる。これでobject.Objectにast.Nodeを格納して引き回せるようにする。実装をお見せしよう。

```
// object/object.go

const (
// [...]

    QUOTE_OBJ = "QUOTE"
)

type Quote struct {
    Node ast.Node
}
```

```
func (q *Quote) Type() ObjectType { return QUOTE_OBJ }
func (q *Quote) Inspect() string {
    return "QUOTE(" + q.Node.String() + ")"
}
```

大したことはやっていないだろう？　object.Quoteはast.Nodeを包むただの薄いラッパーだ。しかし、これがあれば私たちは次のステップに進める。次は、quoteの呼び出しを評価する際に、呼び出しの引数が評価されないようにする必要がある。代わりに、それをobject.Quoteでラップして返すんだ。そしてこれは大した問題ではないはずだ。私たちはEval関数の中で何が評価されるのかを完全に掌握している。

シンプルなテストケースを書いて、quoteが呼ばれたときに、今説明したことが正しく行われることを検証しよう。

```
// evaluator/quote_unquote_test.go

package evaluator

import (
    "testing"

    "monkey/object"
)

func TestQuote(t *testing.T) {
    tests := []struct {
        input    string
        expected string
    }{
        {
            `quote(5)`,
            `5`,
        },
    }

    for _, tt := range tests {
        evaluated := testEval(tt.input)
        quote, ok := evaluated.(*object.Quote)
        if !ok {
            t.Fatalf("expected *object.Quote. got=%T (%+v)",
                evaluated, evaluated)
        }

        if quote.Node == nil {
            t.Fatalf("quote.Node is nil")
        }

        if quote.Node.String() != tt.expected {
            t.Errorf("not equal. got=%q, want=%q",
                quote.Node.String(), tt.expected)
```

```
        }
    }
}
```

ぱっと見たところ、これはevaluatorパッケージにある他のテストと同じように見える。ソースコードをEvalに渡し、ある型のオブジェクトが返ってくることを期待するテストのことだ。このテストも同じことをしている。tt.inputをtestEvalに渡し、*object.Quoteが返ることを期待している。違いが現れるのは最後の部分だ。

最後のアサーションで、正しいast.Nodeが*object.Quoteの内側にラップされていることを検証する。これは、ノードのString()メソッドの戻り値とtt.expected文字列を比較することで行う。こうすれば、冗長な構造体リテラルを使ってast.Nodeを手で組み立てる必要がないので、テストは表現力のあるものになり、読みやすくできる。このやり方の欠点は、別の抽象レイヤーを通してテストしていることになる点だ。しかし、今回の場合は問題ないだろう。なぜなら、私たちはast.NodeのシンプルなString()メソッドに自信が持てるからだ。とはいえ、この制約は頭に置いておくべきだろう。

このテスト関数の動作がわかったところで、さらに数個のテストケースを追加しよう。quote呼び出しを評価してもその引数が評価されないことを検証するんだ。

```
// evaluator/quote_unquote_test.go

func TestQuote(t *testing.T) {
    tests := []struct {
        input    string
        expected string
    }{
// [...]
        {
            `quote(5 + 8)`,
            `(5 + 8)`,
        },
        {
            `quote(foobar)`,
            `foobar`,
        },
        {
            `quote(foobar + barfoo)`,
            `(foobar + barfoo)`,
        },
    }
// [...]
}
```

今のところ私たちが実装したのはobject.Quote定義だけなので、テストは次の通り失敗する。

```
$ go test ./evaluator
--- FAIL: TestQuote (0.00s)
  quote_unquote_test.go:37: expected *object.Quote. got=*object.Error\
```

```
    (&{Message:identifier not found: quote})
FAIL
FAIL    monkey/evaluator        0.009s
```

このテストが失敗する際に起きていることはこうだ。構文解析器は、まずquote()呼び出しを*ast.CallExpressionに変換する。次にEvalがこれらの式を受け取り、他の*ast.CallExpressionと同じように評価する。これはつまり、呼び出される関数そのものを探し出す処理が最初に実行されることを意味する。*ast.CallExpressionのFunctionフィールドが*ast.Identifierを含んでいるのであれば、Evalは現在の環境でその識別子を探そうとする。今の例では、quoteを検索することになり、結果は得られない。それでidentifier not found: quoteのエラーメッセージが出て来るというわけだ。

最初のやり方としては、quoteという名前の組み込み関数を定義する方法が思いつくかもしれない。そうすれば、Evalはその関数を探して呼び出そうとするはずだ。ここまではいい。しかし、問題はEvalが関数を呼び出すときのデフォルトの挙動だ。関数の本体を評価する前に何をするか覚えているだろうか？ **呼び出しの引数を評価してしまう！** これはまさにやってほしくないことだ！ quoteはその引数を**評価せずに**返すことが期待されている。

このやり方ではうまくいかない。必要なのは、次に示すEvalの既存の部分を変更することだ。quote呼び出し式においては引数を評価しないようにするんだ。

```
// evaluator/evaluator.go

func Eval(node ast.Node, env *object.Environment) object.Object {
  // [...]
    case *ast.CallExpression:
        function := Eval(node.Function, env)
        if isError(function) {
            return function
        }

        args := evalExpressions(node.Arguments, env)
        if len(args) == 1 && isError(args[0]) {
            return args[0]
        }

        return applyFunction(function, args)
  // [...]
}
```

このevalExpressions(node.Arguments, env)式こそが、quoteを呼び出しているときにスキップする必要のあるものだ。実際にそうするように変更しよう。Evalを短絡させる。

```
// evaluator/evaluator.go

func Eval(node ast.Node, env *object.Environment) object.Object {
  // [...]
    case *ast.CallExpression:
```

```
        if node.Function.TokenLiteral() == "quote" {
            return quote(node.Arguments[0])
        }

    // [...]
}
```

ここではシンプルに、quote呼び出しが来たかどうかを、呼び出し式のFunctionフィールドのTokenLiteral()をチェックすることで確認する。確かに、最高に美しい解決策というわけではない。それでも、これで用は足りるし、今のところこれで動作する。

呼び出し式がquote呼び出しだった場合は、quoteの単一の引数（quoteには1つの引数だけを許すつもりだと言っていたのを思い出して！）を、これまた同じ名前のquoteという関数に渡す。その関数は次の通りだ。

```
// evaluator/quote_unquote.go

import (
    "monkey/ast"
    "monkey/object"
)

func quote(node ast.Node) object.Object {
    return &object.Quote{Node: node}
}
```

あなたの期待通りだといいのだけれど。引数を受け取り、新しく割り当てた*object.Quoteでラップし、それを返すだけだ。そして、見てもらいたい。これでテストが通るんだ！

```
$ go test ./evaluator
ok      monkey/evaluator        0.009s
```

よし！　quoteは期待通りに動作している。素晴らしい！　いよいよ本当に面白いところに取りかかれる。quoteはその片割れにすぎない。マクロ犯罪の共犯者を構築する必要がある。unquoteだ。

A.4　アンクオート(unquote)

よく言うだろう。闇なくして光なし、EmacsなくしてVimなし、unquoteなくしてquoteなし、とかなんとか……。

quoteの狙いは、その引数を評価せずにast.Nodeのまま維持することだ。そして、unquoteはそこに穴を開けるために存在する。quoteを用いることで、Evalに「この部分はスキップしてくれ」と依頼する。しかし、unquoteを用いると「ここにあるやつは例外だ、これは評価してくれ」と付け加えることになる。

unquoteを使うとquote呼び出しの内側で式を評価できる。具体的に言うと、quote(8 + unquote(4

+ 4))を呼び出すときには、8 + unquote(4 + 4)を表現するast.Nodeが返ってきてほしいのではない。代わりに8 + 8がほしい。なぜなら、unquoteにはその引数を評価することを期待しているからだ。

幸いこの期待される挙動をテストケースに変換するのはかなり簡単で、次の通りだ。

```
// evaluator/quote_unquote_test.go

func TestQuoteUnquote(t *testing.T) {
    tests := []struct {
        input    string
        expected string
    }{
        {
            `quote(unquote(4))`,
            `4`,
        },
        {
            `quote(unquote(4 + 4))`,
            `8`,
        },
        {
            `quote(8 + unquote(4 + 4))`,
            `(8 + 8)`,
        },
        {
            `quote(unquote(4 + 4) + 8)`,
            `(8 + 8)`,
        },
    }

    for _, tt := range tests {
        evaluated := testEval(tt.input)
        quote, ok := evaluated.(*object.Quote)
        if !ok {
            t.Fatalf("expected *object.Quote. got=%T (%+v)",
                evaluated, evaluated)
        }

        if quote.Node == nil {
            t.Fatalf("quote.Node is nil")
        }

        if quote.Node.String() != tt.expected {
            t.Errorf("not equal. got=%q, want=%q",
                quote.Node.String(), tt.expected)
        }
    }
}
```

この仕組みは前に書いたTestQuote関数と同じだ。tt.inputをtestEvalに渡し、それからクオートされたast.NodeのString()の結果とtt.expectedの値を比較する。違うのはunquote呼び出しが

quote呼び出しの内側にある点だ。これでテストは失敗する。期待通りだ。

```
$ go test ./evaluator
--- FAIL: TestQuoteUnquote (0.00s)
  quote_unquote_test.go:88: not equal. got="unquote(4)", want="4"
  quote_unquote_test.go:88: not equal. got="unquote((4 + 4))", want="8"
  quote_unquote_test.go:88: not equal. got="(8 + unquote((4 + 4)))", want="(8 + 8)"
  quote_unquote_test.go:88: not equal. got="(unquote((4 + 4)) + 8)", want="(8 + 8)"
FAIL
FAIL    monkey/evaluator        0.009s
```

これらを通すのは簡単そうに見えるかもしれない。何しろ評価の仕方はもう知っているんだから！ unquoteの呼び出しを評価するくらい楽勝だろう？　すでに*ast.CallExpressionのためのcase分岐がEvalにあるから、別の条件を追加すればいいじゃないか。ちょうどquoteでやったようにね。

いやいや、まさにここが難しいところなんだ。

Evalをもう一度いじるだけではだめなんだ。なぜかというと、Evalを呼び出すことが決してないからだ！　覚えているかな。quote呼び出しが出てきたら、その引数は*object.Quoteの内側にラップされ、私たちの望む通り**Evalには渡されない**。また、unquote呼び出しはquote呼び出しの内側だけで許されるので、Evalは決してそれらに出会うことがない。つまり、Evalの再帰の働きに頼ってunquote呼び出しを探してもらい、評価するわけにはいかないことになる。それを自前でやらなければならない。

つまり、このテストを通すには、quoteに渡された引数を辿ってunquoteの呼び出しを見つけ出し、それらの引数をEvalする必要がある。よいニュースは、それがさほど難しくないことだ。すでにEvalでやったことがあるのを、ここでもう一度やる必要があるだけだ。このとき、一点だけアレンジが必要だ。ASTを辿りながらノードを変更する必要がある。

A.4.1　木を歩く

「変更」という言葉にはいくらか説明が必要だ。まずASTを辿ることからはじめ、unquoteの呼び出しを探し、その引数をEval呼び出しに渡す。ここまでのところ、何も変更されるものはない。その引数が評価された後、初めて「変更」の部分にやってくる。ここで私たちは、unquoteに関する*ast.CallExpression全体を、このEval呼び出しの結果で置き換えたいんだ。

問題は、これが*ast.CallExpressionをEvalの戻り値、つまりobject.Objectで置き換えることになる点だ。コンパイラはそれを許してくれないだろう。これを解決するには、unquote呼び出しの結果を新しいASTノードに変換し、この新たに作成したASTノードで既存のunquote呼び出しを置換（変更！）する必要がある。

大丈夫だ。すぐにその意味がわかる。

これを全て自前で、つまりEvalの助けなしに行うために、また、その結果としてunquoteが動作するようにするために、ASTのトラバーサルを行い、ast.Nodeの変更や置換も可能にする一般的な関数を作成する。この処理は一般的なもので、unquoteに固有な処理ではない。というのも、これがまた後ほど、quoteとunquoteを組み込んだ後に、マクロの面倒を見るために必要になるからだ。そこでコードをかなりいい感じにしてくれる。

さて。このような関数を追加するのに、私たちの旧友astパッケージよりも他にふさわしい場所があるだろうか？

A.4.1.1 最初のステップ

この関数にしてほしいのは次のようなことだ。

```
// ast/modify_test.go

package ast

import (
    "reflect"
    "testing"
)

func TestModify(t *testing.T) {
    one := func() Expression { return &IntegerLiteral{Value: 1} }
    two := func() Expression { return &IntegerLiteral{Value: 2} }

    turnOneIntoTwo := func(node Node) Node {
        integer, ok := node.(*IntegerLiteral)
        if !ok {
            return node
        }

        if integer.Value != 1 {
            return node
        }

        integer.Value = 2
        return integer
    }

    tests := []struct {
        input    Node
        expected Node
    }{
        {
            one(),
            two(),
        },
        {
            &Program{
                Statements: []Statement{
                    &ExpressionStatement{Expression: one()},
                },
```

```
            },
            &Program{
                Statements: []Statement{
                    &ExpressionStatement{Expression: two()},
                },
            },
        },
    }

    for _, tt := range tests {
        modified := Modify(tt.input, turnOneIntoTwo)

        equal := reflect.DeepEqual(modified, tt.expected)
        if !equal {
            t.Errorf("not equal. got=%#v, want=%#v",
                modified, tt.expected)
        }
    }
}
```

かなりの部分がテストのセットアップだ。ここで何をしたいのかを詳しく見ていこう。

testsを定義する前に、2つのヘルパー関数を定義している。oneとtwoだ。どちらも新しい*ast.IntegerLiteralを返す。それぞれ数1と2をラップしている。oneとtwoがあるおかげで、整数リテラルをテストケースの中で毎度生成する必要がなくなる。おかげでテストが少し読みやすくなる。

次に、turnOneIntoTwoという名前の関数を定義している。この関数は興味深いインターフェイスを持っている。ast.Nodeを受け取り、ast.Nodeを返すんだ。そして、渡されたast.Nodeが1を表現する*ast.IntegerLiteralかどうかを判定する。もしそうであれば、1を2に変える。つまり、ast.Nodeを「変更」するんだ。書くのも理解するのも簡単だ。間違えようもないくらいだ。というわけで、これをシンプルなヘルパー関数として、未実装のast.Modify関数に渡す。

最初のテストケースでは、テスト入力はoneが返した単一のノードだけで構成される。このノードをturnOneIntoTwoとともにModifyに渡すと、それがtwoになることを期待している。これはかなりシンプルだ。ノードがやってきて、それが特定の条件にマッチしたら変更され、返される。

2番目のテストでは、ast.Modifyにより多くを期待している。具体的には、与えられたast.Programツリーを歩き、それぞれの子ノードをturnOneIntoTwoに渡すことを期待する。これで、後ほどoneがtwoに変換されたことを確認できる。

これがunquote呼び出しを探して新しいASTノードで置換するというユースケースとどう関係しているのか、もうおわかりだろう。

テストは当然失敗する。まだast.Modifyが存在していないんだ。

```
$ go test ./ast
# monkey/ast
ast/modify_test.go:49: undefined: Modify
FAIL    monkey/ast [build failed]
```

再帰の力のおかげで（これを3回唱えよう！　幸運のために！）、両方のテストケースを通すのに必要なコードはそう多くない。

```
// ast/modify.go

type ModifierFunc func(Node) Node

func Modify(node Node, modifier ModifierFunc) Node {
    switch node := node.(type) {

    case *Program:
        for i, statement := range node.Statements {
            node.Statements[i], _ = Modify(statement, modifier).(Statement)
        }

    case *ExpressionStatement:
        node.Expression, _ = Modify(node.Expression, modifier).(Expression)
    }

    return modifier(node)
}
```

そう、これで全部だ。

```
$ go test ./ast
ok      monkey/ast      0.007s
```

ast.Modifyには重要なことが2つあって、そのおかげでうまく動作するんだ。

1つ目は、与えられたast.Nodeの子を再帰的に下っていくことだ。これこそがswitch文で行われていることであり、この仕組みはすでにEval関数を実装したときに理解した。しかし、ここでは対応するcaseの存在しない、しかも今後実装する予定もないast.Nodeもある。例えば、*ast.IntegerLiteralがそうだ。なぜなら、彼らの子を辿ることができないからだ。辿ろうにも子を全く持っていないんだ。しかし、もし*ast.Programのように子があれば、ast.Modifyをそれぞれの子について呼び出せばよい。それがまた子の子に対するast.Modify呼び出しを発生させ、以下同様だ。つまりは再帰ということだね。

このast.Modifyの再帰呼び出しがもたらす重要な影響は、呼び出しの引数として使われているノードを、ast.Modifyによって返されるノードで置き換えることだ。これがast.Modifyの背景にある2つ目の重要な点だ。

ast.Modifyの最後の行で、与えられたNodeに対してmodifierを呼び出し、その結果を**返している**。これが重要だ。もしmodifier(node)を呼び出した後return nodeしてしまうと、ASTの中のノードを置換することができない。せいぜいノードを変化させることしかできないんだ。

最後の行のもう1つの効果は、再帰を停止することだ。もしここにたどり着いたら、それ以上辿れる子がないので、返すだけだ。

A.4.1.2 巡回を完成させる

これでast.Modifyの構造ができた。あとは空白を埋めて完成させるだけだ。そうすれば、あらゆる種類のast.Nodeを含んだ*ast.Programをトラバースできるようになる。

確かに、この先は私たちの旅の最もエキサイティングな部分というわけではないけれど、いくつか見どころもある。

中置式

中置式の変更に関するテストケースは次の通りだ。

```
// ast/modify_test.go

func TestModify(t *testing.T) {
// [...]

    tests := []struct {
        input    Node
        expected Node
    }{
// [...]
        {
            &InfixExpression{Left: one(), Operator: "+", Right: two()},
            &InfixExpression{Left: two(), Operator: "+", Right: two()},
        },
        {
            &InfixExpression{Left: two(), Operator: "+", Right: one()},
            &InfixExpression{Left: two(), Operator: "+", Right: two()},
        },
    }

// [...]
}
```

ここで重要なのはast.Modifyが間違いなく*ast.InfixExpressionの両方の腕LeftとRightをトラバースし、必要に応じて変更することの検証だ。実際にはまだ変更していないけれど。

```
$ go test ./ast
--- FAIL: TestModify (0.00s)
        modify_test.go:62: not equal. got=&ast.InfixExpression{[...]},\
         want=&ast.InfixExpression{[...]}
        modify_test.go:62: not equal. got=&ast.InfixExpression{[...]},\
         want=&ast.InfixExpression{[...]}
FAIL
FAIL    monkey/ast      0.006s
```

紙面の節約のため、失敗するテストの出力を一部削除して「[...]」で置換した。この節の残りの部分では失敗するテストの出力を示すことも控える。

このテストが失敗するのは、one整数リテラルがまだtwoに置換されていないからだ。これを修正するには、case分岐をast.Modifyに追加すればよい。

```
// ast/modify.go

func Modify(node Node, modifier ModifierFunc) Node {
    switch node := node.(type) {

// [...]
    case *InfixExpression:
        node.Left, _ = Modify(node.Left, modifier).(Expression)
        node.Right, _ = Modify(node.Right, modifier).(Expression)

    }

// [...]
}
```

これでテストが通るので次に進める。

前置式

これが前置式のためのテストケースだ。

```
// ast/modify_test.go

func TestModify(t *testing.T) {
// [...]

    tests := []struct {
        input    Node
        expected Node
    }{
// [...]
        {
            &PrefixExpression{Operator: "-", Right: one()},
            &PrefixExpression{Operator: "-", Right: two()},
        },
    }

// [...]
}
```

そしてこれらのテストを通すためのcase分岐がこれだ。

```
// ast/modify.go

func Modify(node Node, modifier ModifierFunc) Node {
    switch node := node.(type) {

// [...]
```

```
    case *PrefixExpression:
        node.Right, _ = Modify(node.Right, modifier).(Expression)

    }

// [...]
}
```

添字式

添字式にも2つの「腕」がある。それをテストで確認する必要がある。

```
// ast/modify_test.go

func TestModify(t *testing.T) {
// [...]

    tests := []struct {
        input    Node
        expected Node
    }{
// [...]
        {
            &IndexExpression{Left: one(), Index: one()},
            &IndexExpression{Left: two(), Index: two()},
        },
    }

// [...]
}
```

LeftノードとIndexノードを辿るのも簡単だ。

```
// ast/modify.go

func Modify(node Node, modifier ModifierFunc) Node {
    switch node := node.(type) {

// [...]
    case *IndexExpression:
        node.Left, _ = Modify(node.Left, modifier).(Expression)
        node.Index, _ = Modify(node.Index, modifier).(Expression)

    }

// [...]
}
```

if式

if式には可変部がずいぶん多い。これらをトラバースし、必要に応じて変更する必要がある。まず

Conditionだ。これは任意のast.Expressionである可能性がある。さらに、Consequenceフィールドと Alternativeフィールドだ。これらは*ast.BlockStatementであり、任意個のast.Statementを含むことができる。テストケースはこれらの全てを正しくトラバースしていることを確認する。

```
// ast/modify_test.go

func TestModify(t *testing.T) {
// [...]

    tests := []struct {
        input    Node
        expected Node
    }{
// [...]
        {
            &IfExpression{
                Condition: one(),
                Consequence: &BlockStatement{
                    Statements: []Statement{
                        &ExpressionStatement{Expression: one()},
                    },
                },
                Alternative: &BlockStatement{
                    Statements: []Statement{
                        &ExpressionStatement{Expression: one()},
                    },
                },
            },
            &IfExpression{
                Condition: two(),
                Consequence: &BlockStatement{
                    Statements: []Statement{
                        &ExpressionStatement{Expression: two()},
                    },
                },
                Alternative: &BlockStatement{
                    Statements: []Statement{
                        &ExpressionStatement{Expression: two()},
                    },
                },
            },
        },
    }

// [...]
}
```

ありがたいことに、このテストケースをグリーンにするために必要な行はずっと少ない。

```
// ast/modify.go

func Modify(node Node, modifier ModifierFunc) Node {
    switch node := node.(type) {

// [...]
    case *IfExpression:
        node.Condition, _ = Modify(node.Condition, modifier).(Expression)
        node.Consequence, _ = Modify(node.Consequence, modifier).(*BlockStatement)
        if node.Alternative != nil {
            node.Alternative, _ = Modify(node.Alternative, modifier).(*BlockStatement)
        }

    case *BlockStatement:
        for i, _ := range node.Statements {
            node.Statements[i], _ = Modify(node.Statements[i], modifier).(Statement)
        }

    }

// [...]
}
```

return文

return文は子を1つ持つ。ReturnValueで、これはast.Expressionだ。

```
// ast/modify_test.go

func TestModify(t *testing.T) {
// [...]

    tests := []struct {
        input    Node
        expected Node
    }{
// [...]
        {
            &ReturnStatement{ReturnValue: one()},
            &ReturnStatement{ReturnValue: two()},
        },
    }

// [...]
}
```

小さくてかわいいテストケースじゃないか。テストを通るようにするこの超かわいいcase分岐を見てくれ。

```
// ast/modify.go

func Modify(node Node, modifier ModifierFunc) Node {
    switch node := node.(type) {

// [...]
    case *ReturnStatement:
        node.ReturnValue, _ = Modify(node.ReturnValue, modifier).(Expression)

    }

// [...]
}
```

わかってる、わかってるよ。「超かわいい」なんてことはないし、正直そろそろ飽きてきたよね。でももうすぐ終わりだから。本当だよ。

let文

let文には可変部が1つある。名前を束縛するValueだ。

```
// ast/modify_test.go

func TestModify(t *testing.T) {
// [...]

    tests := []struct {
        input    Node
        expected Node
    }{
// [...]
        {
            &LetStatement{Value: one()},
            &LetStatement{Value: two()},
        },
    }

// [...]
}
```

*ast.LetStatementのためのcase分岐は、このValueをmodifier関数に渡す。

```
// ast/modify.go

func Modify(node Node, modifier ModifierFunc) Node {
    switch node := node.(type) {

// [...]
    case *LetStatement:
        node.Value, _ = Modify(node.Value, modifier).(Expression)
```

```
    }

// [...]
}
```

やれやれ。文は終わったよ！　リテラルに対応しよう！

関数リテラル

関数リテラルはBodyを持つ。これは*ast.BlockStatementだ。そしてParametersを持つ。これは*ast.Identifierのスライスだ。厳密にいえば、これらのパラメータをトラバースするかどうかは任意だ。ast.ModifierFuncが自分自身でそれを行うこともできる。なぜならそれは関数リテラルを受け取るし、パラメータは子をそれ以上含むことがないからだ。しかし、私たちは親切なので、面倒を見ることにしよう。ここで簡単にテストすることはできないけれど。

```
// ast/modify_test.go

func TestModify(t *testing.T) {
// [...]

    tests := []struct {
        input    Node
        expected Node
    }{
// [...]
        {
            &FunctionLiteral{
                Parameters: []*Identifier{},
                Body: &BlockStatement{
                    Statements: []Statement{
                        &ExpressionStatement{Expression: one()},
                    },
                },
            },
            &FunctionLiteral{
                Parameters: []*Identifier{},
                Body: &BlockStatement{
                    Statements: []Statement{
                        &ExpressionStatement{Expression: two()},
                    },
                },
            },
        },
    }

// [...]
}
```

*ast.BlockStatementのためのcase分岐はすでにあるので、この新しいテストを通すのにそう多く

の行は必要ない。

```
// ast/modify.go

func Modify(node Node, modifier ModifierFunc) Node {
    switch node := node.(type) {

// [...]
    case *FunctionLiteral:
        for i, _ := range node.Parameters {
            node.Parameters[i], _ = Modify(node.Parameters[i], modifier).(*Identifier)
        }
        node.Body, _ = Modify(node.Body, modifier).(*BlockStatement)

    }

// [...]
}
```

配列リテラル

配列リテラルは式のカンマ区切りリストだ。全ての式が処理され、`ast.Modify`に正しく渡されることをテストすれば十分だ。

```
// ast/modify_test.go

func TestModify(t *testing.T) {
// [...]

    tests := []struct {
        input    Node
        expected Node
    }{
// [...]
        {
            &ArrayLiteral{Elements: []Expression{one(), one()}},
            &ArrayLiteral{Elements: []Expression{two(), two()}},
        },
    }

// [...]
}
```

ループを1つ追加するだけでこのテストケースは通るようになる。

```
// ast/modify.go

func Modify(node Node, modifier ModifierFunc) Node {
    switch node := node.(type) {

// [...]
```

```
    case *ArrayLiteral:
        for i, _ := range node.Elements {
            node.Elements[i], _ = Modify(node.Elements[i], modifier).(Expression)
        }

    }

// [...]
}
```

ハッシュリテラル

ハッシュリテラルにはトラバースしなければならないフィールドが1つだけある。Pairsという名前で、これはmap[Expression]Expressionだ。つまり、このmapをトラバースして、mapのキーと値の両方を変更する必要がある。なぜなら、そのどちらにも変更したいノードが含まれる可能性があるからだ。

このこと自体は問題ではない。しかし、このためのテストが私たちの既存のフレームワークにしっくりはまらないんだ。問題はキーと値がポインタであるようなmapに対するreflect.DeepEqualの挙動にある。とはいえ、ここでは深入りしない。ともかく、*ast.HashLiteralのための専用のセクションをTestModifyの最後に設け、そこではreflect.DeepEqualを使わないようにする。

```
// ast/modify_test.go

func TestModify(t *testing.T) {
// [...]

    hashLiteral := &HashLiteral{
        Pairs: map[Expression]Expression{
            one(): one(),
            one(): one(),
        },
    }

    Modify(hashLiteral, turnOneIntoTwo)

    for key, val := range hashLiteral.Pairs {
        key, _ := key.(*IntegerLiteral)
        if key.Value != 2 {
            t.Errorf("value is not %d, got=%d", 2, key.Value)
        }
        val, _ := val.(*IntegerLiteral)
        if val.Value != 2 {
            t.Errorf("value is not %d, got=%d", 2, val.Value)
        }
    }
}
```

これは目新しいけれど、私たちには簡単に理解できる。まず、Pairsにoneだけが入っている新しい

*ast.HashLiteralを作成する。次に、このハッシュリテラルはast.Modifyに渡され、その後に、それぞれのoneがtwoに変換されたことを手で検証する。現時点ではこれはうまくいかない。

```
$ go test ./ast
--- FAIL: TestModify (0.00s)
  modify_test.go:146: value is not 2, got=1
  modify_test.go:150: value is not 2, got=1
  modify_test.go:146: value is not 2, got=1
  modify_test.go:150: value is not 2, got=1
FAIL
FAIL    monkey/ast      0.007s
```

これを直すには、新しいmap[Expression]Expressionを作成してPairsを置換することになる。

```
// ast/modify.go

func Modify(node Node, modifier ModifierFunc) Node {
    switch node := node.(type) {

// [...]
    case *HashLiteral:
        newPairs := make(map[Expression]Expression)
        for key, val := range node.Pairs {
            newKey, _ := Modify(key, modifier).(Expression)
            newVal, _ := Modify(val, modifier).(Expression)
            newPairs[newKey] = newVal
        }
        node.Pairs = newPairs

    }

// [...]
}
```

これでテストが通る。

```
$ go test ./ast
ok      monkey/ast      0.006s
```

これで私たちの新しいast.Modify関数は完成だ！　やっと次に進める。しかし、その前に伝えなければならないことがある。

A.4.1.3 アンダースコアはTODOだ

エラー処理だ！　手短に言うと無視した。ast.Modifyにおいて型アサーションが問題なく動作していることを確認せず、恐怖の「_」を使って起こりうるエラーを無視した。もちろん、これは**あるべき**姿ではない。正しく実装されていない理由は紙幅だ。完全なエラー処理をここで示すと紙面を取りすぎる。かなり退屈な条件分岐と真偽値のチェックに満ち溢れることになるだろう。

というわけで、表に出て踊ってast.Modifyがついに動いたぞという歌を歌う前に、どうかast.Modifyの「_」を頭の片隅に置いておいてほしい。

それはそれとして……。やった！　ast.Modifyを見事に構築できた！

A.4.2 unquote呼び出しの置換

ast.Modifyが組み込まれ、しっかりテストされたので、やっと注意を元の作業に戻すことができる。覚えているだろうか？　評価されない、つまりquoteされたast.Nodeの中にある、unquoteの引数を評価する必要がある。もし思い出せなくても、この失敗しているテストを見れば思い出すだろう。

```
$ go test ./evaluator
--- FAIL: TestQuoteUnquote (0.00s)
  quote_unquote_test.go:88: not equal. got="unquote(4)", want="4"
  quote_unquote_test.go:88: not equal. got="unquote((4 + 4))", want="8"
  quote_unquote_test.go:88: not equal. got="(8 + unquote((4 + 4)))", want="(8 + 8)"
  quote_unquote_test.go:88: not equal. got="(unquote((4 + 4)) + 8)", want="(8 + 8)"
FAIL
FAIL    monkey/evaluator        0.007s
```

さて、TestQuoteUnquoteを通すには何をしなければならないだろうか？　ast.Modifyの観点で考えると、これはかなり説明しやすい。ast.Nodeをquoteするときは、常にこれをまずast.Modifyに渡す必要がある。そして、ast.Modifyの2番目の引数、ast.ModifierFuncはunquoteの呼び出しを置換する必要がある。

最初の一歩をやってみよう。

```
// evaluator/quote_unquote.go

import (
    "monkey/ast"
    "monkey/object"
)

func quote(node ast.Node) object.Object {
    node = evalUnquoteCalls(node)
    return &object.Quote{Node: node}
}

func evalUnquoteCalls(quoted ast.Node) ast.Node {
    return ast.Modify(quoted, func(node ast.Node) ast.Node {
        if !isUnquoteCall(node) {
            return node
        }

        call, ok := node.(*ast.CallExpression)
        if !ok {
            return node
        }
```

```
        if len(call.Arguments) != 1 {
            return node
        }

        return node
    })
}

func isUnquoteCall(node ast.Node) bool {
    callExpression, ok := node.(*ast.CallExpression)
    if !ok {
        return false
    }

    return callExpression.Function.TokenLiteral() == "unquote"
}
```

既存のquote関数への変更は最低限で済む。クオートされる前にnodeを新しいevalUnquoteCalls関数へと渡すだけだ。

それからevalUnquoteCallsはast.Modifyを使ってquotedパラメータに含まれる全てのast.Nodeをトラバースする。このとき、このast.ModifierFuncは、与えられたast.Nodeがunquote呼び出しかどうかと、その引数を1つかをチェックする。そう、今のところこの変更関数は実質的には何もしていない。受け取ったnodeをチェックするだけで何も変更しないんだ。だから、そう、これではテストを通すには不十分だ。

```
$ go test ./evaluator
--- FAIL: TestQuoteUnquote (0.00s)
  quote_unquote_test.go:88: not equal. got="unquote(4)", want="4"
  quote_unquote_test.go:88: not equal. got="unquote((4 + 4))", want="8"
  quote_unquote_test.go:88: not equal. got="(8 + unquote((4 + 4)))", want="(8 + 8)"
  quote_unquote_test.go:88: not equal. got="(unquote((4 + 4)) + 8)", want="(8 + 8)"
FAIL
FAIL    monkey/evaluator        0.007s
```

unquote呼び出しを見つけたら今度は何をする必要があるだろうか？　unquoteはquoteに穴を開けるために存在する。つまり、引数の評価を停止するquoteとは対照的に、引数を評価するべきなんだ。そして、そのやり方はすでに知っている。そう、Evalを呼び出せばいいんだ！

しかし、Evalを使うにはノードを評価するための*object.Environmentも必要だ。quoteが呼ばれた時点では手元にあるので、これを渡してくれればよい。このために、まずEvalにあるcase分岐を変更し、quoteに引数を追加しなければならない。

```
// evaluator/evaluator.go

func Eval(node ast.Node, env *object.Environment) object.Object {
// [...]
```

```
    case *ast.CallExpression:
        if node.Function.TokenLiteral() == "quote" {
            return quote(node.Arguments[0], env)
        }

// [...]
}
```

それからquoteのシグニチャを変更し、envをevalUnquoteCallsに渡す。

```
// evaluator/quote_unquote.go

func quote(node ast.Node, env *object.Environment) object.Object {
    node = evalUnquoteCalls(node, env)
    return &object.Quote{Node: node}
}
```

そして、evalUnquoteCallsの中の無名関数で、ようやく渡されたenvを使ってEvalを呼び出せる。

```
// evaluator/quote_unquote.go

func evalUnquoteCalls(quoted ast.Node, env *object.Environment) ast.Node {
    return ast.Modify(quoted, func(node ast.Node) ast.Node {
// [...]

        return Eval(call.Arguments[0], env)
    })
}
```

完璧だ！　これが動作しないことを除けばね。コンパイラは私たちのファイルを受理してくれない。これは真っ当な挙動だ。

```
$ go test ./evaluator
# monkey/evaluator
evaluator/quote_unquote.go:28: cannot use Eval(call.Arguments[0], env)\
  (type object.Object) as type ast.Node in return argument:
        object.Object does not implement ast.Node (missing String method)
FAIL    monkey/evaluator [build failed]
```

ちょうどこの章の前のほうで予想した通りだ。新しく挿入されたEval呼び出しはobject.Objectを返す。そして、これが私たちのast.ModifierFuncの戻り値としては認められない。ast.Nodeを返さなければならないんだ。object.Objectは手に入ったけれど、ast.Nodeが必要だ。

この問題を解くことがquote/unquoteパズルの最後のピースだ。一歩引いて何が必要なのか分析しよう。

私たちのGo関数quoteは*object.Quoteを返す。これは未評価のast.Nodeを含んでいる。この未評価のノード内で式を評価するために、Monkey関数unquoteを呼ぶことができる。これを実現するには、unquoteの引数を評価し、ast.Nodeであるその呼び出し式全体を、その評価の結果で置き換える必要がある。その結果というのはEvalが返すobject.Objectだ。

つまり、unquoteの呼び出しを置換し、結果を逆に未評価のast.Nodeに挿入するには、それをまたast.Nodeに変換しなければならないんだ！

```
// evaluator/quote_unquote.go

import (
// [...]
    "fmt"
    "monkey/token"
)

func evalUnquoteCalls(quoted ast.Node, env *object.Environment) ast.Node {
    return ast.Modify(quoted, func(node ast.Node) ast.Node {
// [...]

        unquoted := Eval(call.Arguments[0], env)
        return convertObjectToASTNode(unquoted)
    })
}

func convertObjectToASTNode(obj object.Object) ast.Node {
    switch obj := obj.(type) {
    case *object.Integer:
        t := token.Token{
            Type:    token.INT,
            Literal: fmt.Sprintf("%d", obj.Value),
        }
        return &ast.IntegerLiteral{Token: t, Value: obj.Value}

    default:
        return nil
    }
}
```

この新しいconvertObjectToASTNode関数が、与えられたobjを表現するast.Nodeを作成する。対応するtoken.Tokenも作成する。そうしないとテストが壊れてしまう（私たちのast.NodeのString()メソッドはトークンにかなり依存しているからだ）。これは説明としては最善ではないし、ここでトークンを生成するのもおそらく最善ではない。しかし、これは私たちが妥協しようとしている点の1つだ。トークンの他にも、発生しうるエラーを無視してnilを返している。でも、これは読者のための演習なんだ。私が間違えたことをくよくよ悩んでいるわけではないよ……。

よし、これでテストは通る。

```
$ go test ./evaluator
ok      monkey/evaluator        0.009s
```

quoteとunquoteが動いた！ これでquoteを用いてソースコードが評価されるのを停止することも、その例外としてunquoteを用いて特定のノードだけ評価することもできるようになった。

これだけではない。まだ隠し機能があるんだ。evalUnquoteCallsの中でquote呼び出し時の環境、つまりenvにアクセスできることに気がついたかもしれない。そしてこのenvをast.ModifierFuncの中のEval呼び出しで使う。そう、このおかげでunquoteの中では環境を意識した評価が行える。何が可能になるのかをTestQuoteUnquoteで見てみよう。

```
// evaluator/quote_unquote_test.go

func TestQuoteUnquote(t *testing.T) {
    tests := []struct {
        input    string
        expected string
    }{
// [...]
        {
            `let foobar = 8;
            quote(foobar)`,
            `foobar`,
        },
        {
            `let foobar = 8;
            quote(unquote(foobar))`,
            `8`,
        },
    }

// [...]
}
```

最初のテストは、クオートした識別子が解決されないこと、つまり評価されないことを確認する。これは基本的な確認だ。

一方、2番目のテストではunquoteを使って識別子foobarを評価している。このとき、Evalに渡されたenvが使われる。そこで、今度は識別子が解決され、束縛しているオブジェクトが返る。そして、そのオブジェクトはASTノードへ変換される。素晴らしい。環境が手元にあることが、後々かなり強い威力を持つ。

唯一の問題はconvertObjectToASTNodeが整数をASTノードに変換する方法しか知らないことだ。さらにテストを追加して拡張し、convertObjectToASTNodeが色々な型のオブジェクトを変換できるようにしよう。

A.4.2.1 真偽値をASTノードに変換する

*oject.Booleanをast.Nodeに変換するのは、整数をASTノードに変換するのと同じくらい簡単だ。ここに示す2つのテストでtrueリテラルを扱えることと、式を評価した結果が真偽値になる場合を扱

えることを確認する。

```
// evaluator/quote_unquote_test.go

func TestQuoteUnquote(t *testing.T) {
    tests := []struct {
        input    string
        expected string
    }{
// [...]
        {
            `quote(unquote(true))`,
            `true`,
        },
        {
            `quote(unquote(true == false))`,
            `false`,
        },
    }

// [...]
}
```

このテストは失敗する。convertObjectToASTNodeはまだ真偽値の扱い方を知らないからだ。

```
$ go test ./evaluator
--- FAIL: TestQuoteUnquote (0.00s)
  quote_unquote_test.go:101: quote.Node is nil
FAIL
FAIL    monkey/evaluator        0.009s
```

必要なのは新たなcase分岐をconvertObjectToASTNodeのswitch文に追加することだけだ。

```
// evaluator/quote_unquote.go

func convertObjectToASTNode(obj object.Object) ast.Node {
    switch obj := obj.(type) {
// [...]

    case *object.Boolean:
        var t token.Token
        if obj.Value {
            t = token.Token{Type: token.TRUE, Literal: "true"}
        } else {
            t = token.Token{Type: token.FALSE, Literal: "false"}
        }
        return &ast.Boolean{Token: t, Value: obj.Value}
// [...]
    }
}
```

これでテストが通る。もう問題なくconvertObjectToASTNodeに他の型を追加できるはずだ。でも、まだ1つ追加できることがある。とても格好いいので、あなたに**見せなくてはならない**んだ。

A.4.2.2 quoteの中のunquoteの中のquote

quote呼び出しの中のunquote呼び出しの中のquote呼び出しに、convertObjectToASTNodeを修正するだけで対応できるんだ。素晴らしい。いや、わかっているよ。確かに「クオートされたソースコードの中のクオートされたソースコードをアンクオートする」というのはメタプログラミングの本にうってつけのタイトルであって、私の意図を説明する言葉としてはふさわしくない。

テストを見てもらおう。わかりやすくなるはずだ。

```
// evaluator/quote_unquote_test.go

func TestQuoteUnquote(t *testing.T) {
    tests := []struct {
        input    string
        expected string
    }{
// [...]
        {
            `quote(unquote(quote(4 + 4)))`,
            `(4 + 4)`,
        },
        {
            `let quotedInfixExpression = quote(4 + 4);
            quote(unquote(4 + 4) + unquote(quotedInfixExpression))`,
            `(8 + (4 + 4))`,
        },
    }

// [...]
}
```

どちらのテストケースでも最初に中置式4 + 4をクオートしている。それから、それをunquoteの引数として用いる。そしてこれ自体が外側のquote呼び出しの引数になっている。

2番目のテストケースを見ると、この機能に何を求めているのかが特にわかりやすい。クオートしたソースコードを持ち運びたいんだ。前もってquoteされたソースコードをunquoteできるようになれば、ast.Nodeを他の複数のast.Nodeから構築できるようになる。これはすぐに便利だとわかるだろう。マクロの構築を始めると、まさにこの機構を活用することになるからだ。

しかし、まずはこの失敗するテストを修正しなければならない。まだunquoteは*object.Quoteを扱うことができないんだ。

```
$ go test ./evaluator
--- FAIL: TestQuoteUnquote (0.00s)
  quote_unquote_test.go:110: quote.Node is nil
FAIL
FAIL    monkey/evaluator        0.007s
```

そして、これがテストを通すのに必要な変更だ。この追加がなんとも見事だ。

```
// evaluator/quote_unquote.go

func convertObjectToASTNode(obj object.Object) ast.Node {
    switch obj := obj.(type) {
// [...]

    case *object.Quote:
        return obj.Node

// [...]
    }
}
```

必要なのは2行だけだ。素晴らしい。もし、なぜこれでquote(unquote(quote()))が正しく動作するようになるのかを理解できなくても心配はいらない。無理もないことだ。これを理解するには何度か見返す必要がある。

私たちのメタプログラミングとマクロシステムの世界を巡る冒険のフィナーレである、マクロ展開フェーズへと進む前に、私たちのquote/unquoteに欠けているものをいくつか指摘しなければならない。

A.4.2.3　注意点

適切なASTノードの変更が欠けている。これは単に本書の範疇ではないからだ。現時点ではast.Modifyは単に子ノードを変更する。しかし、親ノードのTokenフィールドは更新していない。この結果、String()メソッドが誤った情報を返すノードが生じ、辻褄の合わないASTができたり、バグにつながったりする可能性もある。

convertObjectToASTNodeでは、新しいトークンをオンザフライで生成している。これは現時点では問題ではない。しかし、もしトークンにファイル名や行番号など、その由来の情報を含めるのであれば、それらをここで更新しなければならない。そして、動的に生成されるトークンについてそれを行うのはなかなか大変だ。

それから、もちろんエラー処理もだ。今のところ「適切」でも「しっかり」でもなく、「幸運をお祈りする」レベルだ。

よし、私は義務を果たした。影に潜む物事について警告したので、マクロシステムの最後のゲートに向かって歩みを進める準備は万端だ。マクロ展開フェーズを実装しよう。

A.5　マクロ展開

Monkeyのソースコードは複数のステップを経て解釈される。最初に字句解析器にソースコードを与えてトークン列を得る。次に構文解析器がトークン列をASTに変換する。最後にEvalがこのASTを受け取り、そのノードを再帰的に、文から文へ、式から式へと評価する。3つのステップがある。字句解析、構文解析、評価だ。データ構造の観点からは、文字列からトークン列、トークン列からAST、ASTから出力だ。

これからすることは、ここにまた別のフェーズを追加することだ。ちょうどその2番目と3番目、つまり構文解析と評価の間に納まる。しかも、これはこの場所以外には配置できない。この位置である必然性があるんだ。その理由は「マクロ展開」が意味することにある。

考え方としては、「マクロ展開」はソースコード中の全てのマクロ呼び出しを評価し、それらをその評価結果で置換することだ。マクロはソースコードを入力として受け取り、ソースコードを返す。それで、マクロを呼び出すことによってソースコードを「拡張」できるわけだ。それぞれの呼び出しで色々なことができるからだ。

これを可能にするためには、ソースコードがアクセスしやすい形式である必要がある。そうなるのは、構文解析器が仕事を終え、ASTが手に入った時点だ。そのため、マクロ展開は構文解析の後に行われなければならない。そして、評価フェーズの前に済ませる必要もある。なぜなら、そうしないと手遅れだからだ。もう評価されないようなソースコードを変更しても意味がない。

データ構造の言葉で改めて言うと、字句解析フェーズが文字列をトークン列に変換し、構文解析フェーズがトークン列をASTに変換し、マクロ展開フェーズがASTを受け取り、修正し、返却して、それが評価される。

これがマクロ展開フェーズの背景にある考えだ。では、そのために何をすればよいだろうか？　一歩ずつ進もう。やるべきことが2つあるんだ。

最初にしなければならないことは、ASTをトラバースして全てのマクロ定義を見つけることだ。マクロ定義は値がマクロリテラルであるlet文以上の何者でもないので、それほど難しいこともないだろう。

```
let myMacro = macro(x, y) { quote(unquote(x) + unquote(y)); }
```

マクロ定義が見つかったら、それを抜き出さなければならない。つまり、ASTから削除しつつ、保存しておいて後でアクセスできるようにするんだ。ここで削除しておくことが不可欠だ。さもないと後に評価フェーズでマクロ定義につまずくことになりかねない。

2番目のステップとしてしなければならないのは、**これらのマクロの呼び出し**を探し出して評価することだ。これは、関数呼び出しを扱うためにすでにEvalがしていることにかなり近い。これまで見てきたように、このフェーズでは本体を評価する前に呼び出しの引数を評価しない点が重要な違いだ。マクロ本体の中では、それらは未評価のast.Nodeとしてアクセスする。これが、マクロと関数の違いだ。マクロは未評価のASTを扱う。

評価が終わったら、マクロ呼び出しの結果をASTに再度挿入しなければならない。ちょうどunquoteでしたのと同様だ。しかし、ここでは戻り値をast.Nodeに変換してはならない。マクロはすでにASTノードを返す。

よろしい！　早速はじめよう。マクロの定義を作成するのと、探すところからだ。

A.5.1 macroキーワード

まずは大事なことからいこう。macroキーワードを使えるようにするためには、字句解析器にこれを教えなければならない。つまり、新しいトークンタイプを登録し、字句解析プロセスにおいて正しいトークンを返せるようにしなければならない。

```
// token/token.go

const (
// [...]

    MACRO = "MACRO"
)
```

これで、マクロリテラルの字句解析が意図通りに動作することを確認するテストが追加できる。

```
// lexer/lexer_test.go

func TestNextToken(t *testing.T) {
    input := `let five = 5;
let ten = 10;

let add = fn(x, y) {
  x + y;
};

let result = add(five, ten);
!-/*5;
5 < 10 > 5;

if (5 < 10) {
    return true;
} else {
    return false;
}

10 == 10;
10 != 9;
"foobar"
"foo bar"
[1, 2];
{"foo": "bar"}
macro(x, y) { x + y; };
`

    tests := []struct {
        expectedType    token.TokenType
```

```
        expectedLiteral string
    }{
// [...]
        {token.MACRO, "macro"},
        {token.LPAREN, "("},
        {token.IDENT, "x"},
        {token.COMMA, ","},
        {token.IDENT, "y"},
        {token.RPAREN, ")"},
        {token.LBRACE, "{"},
        {token.IDENT, "x"},
        {token.PLUS, "+"},
        {token.IDENT, "y"},
        {token.SEMICOLON, ";"},
        {token.RBRACE, "}"},
        {token.SEMICOLON, ";"},
        {token.EOF, ""},
    }

// [...]
}
```

inputにマクロリテラルを含む新しい行が増えた。ここでmacroキーワードを利用している。macroキーワードだけを追加するようにして量を減らすことも可能ではある。しかし、テスト入力にコンテキストを含める方が私は好みだ。testsの中で新しいトークンはtoken.MACROのトークンだけだ。

```
$ go test ./lexer
--- FAIL: TestNextToken (0.00s)
  lexer_test.go:149: tests[86] - tokentype wrong. expected="MACRO", got="IDENT"
FAIL
FAIL    monkey/lexer    0.007s
```

テストは失敗する。完璧だ！　ここで、注意深く用意した1行を挿入するとテストが通る。

```
// token/token.go

var keywords = map[string]TokenType{
// [...]
    "macro":  MACRO,
}
```

こんな一行修正もなかなかない。

これで字句解析は終わりだ。テストは通る。字句解析器はもうMonkeyのソースコードに含まれるmacroキーワードの扱い方がわかっているんだ。構文解析器に進める。

A.5.2　マクロリテラルの構文解析

字句解析器がtoken.MACROトークンの出し方を理解したところで、今度は構文解析器を拡張して迷子にならないようにする必要がある。マクロリテラルの対応を追加しよう。

このテストは関数リテラルのために書いた既存のテストにかなりよく似ている。

```
// parser/parser_test.go

func TestMacroLiteralParsing(t *testing.T) {
    input := `macro(x, y) { x + y; }`

    l := lexer.New(input)
    p := New(l)
    program := p.ParseProgram()
    checkParserErrors(t, p)

    if len(program.Statements) != 1 {
        t.Fatalf("program.Statements does not contain %d statements. got=%d\n",
            1, len(program.Statements))
    }

    stmt, ok := program.Statements[0].(*ast.ExpressionStatement)
    if !ok {
        t.Fatalf("statement is not ast.ExpressionStatement. got=%T",
            program.Statements[0])
    }

    macro, ok := stmt.Expression.(*ast.MacroLiteral)
    if !ok {
        t.Fatalf("stmt.Expression is not ast.MacroLiteral. got=%T",
            stmt.Expression)
    }

    if len(macro.Parameters) != 2 {
        t.Fatalf("macro literal parameters wrong. want 2, got=%d\n",
            len(macro.Parameters))
    }

    testLiteralExpression(t, macro.Parameters[0], "x")
    testLiteralExpression(t, macro.Parameters[1], "y")

    if len(macro.Body.Statements) != 1 {
        t.Fatalf("macro.Body.Statements has not 1 statements. got=%d\n",
            len(macro.Body.Statements))
    }

    bodyStmt, ok := macro.Body.Statements[0].(*ast.ExpressionStatement)
    if !ok {
        t.Fatalf("macro body stmt is not ast.ExpressionStatement. got=%T",
            macro.Body.Statements[0])
    }

    testInfixExpression(t, bodyStmt.Expression, "x", "+", "y")
}
```

このテストは失敗しない。むしろコンパイルできない。ast.MacroLiteralの定義がないからだ。

```
$ go test ./parser
# monkey/parser
parser/parser_test.go:958: undefined: ast.MacroLiteral
FAIL    monkey/parser [build failed]
```

しかし、これは簡単に修正できる。というのも、ここでもast.FunctionLiteralから名前を変えて持ってくるだけだからだ。

```
// ast/ast.go

type MacroLiteral struct {
    Token      token.Token // 'macro' トークン
    Parameters []*Identifier
    Body       *BlockStatement
}

func (ml *MacroLiteral) expressionNode()      {}
func (ml *MacroLiteral) TokenLiteral() string { return ml.Token.Literal }
func (ml *MacroLiteral) String() string {
    var out bytes.Buffer

    params := []string{}
    for _, p := range ml.Parameters {
        params = append(params, p.String())
    }

    out.WriteString(ml.TokenLiteral())
    out.WriteString("(")
    out.WriteString(strings.Join(params, ", "))
    out.WriteString(") ")
    out.WriteString(ml.Body.String())

    return out.String()
}
```

型の名前MacroLiteral以外に何ひとつ新しいものはない。他の部分はast.FunctionLiteralの丸写しだ。

しかし、これでうまくいく。テストは適切に失敗する。失敗するのは、構文解析器がマクロリテラルのトークン列を*ast.MacroLiteralに変換する方法を知らないからだ。

```
$ go test ./parser
--- FAIL: TestMacroLiteralParsing (0.00s)
  parser_test.go:1124: parser has 6 errors
  parser_test.go:1126: parser error: "no prefix parse function for MACRO found"
  parser_test.go:1126: parser error: "expected next token to be ), got , instead"
  parser_test.go:1126: parser error: "no prefix parse function for , found"
  parser_test.go:1126: parser error: "no prefix parse function for ) found"
  parser_test.go:1126: parser error: "expected next token to be :, got ; instead"
```

```
  parser_test.go:1126: parser error: "no prefix parse function for } found"
FAIL
FAIL    monkey/parser   0.008s
```

ここまでは順調だ！

このテストを通すために必要なのは、関数リテラルを構文解析する方法を参考にして、それをマクロリテラルにも適用することだけだ。

fnキーワードと同様に、macroキーワードは（私たちの構文解析器の用語で言うと）前置の位置に現れる。つまり、token.MACROのために新しいprefixParseFnを追加し、そこでマクロリテラルを構文解析すればよい。

```
// parser/parser.go

func New(l *lexer.Lexer) *Parser {
// [...]
    p.registerPrefix(token.MACRO, p.parseMacroLiteral)

// [...]
}

func (p *Parser) parseMacroLiteral() ast.Expression {
    lit := &ast.MacroLiteral{Token: p.curToken}

    if !p.expectPeek(token.LPAREN) {
        return nil
    }

    lit.Parameters = p.parseFunctionParameters()

    if !p.expectPeek(token.LBRACE) {
        return nil
    }

    lit.Body = p.parseBlockStatement()

    return lit
}
```

構文解析器がmacroキーワードに出会うと、構文解析器はマクロリテラルのパラメータを囲む「(」と「)」の対が後続することを期待する。ここでparseFunctionParametersメソッドを使い回せる。マクロリテラルのパラメータでも大丈夫だ。さらに、parseBlockStatementを使い回してマクロのBodyを構文解析することもできる。なぜなら、これは単に0個以上の文を含むブロック文だからだ。

さあどうだろう？　テストは通る。

```
$ go test ./parser
ok      monkey/parser   0.008s
```

これでマクロリテラルを構文解析できるようになった。

A.5.3 マクロを定義する

字句解析器と構文解析器でast.MacroLiteralを構築する方法がわかったので、今度はASTの中でそれらを見つけるという問題に目を向けることができる。おさらいしよう。マクロ展開フェーズの最初のパートは、全てのマクロ定義をASTから抜き出して保存することだ。2番目のパートでそれらを評価する。

いつも通り、期待する動作を定義するテストから始めよう。

```
// evaluator/macro_expansion_test.go

package evaluator

import (
    "monkey/ast"
    "monkey/lexer"
    "monkey/object"
    "monkey/parser"
    "testing"
)

func TestDefineMacros(t *testing.T) {
    input := `
    let number = 1;
    let function = fn(x, y) { x + y };
    let mymacro = macro(x, y) { x + y; };
    `

    env := object.NewEnvironment()
    program := testParseProgram(input)

    DefineMacros(program, env)

    if len(program.Statements) != 2 {
        t.Fatalf("Wrong number of statements. got=%d",
            len(program.Statements))
    }

    _, ok := env.Get("number")
    if ok {
        t.Fatalf("number should not be defined")
    }
    _, ok = env.Get("function")
    if ok {
        t.Fatalf("function should not be defined")
    }

    obj, ok := env.Get("mymacro")
    if !ok {
```

```
        t.Fatalf("macro not in environment.")
    }

    macro, ok := obj.(*object.Macro)
    if !ok {
        t.Fatalf("object is not Macro. got=%T (%+v)", obj, obj)
    }

    if len(macro.Parameters) != 2 {
        t.Fatalf("Wrong number of macro parameters. got=%d",
            len(macro.Parameters))
    }

    if macro.Parameters[0].String() != "x" {
        t.Fatalf("parameter is not 'x'. got=%q", macro.Parameters[0])
    }
    if macro.Parameters[1].String() != "y" {
        t.Fatalf("parameter is not 'y'. got=%q", macro.Parameters[1])
    }

    expectedBody := "(x + y)"

    if macro.Body.String() != expectedBody {
        t.Fatalf("body is not %q. got=%q", expectedBody, macro.Body.String())
    }
}

func testParseProgram(input string) *ast.Program {
    l := lexer.New(input)
    p := parser.New(l)
    return p.ParseProgram()
}
```

TestDefineMacrosは50行を超えていて、いささかややこしい。幸い、その大部分はボイラープレートと基本的な確認だ。簡単に言うと、これから書く予定の関数DefineMacrosが、構文解析されたプログラムと*object.Environmentを引数として受け取り、マクロ定義を前者から後者へと追加することを検証する。その他のlet文は無視されており、後でこれまでと同じように評価できることも期待する。

察しのいい読者はこのテストを実行しようとしたときに何が起こるかわかったかもしれない。そう、失敗するどころか、コンパイルが通らない。前述のDefineMacros関数だけでなく、*object.Macroも未定義なんだ。これを先に修正しよう。そうすれば、失敗するテストに向かって一歩進める。

ast.MacroLiteralとast.FunctionLiteralの関係と同様に、新しいobject.Macroもほぼobject.Functionを丸写ししたものだ。名前だけが違う。おかげで作業は簡単だ。あまり胸躍るような内容ではないけれど。

```
// object/object.go

const (
```

```
// [...]
    MACRO_OBJ = "MACRO"
)

type Macro struct {
    Parameters []*ast.Identifier
    Body       *ast.BlockStatement
    Env        *Environment
}

func (m *Macro) Type() ObjectType { return MACRO_OBJ }
func (m *Macro) Inspect() string {
    var out bytes.Buffer

    params := []string{}
    for _, p := range m.Parameters {
        params = append(params, p.String())
    }

    out.WriteString("macro")
    out.WriteString("(")
    out.WriteString(strings.Join(params, ", "))
    out.WriteString(") {\n")
    out.WriteString(m.Body.String())
    out.WriteString("\n}")

    return out.String()
}
```

全てのフィールドとメソッドはobject.Functionの対応する部分と全く同様だ。型の名前とObjectTypeだけが異なる。

そして、これでテストがついに……、いや、まだ通るどころか、失敗すらしていなかったんだ。そのテストが、ようやく私たちの進むべき正しい方向を教えてくれるようになる。つまり、こうなる。

```
$ go test ./evaluator
# monkey/evaluator
evaluator/macro_expansion_test.go:21: undefined: DefineMacros
FAIL    monkey/evaluator [build failed]
```

これはいい状況だ。一発でコンパイル可能にできるし、テストも通すことができる。DefineMacrosを定義するだけでよい。

```
// evaluator/macro_expansion.go

package evaluator

import (
    "monkey/ast"
    "monkey/object"
)
```

```
func DefineMacros(program *ast.Program, env *object.Environment) {
    definitions := []int{}

    for i, statement := range program.Statements {
        if isMacroDefinition(statement) {
            addMacro(statement, env)
            definitions = append(definitions, i)
        }
    }

    for i := len(definitions) - 1; i >= 0; i = i - 1 {
        definitionIndex := definitions[i]
        program.Statements = append(
            program.Statements[:definitionIndex],
            program.Statements[definitionIndex+1:]...,
        )
    }
}
```

この関数は2つのことをする。つまり、マクロ定義を探し出すことと、それらをASTから取り除くことだ。programのStatements全てを検査することで、それぞれがマクロ定義かどうかをisMacroDefinitionを用いて判定する。もしそうであれば、定義のStatements中の位置を記録しておき、最後に削除できるようにしておく。

注目すべき点は、トップレベルのマクロ定義だけを許していることだ。Statementsの中に下っていって子ノードをさらに検査することはない。この理由は、本書の範疇を超えるからだ。Monkeyにおけるマクロの方式に由来する固有の制限ではない。むしろ、ネストしたマクロ定義を可能にするのは読者の演習として素晴らしいものになりそうだ。

さて、ここでは2つのヘルパー関数が使われている。isMacroDefinitionとaddMacroで、名前に違わない動作をする。isMacroDefinitionの定義は次の通りだ。

```
// evaluator/macro_expansion.go

func isMacroDefinition(node ast.Statement) bool {
    letStatement, ok := node.(*ast.LetStatement)
    if !ok {
        return false
    }

    _, ok = letStatement.Value.(*ast.MacroLiteral)
    if !ok {
        return false
    }

    return true
}
```

そう、確かに*ast.LetStatementが渡ってきていて、MacroLiteralがある名前を束縛していることを確認する単純なテストだ。実際に行われているのは大したことではないけれど、この関数は強い力を持っている。この関数は有効なマクロ定義とは何か、あるいは何がそうでないかを定義している。次の例を見てみよう。

```
let myMacro = macro(x) { x };
let anotherNameForMyMacro = myMacro;
```

isMacroDefinitionは2番目のlet文を有効なマクロ定義として認識しない。これはしっかり覚えておく必要があることだ。

一方、もしisMacroDefinitionが真を返したら、このlet文をaddMacroに渡すことができる。これでマクロ定義を環境に追加できる。

```
// evaluator/macro_expansion.go

func addMacro(stmt ast.Statement, env *object.Environment) {
    letStatement, _ := stmt.(*ast.LetStatement)
    macroLiteral, _ := letStatement.Value.(*ast.MacroLiteral)

    macro := &object.Macro{
        Parameters: macroLiteral.Parameters,
        Env:        env,
        Body:       macroLiteral.Body,
    }

    env.Set(letStatement.Name.Value, macro)
}
```

isMacroDefinitionと組み合わせて使うので、最初の2行の型アサーションは冗長だ。そのため、ここでは起こりうるエラーを無視している。美しくはないけれど、これは（今のところは）両方の関数を組み合わせるのに最も簡単な方法だ。下準備を除くと、この関数がしているのは、新しく生成した*object.Macroを*object.Environmentに渡し、追加することだ。ここで*ast.LetStatementで与えられた名前を束縛する。

これら3つの関数が定義されると、テストは通るようになる。

```
$ go test ./evaluator
ok      monkey/evaluator        0.009s
```

つまり、Monkeyのソースコードに含まれるマクロリテラルに名前を束縛できるようになったんだ。ASTからそれらを探し出し、保存できる。よし、なかなかいい感じだ！

マクロ展開フェーズを完成させるために、私たちに残されているのは、実際にマクロを展開することだけだ。

A.5.4 マクロを展開する

テストに着手する前に、私たちの短期記憶をリフレッシュしておこう。マクロを展開するということは、マクロ呼び出しを評価し、その評価結果を元の呼び出し式と置き換える形でASTに再び挿入することを意味する。

何かを思い出したかもしれない。そう、unquoteの動作とよく似ている。実装もかなり近いものになる。しかし、unquote呼び出しでは単一の引数だけが評価されるのに対して、マクロ呼び出しではマクロ本体が評価される。このとき、引数は環境中に置かれて利用可能になっている。

というわけで、マクロ展開フェーズで何が起きてほしいかを明らかにするテストがこれだ。

```
// evaluator/macro_expansion_test.go

func TestExpandMacros(t *testing.T) {
    tests := []struct {
        input    string
        expected string
    }{
        {
            `
            let infixExpression = macro() { quote(1 + 2); };

            infixExpression();
            `,
            `(1 + 2)`,
        },
        {
            `
            let reverse = macro(a, b) { quote(unquote(b) - unquote(a)); };

            reverse(2 + 2, 10 - 5);
            `,
            `(10 - 5) - (2 + 2)`,
        },
    }

    for _, tt := range tests {
        expected := testParseProgram(tt.expected)
        program := testParseProgram(tt.input)

        env := object.NewEnvironment()
        DefineMacros(program, env)
        expanded := ExpandMacros(program, env)

        if expanded.String() != expected.String() {
            t.Errorf("not equal. want=%q, got=%q",
                expected.String(), expanded.String())
        }
    }
}
```

これらのテストケースの背後にある基本的な考え方は次の通りだ。inputに含まれるマクロ呼び出しを拡張し、その展開の結果とexpectedソースコードを構文解析して得られたASTとを比較する。これを実現するために、新しい環境envを生成し、DefineMacrosを用いてinput にあるマクロ定義をenvに保存する。それから、次に書く予定の関数ExpandMacrosを使ってマクロ呼び出しを展開する。

どちらのテストケースにおけるマクロでも、quoteを使ってクオートされたASTノードを返していることは指摘しておく価値があるだろう。これは偶然ではない。そう、これは私たちのマクロシステムのために定義したルールだ。マクロは*object.Quoteを返さ**なければならない**。もしマクロがクオートされたASTノードを返さないとすると、unquote呼び出しを評価する際にconvertObjectToASTNodeを使って行ったのと同じようなやり方で戻り値を変換しなければならなくなる。これは面倒だ。そこで、代わりにquoteの利用を必須にしたんだ。こうしておけば、マクロがconvertObjectToASTNodeの能力に制約されなくなるため、結果としてより強力になる。

最初のテストケースでは、infixExpressionマクロを定義し、マクロが本当に未評価のソースコードを返すかを検証する。infixExpression呼び出しの結果は、中置式1 + 2であって、3**ではない**。

2番目のテストケースにあるreverseマクロは、マクロシステムの機能をより多く利用する。2つのパラメータaとbをとり、パラメータの順序を逆にした中置式を返す。ここで注目すべき点は、もちろんパラメータが評価されない点だ。2 + 2は4にならないし、10 - 5は5にならない。そうではなく、reverseはquoteを用いて新しいASTノードを構築し、それからunquoteを用いてそのパラメータにアクセスし、それらを未評価のまま新しい中置式のなかに配置する。なぜunquote呼び出しが必要なのかが頭を悩ませているのであれば、それらがない場合を考えてみるとよい。reverseマクロは単にb - aを返してしまうだろう。

よし、テストの仕組みがわかったところで、そして期待していることもわかったところで、これをgo testに渡すと何が起こるだろうか？

```
$ go test ./evaluator
# monkey/evaluator
evaluator/macro_expansion_test.go:95: undefined: ExpandMacros
FAIL    monkey/evaluator [build failed]
```

大して良くはないけれど、まあ良いともいえる。今度はExpandMacrosを定義すればこれを通せるんだ。

```
// evaluator/macro_expansion.go

func ExpandMacros(program ast.Node, env *object.Environment) ast.Node {
    return ast.Modify(program, func(node ast.Node) ast.Node {
        callExpression, ok := node.(*ast.CallExpression)
        if !ok {
            return node
        }
```

```
        macro, ok := isMacroCall(callExpression, env)
        if !ok {
            return node
        }

        args := quoteArgs(callExpression)
        evalEnv := extendMacroEnv(macro, args)

        evaluated := Eval(macro.Body, evalEnv)

        quote, ok := evaluated.(*object.Quote)
        if !ok {
            panic("we only support returning AST-nodes from macros")
        }

        return quote.Node
    })
}

func isMacroCall(
    exp *ast.CallExpression,
    env *object.Environment,
) (*object.Macro, bool) {
    identifier, ok := exp.Function.(*ast.Identifier)
    if !ok {
        return nil, false
    }

    obj, ok := env.Get(identifier.Value)
    if !ok {
        return nil, false
    }

    macro, ok := obj.(*object.Macro)
    if !ok {
        return nil, false
    }

    return macro, true
}

func quoteArgs(exp *ast.CallExpression) []*object.Quote {
    args := []*object.Quote{}

    for _, a := range exp.Arguments {
        args = append(args, &object.Quote{Node: a})
    }

    return args
}

func extendMacroEnv(
    macro *object.Macro,
```

```
    args []*object.Quote,
) *object.Environment {
    extended := object.NewEnclosedEnvironment(macro.Env)

    for paramIdx, param := range macro.Parameters {
        extended.Set(param.Value, args[paramIdx])
    }

    return extended
}
```

これで終わりだ。これがマクロを展開するやり方だ。4つの関数からなる、完全なマクロ展開フェーズだ。詳しく見ていこう。

ExpandMacrosは頼れるヘルパーast.Modifyを使ってprogram ASTを再帰的に下っていき、マクロ呼び出しを探索する。もし、手元のnodeがマクロに関する呼び出し式であれば、次のステップはその呼び出しを評価することだ。

このために、マクロの引数を受け取り、それらを*object.Quoteに変換する。ここではquoteArgsの助けを借りる。それから、extendMacroEnvを使って、マクロの環境を拡張し、呼び出しの引数がマクロリテラルのパラメータ名を束縛するようにする。これはEvalで関数呼び出しを行う際の準備と同じだ。

引数がクオートされ、環境が拡張されたら、いよいよマクロを評価するときだ。このために、ExpandMacrosはEvalを使ってマクロ本体を評価する。このとき、拡張された新しい環境を渡す。最後に、これが重要なのだが、クオートされたノード、つまり評価の結果を返す。こうすることで、ノードを変更するのではなく、マクロ呼び出しを評価の結果で置換する。それがマクロを**展開する**というわけだ。

テストは通る。

```
$ go test ./evaluator
ok      monkey/evaluator        0.010s
```

そう、マクロ展開フェーズは完成だ！　これでMonkeyプログラミング言語のための動作するマクロシステムを実装したことになる。お祝いをして、私たちの履歴書に「メタプログラマ」と追加しよう。

もうシャンパンを口にした頃かもしれないが、伝統に従うと、私たちはunlessというマクロを書かなければならない。

A.5.5　お馴染みのunlessマクロ

unlessマクロは、マクロの紹介でよく最初に示されるマクロだ。完璧なんだ。簡単に理解でき、実装もしやすく、マクロシステムで何ができるのか、マクロシステムが何をどうやって実現するのかを示すのに最適だ。また、通常の関数の限界と、マクロがそれをどうやって超越するのかを明らかにしてくれる。つまり、組み込みのように見えて実際には「ただの」マクロであるものを使って、ユーザにプログラミング言語を拡張できるようにする方法を示してくれる。

実装する前に、unlessが実際どういうものか、そしてどう動作することが期待されているかを確認しよう。次のMonkeyコード片を見てほしい。

```
if (10 > 5) {
  puts("yes, 10 is greater than 5")
} else {
  puts("holy monkey, 10 is not greater than 5?!")
}
```

これは、"yes, 10 is greater than 5"を出力すべきだ。願わくは。

さて、もしMonkeyにunlessが組み込みであったら、上のコードは次のようにも書けるはずだ。

```
unless (10 > 5) {
  puts("holy monkey, 10 is not greater than 5?!")
} else {
  puts("yes, 10 is greater than 5")
}
```

こうすることでコードに意図が反映されやすくなる場合があり、理解しやすいものにできる。unlessはあると良いものだ。

しかし、unlessをMonkey自体に追加することがどういう意味を持つのか私たちは知っている。つまり、新しいトークンタイプを追加し、字句解析器を変更し、構文解析器を拡張して新しい構文解析関数を追加してUnlessExpressionという新しいASTノードを追加できるようにし、それからEval関数に新しいcase分岐を追加してこの新しいノードを扱えるようにすることを意味する。これは大変だ。

ここで素晴らしいニュースだ。Monkeyにマクロが実装されたので、Monkey自身を拡張する必要はない。トークンも、字句解析器も、ASTも、構文解析器も、Evalも変更する必要がない。unlessをマクロとして実装できるんだ。

```
unless(10 > 5, puts("nope, not greater"), puts("yep, greater"));
// outputs: "yep, greater"
```

これは"yep, greater"だけを表示するだろう。

そう、これは通常の関数呼び出しのように見える。魔法はその動作の仕方にある。むしろ、これがきちんと動作することが魔法なんだ。もし上のコード中のunlessが通常の関数だったとすると、このコードは期待通りに動かないからだ。両方のputs呼び出しがunlessに先立って評価されてしまい、結果としては"nope, not greater"と"yep, greater"の両方が表示される。これは望むものではない。

しかし、マクロであれば、unlessはまさに期待する通りに動作するんだ！　ExpandMacros関数にテストケースを追加してこのことを確認しよう。

```
// evaluator/macro_expansion_test.go

func TestExpandMacros(t *testing.T) {
    tests := []struct {
        input    string
        expected string
    }{
        // [...]
        {
            `
            let unless = macro(condition, consequence, alternative) {
                quote(if (!(unquote(condition))) {
                    unquote(consequence);
                } else {
                    unquote(alternative);
                });
            };

            unless(10 > 5, puts("not greater"), puts("greater"));
            `,
            `if (!(10 > 5)) { puts("not greater") } else { puts("greater") }`,
        },
    }

    // [...]
}
```

このテストケースで定義したunlessマクロはquoteを使ってif条件分岐のASTを構築する。それだけでなく、ここで否定前置演算子「!」を追加し、unquoteを使って3つの引数condition、consequence、alternativeをASTに挿入する。テストケースの最後で、新しく定義したマクロを呼んで、生成されたASTが期待しているものと一致していることを確認する。

さて、問題はこのテストが通るかだ。これは動作するだろうか？　本当に私たちはmacro、quote、unquoteを使ってコードを書くコードを書けるようにMonkeyを拡張できたのだろうか？

```
$ go test ./evaluator
ok      monkey/evaluator        0.009s
```

できた！　さあ、これを表に連れ出そう。

A.6　REPLを拡張する

テストケースにおいてマクロが使えたというのは素晴らしいことだ。驚くほどクールだという人だっているかもしれない。しかし、まだREPLで触ってみないことには現実感がない。幸い、ほんのわずかなコードがあれば、MonkeyのREPLでこの素晴らしいマクロの魔法を発動させることができる。

早速追加しよう。

最初にREPLに追加する必要があるのは、新たにマクロ専用に分離された環境だ。

```
// repl/repl.go

func Start(in io.Reader, out io.Writer) {
// [...]
  env := object.NewEnvironment()
  macroEnv := object.NewEnvironment()
// [...]
}
```

既存のenvはこれまで通りEvalが使用する。一方、新しいmacroEnvは、DefineMacrosとExpandMacrosに渡す。

さて、REPLは行ごとに動作するので、各々の行は新しいast.Programだ。これからはこれをマクロ拡張フェーズに通す必要がある。そこで、REPLのメインループにおいて、新しい行を構文解析した直後、かつast.ProgramをEvalに渡す直前にマクロ拡張フェーズを挿入すればよい。

```
// repl/repl.go

func Start(in io.Reader, out io.Writer) {
    // [...]

    for {
        // [...]
        program := p.ParseProgram()
        // [...]

        evaluator.DefineMacros(program, macroEnv)
        expanded := evaluator.ExpandMacros(program, macroEnv)

        evaluated := evaluator.Eval(expanded, env)

        // [...]
    }
}
```

完璧だ！　これだけだ！　さてラボを出て路上に踏み出そう。私たちはもうREPLでマクロの魔術を発動させることができるんだ。

REPLの動作方式のせいで、unlessの定義を一行で入力する必要がある。しかし、ここでお見せするには行が長すぎるので、改行を挿入してある。その箇所がわかるように「\」で示してある。これらを取り除いて定義を一行で入力してほしい。

```
$ go run main.go
Hello mrnugget! This is the Monkey programming language!
Feel free to type in commands
>> let unless = macro(condition, consequence, alternative)\
 { quote(if (!(unquote(condition))) { unquote(consequence); }\
 else { unquote(alternative); }); };
```

定義が入力されたら、ドラムロールの再生を開始しよう。そして、入力だ。もちろん完璧なタイミングで、次の行を打ち込む。

```
>> unless(10 > 5, puts("not greater"), puts("greater"));
greater
```

A.7 マクロの夢をみよう

マクロシステムはうまく動作し、実に目の覚めるようなことを可能にした。コードを書くコードを書けるようになった。もう一度、言おう。コードを書くコードが書けるんだ！ 素晴らしい！ 誇りに思っていい。そして最も素晴らしいことは何だろうか？ それは、まだその潜在能力の極限にまで私たちが到達していないことだ。さらに強力で、美しく、エレガントで、ユーザフレンドリーになりうる。まだ改善の余地があるんだ。

可能な改善のリストのうち、最初にくるのは「汚れ仕事」と言いたくなるようなもの、エラー処理だ。しかしこれはプロダクション対応のシステムでは不可欠なのだ。このことは以前にも言及したが、それでも繰り返さざるを得ない。使い古された「汝のエラーを処理せよ」という言葉をもう一度頭に叩きこまないとトラブルに巻き込まれてしまう。エラー処理とデバッグ支援は私たちのマクロシステムに欠けているものなのだ。

正確に言えば、何一つ実装されていない。私たちMonkeyプログラマは、追い越し車線を走ることをいとわない。しかし、遅かれ早かれ、**本気の**マクロを書くと、頭をかきむしることになるだろう。なぜなら、マクロ展開フェーズに関して信頼に足るデバッグ情報をまるで入手できないからだ。また、修正したASTノードがどんなトークンを持ち回るかについて十分に考慮していないし、「マクロの健全性(macro hygiene)」の話題に至っては触れてもいない。これらのトピックについては自分で調べてみてほしい。

私たちのマクロシステムにおいて改良の余地がある部分の一つが、エラー処理とデバッグ支援だ。これは骨が折れる。しかし、本腰を入れて取り組むならば、これは避けて通れない。

さて、堅牢でデバッグしやすいマクロシステムを作るという厳しい現実の話をしたところで、そこからは背を向けてしばし夢を見よう。「もし……だったら？」を考えてみよう。

現在のところ、私たちは`quote`と`unquote`には式を渡すことしか許されていない。だから、return文やlet文を`quote()`呼び出しの引数に使用することができない。構文解析器が許してくれない。なぜかというと、その理由は簡単で、呼び出し式の引数は`ast.Expression`でなければならないからだ。

しかし、`quote`と`unquote`を個別のキーワードにして、独自のASTノードを与えるようにするとどうだろうか？ そうすれば、構文解析器を拡張して、任意のASTノードを呼び出しの引数にできる。そうなれば、式**と**文を渡せるようになるはずだ！ そして、もし個別のASTノードがあれば、許される構文をさらに拡張できるのでは？

もしブロック文をquote/unquote呼び出しに渡せたらどうだろうか？　次のようなことができるようになるはずだ。

```
quote() {
  let one = 1;
  let two = 2;
  one + two;
}
```

なかなかのものだろう？

それでは、もし関数呼び出しの引数を囲む丸括弧が不要だったら？　もし識別子に特別な文字を含めることができたら？　もし識別子そのものとして解決されるような何かがあったら？　他の言語におけるアトムやシンボルのようなものだ。もし全ての関数が追加の*ast.BlockStatementを取ることができたら？　もし……？

大事なのは、次のことだ。構文解析器によって与えられるルールが、どんな構造物が有効なMonkeyの文法かを決めていて、それがマクロの表現力と強力さを規定する上で大きな部分を担っているんだ。もし、これらのルールを変更すると、同時にマクロに何ができて何ができないかを変更することになる。そして、可能な変更というのはもちろん沢山ある。インスピレーションを得るために、ElixirやLispを見てみよう。そうすれば、その構文がマクロシステムにどれほど力を与えているか、そして、それが言語をいかに強力で豊かな表現力を持つものにしているのかがわかるだろう。

私たちのマクロシステムの強さに大きな影響を与えるその他の要素として、ASTノードにアクセスしたり、変更したり、生成したりする能力が挙げられる。例を示そう。2つの組み込み関数leftとrightがあるとしよう。これらはそれぞれASTノードの左の子ノードと右の子ノードを返す。これがあれば、次のようなことが可能になる。

```
let plusToMinus = macro(infixExpression) {
  quote(unquote(left(infixExpression)) - unquote(right(infixExpression)))
}
```

これで本当に、本当に面白いマクロを書けるようになるんだ！

こんな関数がもっとあればどうだろうか？　例えば中置式の演算子を返すoperator関数のようなものがあったらどうだろう？　あるいは、呼び出し式における引数ノードの配列を返すarguments関数はどうだろう？　あるいは、一般的なchildren関数は？　既存の組み込み関数len、first、lastがASTノードに対しても動作したら？

そして、これらの中でも究極の「もし」がある。もし、ASTが言語の他の部分で使っているデータ構造と同じもので構築されていたら？　少し想像してみてほしい。MonkeyのASTが純粋にobject.Array、object.Hash、object.String、object.Integerなどから構築されているのをしばし想像してみてほしい。これが何を可能にするか想像してみてほしい。全体のシームレスな体験がどんなものであるかを想像してみてほしい。刺激的だろう？　もしそれを味わってみたいなら、Lisp風の言語であるClojure、Racket、Guileや、強力なマクロシステムを備えている非Lisp言語であるElixirやJuliaを見てみるとよい。

というわけで、おわかりだろう。コードを書くコードを書くとき、夢を見る余地は沢山あるんだ。

この章はwebに無償で公開されている「The Lost Chapter: A Macro System For Monkey」(https://interpreterbook.com/lost/) を翻訳したものである。

参考資料

書籍

- Abelson, Harold and Sussman, Gerald Jay with Sussman, Julie. 1996. *Structure and Interpretation of Computer Programs, Second Edition*. MIT Press.『計算機プログラムの構造と解釈』ハロルド・エイブルソン、ジュリー・サスマン、ジェラルド・ジェイ・サスマン（著）、和田 英一（翻訳）、翔泳社
- Appel, Andrew W.. 2004. *Modern Compiler Implementation in C*. Cambridge University Press.
- Cooper, Keith D. and Torczon Linda. 2011. *Engineering a Compiler, Second Edition*. Morgan Kaufmann.
- Grune, Dick and Jacobs, Ceriel. 1990. *Parsing Techniques. A Practical Guide.*. Ellis Horwood Limited.
- Grune, Dick and van Reeuwijk, Kees and Bal Henri E. and Jacobs, Ceriel J.H. Jacobs and Langendoen, Koen. 2012. *Modern Compiler Design, Second Edition*. Springer
- Nisan, Noam and Schocken, Shimon. 2008. *The Elements Of Computing Systems*. MIT Press.

論文

- Ayock, John. 2003. *A Brief History of Just-In-Time*. In *ACM Computing Surveys, Vol. 35, No. 2, June 2003*
- Ertl, M. Anton and Gregg, David. 2003. *The Structure and Performance of Efficient Interpreters*. In *Journal Of Instruction-Level Parallelism 5 (2003)*
- Ghuloum, Abdulaziz. 2006. *An Incremental Approach To Compiler Construction*. In *Proceedings of the 2006 Scheme and Functional Programming Workshop*.
- Ierusalimschy, Robert and de Figueiredo, Luiz Henrique and Celes Waldemar. *The Implementation of Lua 5.0*. `https://www.lua.org/doc/jucs05.pdf`

- Pratt, Vaughan R. 1973. *Top Down Operator Precedence*. Massachusetts Institute of Technology.
- Romer, Theodore H. and Lee, Dennis and Voelker, Geoffrey M. and Wolman, Alec and Wong, Wayne A. and Baer, Jean-Loup and Bershad, Brian N. and Levy, Henry M.. 1996. *The Structure and Performance of Interpreters*. In *ASPLOS VII Proceedings of the seventh international conference on Architectural support for programming languages and operating systems*.
- Dybvig, R. Kent. 2006. *The Development of Chez Scheme*. In *ACM ICFP '06*

Web

- Jack W. Crenshaw – Let's Build a Compiler! – `http://compilers.iecc.com/crenshaw/tutorfinal.pdf`
- Douglas Crockford – Top Down Operator Precedence – `http://javascript.crockford.com/tdop/tdop.htmll`
- Bob Nystrom – Expression Parsing Made Easy – `http://journal.stuffwithstuff.com/2011/03/19/pratt-parsers-expression-parsing-made-easy/`
- Shriram Krishnamurthi and Joe Gibbs Politz – Programming Languages: Application and Interpretation – `http://papl.cs.brown.edu/2015/`
- A Python Interpreter Written In Python – `http://aosabook.org/en/500L/a-python-interpreter-written-in-python.html`
- Dr. Dobbs – Bob: A Tiny Object-Oriented Language – `http://www.drdobbs.com/open-source/bob-a-tiny-object-oriented-language/184409401`
- Nick Desaulniers – Interpreter, Compiler, JIT – `https://nickdesaulniers.github.io/blog/2015/05/25/interpreter-compiler-jit/`
- Peter Norvig – (How to Write a (Lisp) Interpreter (in Python)) – `http://norvig.com/lispy.html`
- Fredrik Lundh – Simple Town-Down Parsing In Python – `http://effbot.org/zone/simple-top-down-parsing.htm`
- Mihai Bazon – How to implement a programming language in JavaScript – `http://lisperator.net/pltut/`
- Mary Rose Cook – Little Lisp interpreter – `https://www.recurse.com/blog/21-little-lisp-interpreter`
- Peter Michaux – Scheme From Scratch – `http://peter.michaux.ca/articles/scheme-from-scratch-introduction`
- Make a Lisp – `https://github.com/kanaka/mal`

- Matt Might – Compiling Scheme to C with closure conversion – http://matt.might.net/articles/compiling-scheme-to-c/
- Rob Pike – Implementing a bignum calculator – https://www.youtube.com/watch?v=PXoG0WX0r_E
- Rob Pike – Lexical Scanning in Go – https://www.youtube.com/watch?v=HxaD_trXwRE

ソースコード

- The Wren Programming Language – https://github.com/munificent/wren
- Otto – A JavaScript Interpreter In Go – https://github.com/robertkrimen/otto
- The Go Programming Language – https://github.com/golang/go
- The Lua Programming Language (1.1, 3.1, 5.3.2) – https://www.lua.org/versions.html
- The Ruby Programming Language – https://github.com/ruby/ruby
- c4 – C in four functions – https://github.com/rswier/c4
- tcc – Tiny C Compiler – https://github.com/LuaDist/tcc
- 8cc – A Small C Compiler – https://github.com/rui314/8cc
- Fedjmike/mini-c – https://github.com/Fedjmike/mini-c
- thejameskyle/the-super-tiny-compiler – https://github.com/thejameskyle/the-super-tiny-compiler
- lisp.c – https://gist.github.com/sanxiyn/523967

索引

記号・数字

! 63, 132
!= 18, 138, 139
" 178
(271
) 271
* 15, 135
+ 135, 182
, 190, 211
- 15, 63, 133, 135
/ 15, 135
: 211
< 15, 138
== 18, 138, 139
> 15, 138
[190
] 190
{ 93, 211
} 93, 211
8進数 14
10億ドルの失敗 123
16進数 14

A

Abstract syntax tree 26
addMacro 276
alternative 93
applyFunction 168, 188
Array 199, 205
ArrayLiteral 193, 200
ASCII 7
AST 26
astパッケージ 245

B

Backus-Naur Form 28
BANG 67
binary expressions 51, 69
BlockStatement 94, 144
BNF 28
bool 88
Boolean 123, 130, 220, 262
Builtin 185
BuiltinFunction 185
byte 7

C

CallExpression 105, 164, 241
cdr 207
CFG 28
checkParserErrors 43
Clojure 234, 286
COLON 211
COMMA 211
Common Lisp 234
consequence 93
context-free grammar 28
convertObjectToASTNode 261
curPrecedence 72

curToken............35
curTokenIs............41

D

define-macro............237
DefineMacros............273, 274

E

Earley parsing............30
EBNF............28
EcmaScript............29
Elixir............234, 286
ELSE............98
else............17, 93, 143
end of file............4
Environment............157, 187, 259, 273
EOF............4, 22, 40, 98
EQ............20
Error............150
errors............42
Eval............124, 126, 238
eval............118
evalArrayIndexExpression............204
evalBangOperatorExpression............133
evalBlockStatement............148, 153
evalBlockStatements............146
evalHashIndexExpression............229
evalHashLiteral............225
evalIdentifier............159, 187
evalIfExpression............144
evalIndexExpression............203, 226, 228
evalInfixExpression............140, 183
evalIntegerInfixExpression............137, 138
evalMinusPrefixOperatorExpression............134
evalPrefixExpression............133, 134
evalProgram............147, 153
evalProgramStatements............146
evalStatements............146
evalStringInfixExpression............183
evaluatorパッケージ............125, 240
evalUnquoteCalls............259
ExpandMacros............278
expectPeek............41, 42, 97
Expression............32
expressionNode............32
ExpressionStatement............52, 127
Extended Backus-Naur Form............28
extendFunctionEnv............168
extendMacroEnv............280

F

FALSE............88, 131
false............17
first............205
fn............99
FUNCTION............102
Function............162
FunctionLiteral............161

G

GC............172
Guile............286

H

Hash............218, 222
Hashable............223, 224, 227
HashKey............220
HashLiteral............213, 224, 225
HashPair............222

I

IDENT............41, 59
Identifier............33
IF............96
if............17, 93
IfExpression............94
if式............31, 49, 250
ILLEGAL............4
INDEX............199
IndexExpression............196
infix operator............51
infix parsing function............55
InfixExpression............70, 248
infixExpression............278

infixParseFn 55
infixParseFns 55
Inspect 222, 230
INT 35, 61
int64 61
Integer 122, 125, 140, 220
IntegerLiteral 61, 122, 124
intermediate representation 116
io.Reader 5
iota 58
IR 116
isDigit 14
isLetter 11
isMacroDefinition 275
isTruthy 144
isUnquoteCall 258

J

Java 121
JavaScript 21
JavaScriptCore 118
JIT 117
JSLint 49
JSON.parse 26
Julia 234, 286
Just In Time 117

K

keywords 12

L

last 206
LBRACE 211, 217
LBRACKET 192
leds 75
left denotations 75
len 185, 205
LET 41
LetStatement 33, 156
let文 30, 155, 253
letter 10
Lexer 6
Lisp 21, 26, 118, 156, 234, 236, 286
LookupIdent 12, 17
LOWEST 58, 68
LPAREN 107
Lua 118
LuaJIT 118

M

MACRO 268
Macro 273
macro 267
macroEnv 283
MacroLiteral 270
MagicLexer 27
MagicParser 27
main.go 22
map 209
MINUS 67
Modify 246

N

NewEnclosedEnvironment 167
NewEnvironment 157
newError 152
newProgramASTNode 37
NextToken 5, 16
nextToken 40
nil 123
Node 32, 239
non-letter-character 10
noPrefixParseFnError 67
NOT_EQ 20
nuds 75
NULL 131, 143, 203, 230
Null 124
null 131
null denotations 75
NUL文字 7

O

Object 121
ObjectType 121, 221

objectパッケージ 121, 157
off-by-oneエラー/バグ 15, 39, 99, 201
operator precedence 51
order of operations 51

P

parseArrayLiteral 194
parseBlockStatement 97, 271
parseBoolean 88
parseCallArguments 108, 194
parseCallExpression 108, 195
parseExpression 37, 57, 58, 59, 66, 73, 75
parseExpressionList 194
parseFunctionParameters 103, 271
parseHashLiteral 217
parseIdentifier 59
parseIndexExpression 198
parseInfixExpression 72
parseIntegerLiteral 61
parseLetStatement 40, 109, 111
parsePrefixExpression 67
ParseProgram 35, 37
Parser 35
parseReturnStatement 46, 110, 111
parseStatement 40, 57, 98
parseStringLiteral 180
peekChar 19, 20
peekPrecedence 72
peekToken 35
peekTokenIs 41
plus_to_minus 236
position 6
postfix operator 50
Pratt構文解析器 30
precedence 68
precedences 72, 108, 199
predictive parsing 30
PREFIX 68
prefix operator 50
prefix parsing function 55
PrefixExpression 65
prefixParseFn 55, 180, 271
prefixParseFns 55, 59
prefixTests 64
printParseError 113
Program 32, 127
push 208
puts 230
Python 2, 21

Q

Quote 239, 280
quote 234, 238
quoteArgs 280

R

Racket 234, 286
range関数 223
RBRACE 211
RBRACKET 192
readChar 7
readIdentifier 11
readNumber 14
readPosition 6
readString 178
recursive descent parsing 30
reduce 209
registerInfix 56
registerPrefix 56
REPL 21, 112, 128, 158, 282
rest 207
RETURN 46
return 17
ReturnStatement 44, 46
ReturnValue 45, 145, 168
return文 44, 144, 252
reverse 278
RPAREN 195
Ruby 21, 117, 121
rune 7

S

Scheme 234, 237
SEMICOLON 58
semmantic code 50
skipWhitespace 13

Squirrelfish......118
Statement......32
statementNode......32
strconv.ParseInt......62
STRING......176
String......52, 75, 113, 180, 197, 220
StringLiteral......179, 180
sum......209
Syntax Tree......26

T

tail......207
TestArrayIndexExpressions......201
TestArrayLiterals......200
TestBooleanExpression......88
testBooleanLiteral......89
testBooleanObject......129
TestCallExpressionParameterParsing......106
TestCallExpressionParsing......106
TestDefineMacros......273
TestErrorHandling......150, 156, 182, 227
testEval......126, 158, 240
TestEvalBooleanExpression......129, 138, 139
TestEvalIntegerExpression......126, 133, 135
TestExpandMacros......277
TestFunctionApplication......163
TestFunctionLiteralParsing......101
TestFunctionParameterParsing......104
TestHashLiterals......223
testIdentifier......85
TestIdentifierExpression......56
TestIfElseExpression......96
TestIfElseExpressions......142
TestIfExpression......95
testInfixExpression......86, 101
testIntegerLiteral......64
TestIntegerLiteralExpression......60
testIntegerObject......126
testLetStatement......39
TestLetStatements......110
testLiteralExpression......89, 101
TestMacroLiteralParsing......269
TestModify......245
TestNextToken......17, 177
testNullObject......142
TestOperatorPrecedenceParsing
......74, 89, 91, 108, 197
TestParsingArrayLiterals......193
TestParsingEmptyHashLiteral......215
TestParsingHashLiteralsStringKeys......214
TestParsingHashLiteralsWithExpressions......215
TestParsingIndexExpressions......196
TestParsingInfixExpressions......69, 90
TestParsingPrefixExpressions......63, 90
TestQuote......239
TestQuoteUnquote......243, 258
TestReturnStatements......45, 111, 145, 168
TestString......54
TestStringConcatenation......182
TestStringHashKey......220
TestStringLiteralExpression......179
Token......3, 261
TokenLiteral......32
TokenType......3
tokenパッケージ......3, 190, 211
trace......84
tree-walking型インタプリタ......116
TRUE......88, 131
true......17
truthy......115, 132, 142
turnOneIntoTwo......246
Type......122

U

unary expressions......69
Unicode......7
unless......280
unquote......235, 242
untrace......84
UTF-8......7

W

WebKit......118
Wren......121

あ行

アーリー法……30
アサーション関数……42
アセンブリ言語……117
値……210
インタラクティブモード……21
英字……10
エスケープ……178
絵文字……7
エラーオブジェクト……149
エラー処理……42, 149, 257, 284
演算子の優先順位……51
オープンアドレス法……221
オブジェクトシステム……119
オペコード……116
オペランド……50

か行

カーネル……184
改行文字……13, 26
角括弧……26, 189, 192
拡張バッカスナウア記法……28
仮想マシン……117
ガベージコレクタ……120, 172
可変個引数……230
環境……156, 262, 283
　環境の拡張……166
関数呼び出し……104
関数リテラル……31, 49, 99, 254
カンマ……210
　カンマ区切り……99, 189, 213
キー……210
キーワード……10
機械語……117
組み込み関数……184
グループ化……48, 91
クロージャ……160
高階関数……160
後置演算子……50
構文解析……28
　構文解析関数……50, 55
　構文解析器……25
構文木……26
構文マクロ……234
コロン……210, 213
コンソール……21

さ行

再帰下降構文解析……30
最適化……116
先読み……18
式……31, 47
式文……51
識別子……10, 31, 48, 56, 155
字句解析……1
字句解析器……1
自己評価式……124
システムコール……184
実行速度……120
条件分岐……141
シリアライズ……26
真偽値……123, 138, 262
真偽値リテラル……87, 129
スキャナー……1
スコープ……167
スタック操作……117
ステートメント……30
整数……14, 122, 134
　整数リテラル……60, 124
セミコロン……26, 58
前置演算子……47, 48, 50, 63
　前置演算子式……69
前置構文解析関数……55
前置式……63, 131, 249
添字……190
　添字演算子……190, 195
　添字演算子式……210
　添字式……250
束縛……30

た行

単項演算子式……69, 131
チェイン法……221
中間表現……116
抽象構文木……26
中置演算子……47, 48, 51, 68, 135
中置構文解析関数……55

中置式 248
ディクショナリ 210
データ型 175
テーブルドリブンテスト 64
テキスト置換マクロ 233
トークナイザー 1
トークン 3
　トークン列 1
トップダウン演算子優先順位構文解析器 30
トップダウン構文解析 29
トレース 84

な行

波括弧 26, 210, 213
二項演算子 48
　二項演算子式 51, 69
二重引用符 176
ネイティブ型 120

は行

パーサー 25
パーサージェネレータ 28
バイトコード 116
配列 189
　配列リテラル 255
バッカスナウア記法 28
ハッシュ 210
　ハッシュ値 219
　ハッシュの衝突 221
　ハッシュリテラル 210, 211, 256
パラメータ 99
非英字 10
比較演算子 48
引数 164
　引数の評価順 165
左結合力 81
否定 132
評価 115
　評価器 118
ファイル終端 4
浮動小数点数 14
プリプロセッサ 233
プレーンテキスト形式 1
ブロック文 93
文 30
文脈自由文法 28
変数 30
　変数束縛 155
ボトムアップ構文解析 30
ホワイトスペース 2, 12, 26, 177

ま行

マクロシステム 233
マクロ展開 266
マップ 210
丸括弧 26, 47, 91, 99
右結合力 81
メモリ 120, 172
文字列 175
　文字列結合 182
　文字列リテラル 176
戻り値 145

や行

優先順位 47, 197
　優先順位テーブル 72
予測的構文解析 30
呼び出し式 48, 104

ら行

リテラル 124

●著者紹介

Thorsten Ball（トシュテン・ボール）

ドイツ在住のプログラマ。プロフェショナルのソフトウェア開発者として、ウェブ技術に携わる。これまでRuby、JavaScript、Go、それにCで書いたソフトウェアも実戦投入している。

ブログ記事では、Rubyのガベージコレクタに関するもの（https://thorstenball.com/blog/2014/03/12/watching-understanding-ruby-2.1-garbage-collector）、forkシステムコールに関するもの（https://thorstenball.com/blog/2014/06/13/where-did-fork-go/）、マルチスレッド環境におけるプロセスのフォークに関するもの（https://thorstenball.com/blog/2014/10/13/why-threads-cant-fork/）が話題になった。

Unixソフトウェア（https://www.youtube.com/watch?v=DGhlQomeqKc）やその他の話題についての講演もしており、講演をブログに書き起こした"Unicorn Unix Magic Tricks"（https://thorstenball.com/blog/2014/11/20/unicorn-unix-magic-tricks/）は大きな話題になった。

Goでゼロからインタプリタを書くことは、プログラマとして経験したことの中で最も楽しく、夢中になれる体験の1つだった。

ウェブサイト：https://thorstenball.com/

GitHub：https://github.com/mrnugget

Twitter：@thorstenball

●訳者紹介

設樂 洋爾（しだら ようじ）

1979年北海道札幌市生まれ。札幌育ち。2009年、北海道大学大学院情報科学研究科コンピュータサイエンス専攻博士後期課程を修了。同年、株式会社えにしテックを設立し、現在に至る。趣味は美味しいものをつくることと食べること。ライフワークは技術で遊ぶこと。執筆記事に「決断しない決断術」（WEB+DB PRESS Vol.102、技術評論社）、「たのしい開発実況中継」（共著、WEB+DB PRESS Vol.73、技術評論社）、著書に『Ruby逆引きレシピ』（共著、翔泳社）がある。

● 表紙の動物

表紙の動物は、ノドジロオマキザル（White-Headed Capuchin Monkey）。シロガオオマキザル（White-fronted Capuchin）と呼ばれることもある。中米および南アフリカ最北西の森林に生息しており、熱帯雨林の環境で種子や花粉を分散させるという重大な役割を担っている。

ノドジロオマキザルは、大道芸の手回しオルガン弾きのパートナーとして知られているが、高度な知性を持つため、近年は麻痺を持つ人を助けるように訓練されることが多い。体の大きさは、3.9キログラムほどの中型。黒い毛が全体を覆っているが、体の前面は白く、顔はピンク色をしており、ノドジロオマキザルの名前の由来になっている。ものを掴むことができる独特な尻尾を持つ。いつもは尻尾を巻きあげて移動するが、枝の下にあるエサをとるときなどに体を支えるのに役立つ。

Go言語でつくるインタプリタ

2018年6月18日　初版第1刷発行
2022年9月13日　初版第3刷発行

著　者　Thorsten Ball（トシュテン・ボール）
訳　者　設樂 洋爾（しだら ようじ）
発行人　ティム・オライリー
制　作　株式会社トップスタジオ
印刷・製本　株式会社平河工業社
発行所　株式会社オライリー・ジャパン
〒160-0002　東京都新宿区四谷坂町12番22号
Tel　(03)3356-5227
Fax　(03)3356-5263
電子メール　japan@oreilly.co.jp
発売元　株式会社オーム社
〒101-8460　東京都千代田区神田錦町3-1
Tel　(03)3233-0641（代表）
Fax　(03)3233-3440

Printed in Japan（ISBN978-4-87311-822-2）
乱本、落丁の際はお取り替えいたします。

3　マーシャルの可塑的人間観と余剰概念……………………………95
4　ピグー――ケンブリッジ厚生経済学の集大成…………………………101
5　ケンブリッジ学派の評価……………………………………………………122

第Ⅱ部　ケインズ革命をめぐって

第4章　ケインズ革命とは何か……………………………小峯　敦…135
――マーシャルからケインズへ――

1　「ケインズ革命」の論じ方……………………………………………135
2　トライポスの創設とその改定…………………………………………136
3　マーシャル的伝統の確立………………………………………………140
4　「ケンブリッジ学派」の形成…………………………………………146
5　「ケインズ革命」の確立………………………………………………150

第5章　マーシャル経済学からケインズ経済学へ…袴田兆彦…163
――1930年前後のケンブリッジにおけるカーンの役割――

1　ケンブリッジにおけるマーシャルの伝統…………………………163
2　マーシャルの経済学………………………………………………………164
3　カーンの略歴――1933年まで……………………………………………166
4　カーンの思考とその発展…………………………………………………170
5　ケインズへの影響…………………………………………………………179
6　カーンとケインズ…………………………………………………………188

第6章　ケンブリッジ学派の景気循環論……………下平裕之…201

1　マーシャルの景気循環論とその展開…………………………………201
2　ロバートソンによる実物的景気循環論の展開………………………204
――『産業変動の研究』

3　信用経済における景気循環論の展開……………………………209
　　――『銀行政策と価格水準』

4　景気循環と利子率――『貨幣論』から「産業変動と自然利子率」へ……214

5　『一般理論』とその批判…………………………………………219

6　ロバートソンの景気循環論の到達点――『経済原論講義』………224

7　ロバートソンとケンブリッジ学派の景気循環論……………227

第7章　ケインズ経済学の貨幣的側面………………渡辺良夫…233
――ポスト・ケインジアンによる貨幣経済理論の展開――

1　貨幣経済理論の着想……………………………………………233

2　貨幣的均衡アプローチ…………………………………………236

3　金融不安定性アプローチ………………………………………241

4　内生的貨幣アプローチ…………………………………………245

5　ケインズ貨幣経済理論の現代的意義…………………………251

第Ⅲ部　ケンブリッジの哲学・社会哲学・文芸

第8章　ケインズにおける哲学・芸術・経済学……塩野谷祐一…261
――啓蒙主義対ロマン主義の構図に照らして――

1　ケインズの全体像を求めて――総体としての多面性……………261

2　ロマン主義とは何か……………………………………………263

3　ケインズの哲学…………………………………………………267

4　ケインズの哲学の総括と解釈…………………………………276

5　結　語……………………………………………………………278

第9章　戦間期ケンブリッジの社会哲学　…………　平井俊顕…281
——市場経済の病弊と治癒——

1　マーシャルの時代——素描…………282
2　ケインズ——「ニュー・リベラリズム」…………283
3　ピグー——社会主義か資本主義か？…………290
4　ロバートソン——自由主義的干渉主義…………293
5　ホートリー——資本主義にたいする倫理的批判…………299
6　ケインズの時代…………303

第10章　ケンブリッジの哲学状況…………伊藤邦武…319

1　ケンブリッジの経済学者と哲学者…………319
2　ラッセルとムーア…………321
3　前期ウィトゲンシュタイン…………328
4　論理実証主義…………333
5　後期ウィトゲンシュタイン…………336

第11章　ブルームズベリー・グループ…………中矢俊博…349

1　ケインズとブルームズベリー・グループ…………349
2　ブルームズベリー・グループの特徴…………352
3　メンバーの個性と交流…………353
4　ケインズの多様性に富んだ人生…………374

あとがき……381
人名・事項索引……385

序 章
ケンブリッジ 知の探訪

西沢 保・平井俊顕

『ケンブリッジ 知の探訪――経済学・哲学・文芸』と題する本書は，12名の執筆者の論稿で構成されている。これは基本的に「ケンブリッジの経済思想」を中心とする科学研究費による共同研究成果の一部であり，長年にわたる構想の結果である。

本書が扱う「知の探訪」は，19世紀後半から20世紀前半のイギリスを中心とするものであり，とりわけ，ケンブリッジで生じた知的活動が本書の対象をなしている。中でも，ケンブリッジの経済学がどのように展開したのかに大きな関心が払われ，その中心はマーシャルとケインズにおかれている。それ以外の領域としては，ケンブリッジの哲学，より広いコンテクストでの文芸的活動が扱われている。

序章は，次のような構成になっている。

第1節「展望的描写」は，本書が扱う上記についての全体像を，できるだけ歴史的な展開を考慮しながら，サーベイ的に示そうとしている。それは，本書になるべくまとまりをもたせ，関連する領域を歴史的視座のもとで展望できるようにするためのものであり，編者の限られた理解に基づいてなされている。第2節「各章の概要」では，本書を構成する各章がどのような内容のものであるのかを，執筆者自らの手で紹介している（ただし，本書の形式に合わせるため，わずかな修正は施されている）。

1 展望的描写

経済学

経済学の歴史において，1870年代初頭は，新しい経済学が誕生したことで知られる。功利主義に依拠したジェヴォンズの『経済学の理論』（Jevons 1871）

における，限界（もしくは最終的）効用に基づく（「交換団体」間の）交換理論，ワルラスの『純粋経済学要論』（Walras 1900，初版は1874年）における，多数財，多数の経済主体間で構成される市場における交換理論である一般均衡理論，メンガーの『国民経済学原理』（Menger 1871）における，限界効用に基づく交換の理論，帰属理論，迂回生産の理論は，世紀末になると，高く評価されるようになり，ヨーロッパで支配的な経済学の地位を占めるに至った。いわゆる新古典派経済学の勃興と隆盛である。他方，シュンペーターも『経済分析の歴史』（Schumpeter 1954）で言うように，この時期は，ドイツの歴史学派，倫理学派が国際的に波及し，社会政策学派，経済社会学，制度学派等が興隆した時期でもあった。

マーシャル

マーシャルが経済学者として登場するのはこのような時期であった。1885年，ケンブリッジ大学・政治経済学教授の就任講義「経済学の現状」で，マーシャルは，道徳哲学・歴史的アプローチとは識別される「科学的」経済学を構築すること，そしてそれを社会の直面する実際の経済問題に適用すること，の重要性を強調した。彼はこれを，シジウィック，カニンガムとの対決を制して，「経済学トライポス」という教育システムの改編により実現していくことになる。

マーシャル経済学が，いわば原初形態で示されているのが，妻メアリーとの共著『産業経済学』（Marshall and Marshall 1879）である。彼は1880年代にはイギリスにおける経済学の主流派としての地位を築いていくことになる。

マーシャルの経済学の体系は，本質的には３つの独立した理論で構成されている。①市場での交換理論，②貨幣数量説の現金残高アプローチ，および③景気循環理論がそれである。中でも，重要なのは①であり，それは『経済学原理』（Marshall 1920，初版は1890年）で展開されている。それは，市場における交換現象を貨幣の限界効用ならびに貨幣の一般的購買力を一定とし，また分析の対象を一財に限定することにより，通時的問題に威力を発揮する「正常な需給の安定均衡理論」をその中心的命題として提示したものである。これは静学的な価格分析であり，古典派の生産費説と限界理論に基づく主観価値説を，整合性のある１つの理論で説明しようとしたものである。需給均衡理論は，分配理論にあってもその中心命題として採用されており，その意味で，第５編と第６編を『経済学原理』の中心的箇所と見る立場に立つかぎり，マーシャルが成し遂げたことは静学的な価格理論の提示であり，その中心は市場での交換取引の理論的解明ということになるであろう。

だが，マーシャルの経済学をこの枠内に収めてしまうのは不可能である。マーシャルにとって経済学者のメッカは経済生物学であり，彼のアプローチは生物学的であり，有機的（organic）であった。経済学の中核的な観念は，「生きている諸力と運動の観念」であり，静学均衡は「社会を有機体と見る一層哲学的な扱い方」にたいする序論にすぎないのであった。マーシャルは経済社会と人間の進歩という問題に並々ならぬ関心を抱き続けた。分業を通じて，人間の知識，そして産業組織が成長を遂げていくことを，誰よりも深く分析したのは他ならぬマーシャルであり，当時驚異的な経済発展を成し遂げつつあったドイツやアメリカについて，人（知識・技術）と組織の観点からつぶさに分析したのもマーシャルであった（『産業と商業』[Marshall 1919]）。そこにおいて，マーシャルは，国民的理念の中でもとりわけ重要な位置を占めるものとして「産業上の主導権」（industrial leadership）をあげている。同書の第1篇第1章で，それは国民の生活を，諸個人の生活の集合体以上のものと見る国民的理念であり，健全な国民のプライドと密接に関係していることを，マーシャルは強調するのである。マーシャルの関心事は次の点にあった――イギリスの産業上の優位は何に依存しているのか，そしてそれは再び拡大できるのか。

こうして，マーシャルには，古典派と新古典派の価値論を整合的な理論で説明しようとする理論的探究とともに，経済社会にあって人と組織の成長を通じて経済が成長を遂げていく現象に深い関心を抱くという側面があった。

マーシャルを祖とするケンブリッジ学派は，第二次世界大戦に至るまでのイギリス経済学における圧倒的な主流であった。マーシャルは価値論において上述の立論を展開し，それは今日のミクロ経済学にあっても1つの重要な知的財産になっている。では，彼の弟子たちは経済学の発展にたいして，どのような貢献をなしていったのであろうか。このことを主要な経済学者について見ていくことにしよう。

ピグー

ピグーの主著は『厚生経済学』（Pigou 1920）であるが，これは本質的にマクロ経済学である。そこで問題にされたのは，さまざまな要因（政策もあれば，知識の不完全性，公衆の特性等もある）が，国民所得（＝国民分配分）の将来の増減にどのような影響をおよぼすかであり，いかにすれば国民所得の増大が可能なのか（すなわち経済的厚生を増大できるのか）であった。累進課税の推奨や，社会的限界費用と私的限界費用の乖離をめぐる議論もこの問題設定に関連している。だが，『厚生経済学』は，厚生（福祉）の経済学，もしくは規範的経済学の先駆という側面をもっていることも指摘しなければならない。それは，「光明よりも果実」を求める「人間生活の改良の道具」であった。ピグーにとって，経済学の端緒は，「巷の汚穢と生活の陰惨に憤る社会的情熱」であり，『厚生経済学』最終章はこの点を反映して「実質所得の国民的最低限」と題されている。

ピグーは『産業変動』（Pigou 1927. これはもともと『厚生経済学』の一部であった）で景気変動論を展開している。そこでは産業の変動は失業の変動，そして失業の変動は雇用量の変動として捉えられる。雇用量は労働の供給関数と需要関数の交点で決定される。ピグーはこの基本命題から議論を出発させ，産業変動の近因は労働の需要関数にあり，さらにそれは「産業支出」から得られる利潤に関しての企業家の予想の変化に依存すると結論づけている。こうしてピグーにあっては，企業家の予想の変化が景気変動の最も重要な要因として抽出されてくることになる。

ロバートソン

ロバートソンの場合，ピグーの基数的効用理論，ならびにマーシャルの価値論・貨幣数量説を陽表的に継承している点でマーシャル＝ピグーに忠実である。だが，彼の独創性は『銀行政策と価格水準』（Robertson 1926）で展開された景気変動論にある。それは『産業変動の研究』（Robertson 1915）の「非貨幣的議論」に貯蓄・信用創造・資本成長の関係をめぐる議論を織り込んだものである。

「銀行政策と価格水準」という題名は，銀行組織による貨幣創造政策は，生産物のうち生産拡張のために必要な分を企業家が購入することを可能にさせ，その結果，生産物の価格水準を上昇させるという主題を集約的に表現したものである。彼の基本的な考えは，銀行組織による不足資金の供与により，企業は生産の増大に必要な（実物）流動資本の購入が可能となり，したがって次期にはその増大により生産の増大を実現できるというものである。このとき貨幣量は増大するため消費財価格は上昇する。

ホートリー

ホートリーにあっては，その貨幣的景気変動論が有名である。だが，彼は独立独歩の理論家であり，マーシャルの影響は認められないこともここに記しておく必要がある。ホートリーの『好況と不況』(Hawtrey 1913) では, 銀行の行動が決定的に重視されている。銀行は現金保有との適正感で信用貨幣量の調節をはかろうとする。両者の関係が不適正であると考えた場合には, 銀行は信用貨幣量を減増させようとして利子率を上下させるが, この行動が景気変動を引き起こす, とホートリーは考える。景気変動の根本的な原因は, 現金の変動が信用貨幣の変動にかなりのタイム・ラグを伴って生じるという点にある。このため銀行のとる行動が, 景気の変動を防止するのではなく景気の変動を引き起こすとされるのである。

ケインズ

ケインズの場合,『貨幣論』(Keynes 1930a, b) は『貨幣改革論』(Keynes 1923) の世界からの訣別であったが, この転換はロバートソンとの議論によってもたらされた。『貨幣論』の理論の中枢は,「任意の期」における消費財の価格水準の決定を示すいわゆる「第1基本方程式」と投資財の価格水準の決定を示す理論, ならびに両財部門の実現利潤 (損失) に刺激されて, 来期の生産を拡張 (縮小) する企業の行動とで構成される動学理論である。

『一般理論』(Keynes 1936) では, 新古典派体系にたいする批判は (『貨幣論』とは異なり) 明示化されたうえで, 新しい貨幣的経済理論の構築がめざされている。より重要なことは『一般理論』において初めて雇用量決定の具体的理論が提示されたという点である。「ケインズ革命」は, 財市場の分析に独自性が見られ, それに『貨幣論』以来の貨幣市場の分析が調整されることにより, 両市場の相互関係で雇用量が決定される (しかもそれは不完全雇用均衡に陥りやすい) ことを提示した (二分法批判, セイ法則批判, 貨幣数量説批判, 市場経済の不安定性を重視する) 貨幣的経済理論の再提示ととらえることができる。

『一般理論』の本質は次のように要約することができるであろう。

①市場経済についての彼のヴィジョンを理論化したもの。

②全体としての経済における雇用量がどのように決定されるのかについての具体的な理論を提示したもの。雇用量が総需要関数と総供給関数の交点で決定されるという理論を, 消費関数, 資本の限界効率, および流動性選好説を組み込みながら展開したもの。

③不完全雇用均衡の理論。

④貨幣的経済学の一形態。価値・分配の理論と貨幣の理論との統合を目指したもの。

⑤市場経済を「安定性，確実性，単純性」，および「不安定性，不確実性，複雑性」を具有するシステムとして描いたもの。

以上，ピグーからケインズに至る彼らの独自的業績は，おしなべてマクロ経済学の領域にあることが判明する。それは，マーシャルが自らの科学的研究計画法（MSRP）において遂行しきれなかった領域であった。この領域にあって，彼らは，たがいに影響と対立を見せながら，それゆえに刺激を受けながら自らの立論を構築していったのである。

後続世代――スラッファ，ジョーン・ロビンソン，カーン等

マーシャルの最大の業績たる価値論（ミクロ経済学の領域でもある）については，ピグーからケインズまでの世代の後に続く世代によって挑戦，もしくは彫琢された，と言える[1]。それは，スラッファによるマーシャル批判に端を発している。

スラッファは費用逓減と完全競争のジレンマを問題とし，ついには費用一定の状況を主張することで需給均衡理論そのものを否定し，「スラッファ風に」古典派に回帰していくことになった（それ自体，戦後，独特の学派を生み出すことになる）。

このスラッファの問題提起は，ロビンソンに代表される『不完全競争の経済学』（Robinson 1933）を生み出すことになったが，それは，逆に，マーシャルの理論を発展させる方向での重要な貢献であった。カーンもまたスラッファから大きな影響を受けた。ロビンソンの上記著作はカーンとの共同作業から生み出されたという点を忘れてはならない。カーンは，それとは別にその研究成果をキングズ・カレッジのフェロー資格論文「短期の経済学」として発表している。さらに，カーンは，「ケンブリッジ・サーカス」のリーダーとして，『貨幣論』批判を展開し，ケインズが『一般理論』への道を歩むにさいし，大いなる貢献を果たしている。

哲　学

ケンブリッジの社会哲学

戦間期ケンブリッジの指導的経済学者であるケインズ，ロバートソン，ピグー，ホートリーが資本主義社会をどのようにみていたのかに焦点を合わせてみよう。彼らは，多かれ少なかれ，「ニュー・リベラリズム」的思想の持ち主であり，経済の安定，失業対策，所得の不平等などの問題にたいし，政府の積極的な関与，弱者救済の必要性を唱道するスタンスに立っている。彼らはこうした社会哲学観に依拠して自らの経済学を構築していった。したがって，彼らにあって政策指向的スタンス（福祉国家的思想）は明瞭である。

彼らに共通するのは，資本主義社会システムのもつ悪弊――金儲け動機，所得分配の不平等，繰り返される失業等々――に注目し，いかにしてそれを除くことができるのかに力点がおかれているという点である。いずれも自由放任主義は市場社会の状況改善に役立つものではないとの認識を有し，そこにおいて政府が果たすべき役割を強調している（さらに個人の不完全性を意識している点でも共通している）。このことは彼らが生活し，探究を続けた資本主義経済の状況と無縁ではない。戦間期後半の世界経済はきわめて混乱した状況下にあり，資本主義システムは自信喪失に陥る一方で，ナチズム，ファシズム，それにソビエトが活気を帯びていたのである。

ケンブリッジの哲学　ムーアがヘーゲル観念論にたいし，当時イギリスでこの傾向を代表していたマックタガートを批判し，ケンブリッジの哲学を新たな道に導いたことはよく知られている。ラッセルもムーアからの影響を受けることで，ヘーゲル哲学との決別を図ることができた。

ムーアは直覚主義の立場から，これまでの哲学を「自然主義的誤謬」にさらされたものとして批判している。この視点は，「ソサエティ」のケインズ達の世代に大きな影響を与えた。ケインズ，ホートリー，ストレイチー，ショーヴ，L. ウルフ等である。

ラッセルとムーアの哲学には明白な相違が見られる。「理想言語」対「日常言語」であり，「形式論理学・論理原子論」対「直覚主義」である。

ケインズは，『確率論』（Keynes 1921）研究にあって，ムーアとラッセルの両方から大きな影響を受けている。だが，ムーアに基本的な思想は近い，同情的である，と言える。

1920年代後半に，ウィトゲンシュタインが前期から後期へとシフトしたときに，ケインズも前期から後期にシフトしたという見解がある。日常言語重視の立場に，である。もう１つの重要な問題，それはラムゼーとの関係であろう。

ラムゼーは（ケインズやムーアが批判した）プラグマティズムを尊重し，またケインズとは異なり，主観確率論を展開したことで知られる。そしてその過程で，ケインズの『確率論』を痛切に批判しているが，それにたいしケインズがかなりその批判を受け入れる発言をしている。

とまれ，当時のケンブリッジは経済学のみならず，哲学においても世界の主役的位置にあったのである。

文　芸

20世紀前半のイギリスにあって，その学術的・芸術的創造性において，その価値理念において，そしてその生活実践において，ひときわ異彩を放ったグループが存在する。それが「ブルームズベリー・グループ」である。

「ブルームズベリー・グループ」は1905年頃から形成され始め，1910年頃より世に知られ始めている。このグループは，ケンブリッジで学生時代を過ごしたケインズたちと，ヴァネッサ・スティーヴン（後にヴァネッサ・ベル），ヴァージニア・スティーヴン（後にヴァージニア・ウルフ）などの芸術家グループがロンドンで合流することで生まれている。そして戦間期には文学，絵画，経済学，政治などの幅広い分野で，非常に大きな影響をおよぼすに至った。メンバーは美や愛をめぐって，飽くことなき討論を共同生活を続けながら行っていく。その結果，男同士でも，また異性間でも，愛情をめぐる激しい，そして複雑な関係が交錯することになる。友情が熱烈な愛情へと発展することもあれば，逆に熱烈な愛情が友情へと後退することもある。成功には賞賛と嫉妬が伴い，苦境には友情の手が差し延べられる。メンバー間のこのような交流は，彼らの豊かな才能を開花させていった。

2　各章の概要

第Ⅰ部「マーシャルの経済思想とピグーの厚生経済学」は，ケンブリッジ学派の原点であるマーシャル，および厚生経済学の祖と言われるピグーを取り扱う。「ワルラス型の新古典派」と異なる「マーシャル型の新古典派」を析出する第1章，マーシャルの経済思想を「進歩（Progress）」と福祉・幸福の追究からまとめようとする第2章，ピグーを中心に「ケンブリッジの厚生経済学」を規範的価値を重視したものと論じる第３章，で構成されている。

第１章「マーシャルとケンブリッジ学派――マーシャル型の新古典派」（藤井賢治）では，著者の長年にわたるマーシャル経済学の研究成果を踏まえて，「マーシャル型の新古典派」を提示する。その趣旨は，「限界革命以降の経済学」の総称として「新古典派」という用語を用いることに異論をはさむこと，しばしば「主流派」と言われる「ワルラス型の新古典派」とは異なる「マーシャル型の新古典派」を提示することにある。著者の主張は，「新古典派」には区別されてしかるべき異なる系譜があり，両者は異なる名称で呼ばれることが望ましいと言うところにある。マーシャル以後のケンブリッジは，多様な経済学者を輩出したが，彼らはワルラシアン的な方法論とは明確に距離をおき，期間分析，非厳密科学，集計概念と言う３つの特徴を共有していた。ケンブリッジの内部で，ロバートソンにとって，『一般理論』はマーシャル的伝統の域を出るものではなかったし，「ケインズ革命」もマーシャル的伝統のもとにあったことが強調される。

第２章「マーシャルの経済思想――『進歩』と福祉・幸福の追究」（西沢保）では，「マーシャル型の新古典派」の特徴として言われる「有機的成長のヴィジョン」を，マーシャルに即して検討する。マーシャル経済思想の基本的な考え方で，未完の最終巻の表題に考えられた「進歩（Progress）」と言う複雑で有機的な成長のヴィジョンと人の福祉・成長の追求に焦点を当てる。未完の手稿「進歩（Progress）」で，「'economic progress' という用語は狭く」，それは material wellbeing に当たり，physical, mental and moral wellbeing の物的要件に関わることだと言う。経済学は「理論化された人間の歴史」であり，経済学者は人間を，抽象的な「経済」人としてではなく，血と肉をもった人間として扱うのであった。マーシャルの「二重の本性」（ケインズ），「welfare の２つのとらえ方」（グレーネヴェーゲン）と言われるが，ここでは消費者余剰のような厚生経済学の分析ツールも念頭において，福祉・厚生のもう１つの側面，効用とは別の価値，すなわち徳（倫理）・卓越・能力といった側面の可能性を考える。資源の効率的利用と別に言われる「資源の有徳的利用」は，本書第８章の塩野谷論文がロジャー・フライ，ケインズについて論じているが，そのような観点から厚生・福祉の経済思想を考えることが本章の１つのねらいである。

第３章「ケンブリッジの厚生経済学」（山崎聡・高見典和）では，ピグーを中心に「ケンブリッジの厚生経済学」を内在的に扱う。規範的価値を非科学的として退け，評価基準の論理的基礎を追究した，1930年代以降の「新」厚生経済学とは異なる「ケンブリッジの厚生経済学」の特徴が明らかにされる。限界革命以降，経済学の重心が消費サイドに移行するにつれ，福祉を測る基準も，単なる物的富ではなく，主観的な心的状態すなわち効用（満足）に据えられるようになった。こうして経済と効用との関係を分析し，福祉に資する理論編成が求められ，シジウィック，マーシャル，ピグーを擁する「ケンブリッジの厚生経済学」として結実した。ケンブリッジの厚生経済学の主要な特徴として，規範的価値の明示化およびその積極的導入と，経済理論の精緻化志向とのバランスを指摘することができる。シジウィックとは違い，「効用の物差し」で測られない要素に注意が払われ，快楽・幸福と「人格」の重要性が言われ，「双方不可欠」というのがピグーの信条であり，「厚生は意識の諸状態のみを含む」と言うのが，厚生経済学の規範的支柱だとされる。シジウィックの快楽主義的功利主義とは違い，ピグーの厚生概念は人格など多元的な要素を含み，マーシャルの生活基準（人格や卓越性）をも包摂しうるものであった。従来の教科書的な理解とは違って，本章では，ピグーにおける非厚生主義的要素の指摘もなされている。

第Ⅱ部「ケインズ革命をめぐって」は，「ケンブリッジ学派における伝統と革新」と言う視点からケインズ革命をとらえる第4章，カーンの演じた役割と，それを超えていったケインズと言う視点からケインズ革命をとらえる第5章，ロバートソンを中心に，ケンブリッジで展開した景気循環論をとらえる第6章，ポスト・ケインズ派の視点から，貨幣経済理論としてケインズ革命の本質をとらえる第7章，で構成されている。

第4章「ケインズ革命とは何か――マーシャルからケインズへ」（小峯敦）では，「ケンブリッジ学派における伝統と革新」と言う視点からケインズ革命の内実が示される。それは，マーシャル的伝統を，経済分析の特徴（定義・目的・方法）と，経済認識の特徴（本質・調整）と言う2部門5要素からなるものとしてとらえる。ケンブリッジ学派とは，優等学位試験の実施や教科書の流布などでこの伝統を継承しようと試みた弟子たちであり，とくに3分野（産業組織論，協同組合論，貨幣論）における中期・短期の議論を得意とした。ただし，マーシャルの生物学的な均衡装置の考えが薄れ，代わりに政府の裁量的政策や労使間の新組織構築などが前面に打ち出されている。ケインズはケンブリッジ学派の領袖として，マーシャル的伝統を吸収しつつも，その重要な部分（貨幣の中立性と調整方式）は拒絶した。ケインズ革命とは新時代に合わせて「分析的かつ即実的」な経済モデルを再生させる長い闘いであり，ケンブリッジ学派との切磋琢磨により初めて可能になった知的現象なのである。

第5章「マーシャル経済学からケインズ経済学へ――1930年前後のケンブリッジにおけるカーンの役割」（袴田兆彦）では，マーシャル経済学の継承からケインズ経済学の成立までの過程が，カーンの理論研究の出発点である『短期の経済学』を中心とするアーカイブを利用しながら，新たな視点から考察される。マーシャル経済学の理論的特徴は短期の価格理論と貨幣理論にあるが，価格理論の分野ではスラッファの批判を経てJ. ロビンソンによる不完全競争論が展開され，カーンもこれを援助した。だがカーン自身の関心は，マーシャルの価格理論を不況下の企業行動に適用することにあった。一方，ケインズはマーシャルの貨幣理論を受け継ぎ，『貨幣論』では基本方程式に到達した。だが，産出量一定という点をカーン等に批判され，ケインズは，カーンに説得されて『一般理論』では「古典派の第1公準」を受け容れ，価格と産出量の同時決定の考え方を採用した。カーンは，その後も一貫して不況下の企業行動に関心をもち続けたが，ケインズは不況の原因そのものに関心を払い，貨幣と利子の役割を重視し，カーンの当初の関心であった短期の問題を超えて，資本主義が不況に陥りやすい傾向をもつことを理論的に示したのである。

第6章「ケンブリッジ学派の景気循環論」（下平裕之）では，ロバートソンの学説を軸にケンブリッジ学派の景気循環論の形成と展開が論じられる。ロバートソンは処女作『産業変動の研究』から最後の『経済原論講義』（Robertson 1957-1959）に至るまで，一貫して技術革新などの実物的要因と銀行による信用創造などの貨幣的要因を融合した独自の景気循環論を展開した。その理論はケンブリッジ学派の景気循環論の形成に強い影響を与えるとともに，とくにケインズとのあいだに大きな論争を引き起こした。

上記の展開を考慮しつつ，①『産業変動の研究』が執筆された1910年代，②『銀行政策と価格水準』が執筆された1920年代，③『貨幣論』と『一般理論』をめぐる論争が中心となった1930年代，④『経済原論講義』に至る1940～1950年代，を中心に，各時点において景気循環理論に関する論点は何であったのか，相互の論争からどのような理論的発展がなされたのか，そしてケンブリッジ学派の景気循環論の最終的到達点はどのようなものであったのか，などが検討される。

第７章「ケインズ経済学の貨幣的側面——ポスト・ケインジアンによる貨幣経済理論の展開」（渡辺良夫）では，ケンブリッジで生じた貨幣経済理論における革命が，ポスト・ケインジアンによってどのように継承・発展されてきたのかが，貨幣の非中立性，金融の不安定性および貨幣の内生性という３つの側面から考察されている。彼らはまず，貨幣の非中立性を理論的基盤に据えるためケインズの自己利子率理論を継承し，流動性選好説の適用範囲を拡張することに努めてきた。

先進国において金融危機が深刻な不況を周期的に引き起こすようになったとき，ミンスキーはケインズ経済学を金融不安定性仮説としてリメイクしたが，それは2008年のグローバル金融危機でケインズ経済思想を復活させる原動力となった。ポスト・ケインジアンによる研究が投資ファイナンスを通じる貨幣供給の内生化に向けられ，それがマネタリズムにたいする理論的対抗軸となったのであるが，同時にホリゾンタリストとストラクチャラリストへの内部分裂が生じることになった点についても考察する。

第Ⅲ部「ケンブリッジの哲学・社会哲学・文芸」は，ケインズについて，その哲学的全体像を，啓蒙主義とロマン主義の構図から探る第８章，戦間期のケンブリッジの主導的な経済学者が抱いていた社会哲学の独自性と異同点を探る第９章，20世紀前半に展開された「哲学におけるケンブリッジ学派」（分析哲学）と「経済学におけるケンブリッジ学派」の密接な関係を探る第10章，20世紀前半のイギリス文芸界の重要な一翼を担ったブルームズベリー・グループの特性を探る第11章，で構成されている。

第８章「ケインズにおける哲学・芸術・経済学——啓蒙主義対ロマン主義の構図に照らして」（塩野谷祐一[(2)]）は，偉大な経済学者であり，同時に哲学・政治・芸術を含む多様な領域に足跡を残した超一流の知識人であったケインズの「全体像を」「総体としての多面性」としてとらえている。ケインズにあっては，経済・政治・哲学・芸術などが一つの構造をもった総体として把握されていた。そのさいに，ケインズを「啓蒙主義対ロマン主義の対立」という構図の中においてみると，彼のさまざまな分野における伝統への挑戦が，啓蒙主義にたいするロマン主義的批判として解釈されることが判明する。ケインズは，極端な合理性によって特徴づけられた近代世界の観念そのものにたいするグローバルな革命を意図していた。そして，認識論・存在論・価値論に関しての，啓蒙主義とロマン主義の構図の中でケインズの位置を考えると，ケインズの哲学的基礎は，圧倒的にロマン主義に近いものであることが判明するのである。ロマン主義は知の総合を求める日常性の思考であり，経済学に関して言えば，利己的個人と市場的交換の概念によって象徴される近代社会の代わりに，「全幅的人間本性」がもつあらゆるものを肯定し包摂する力によって生活世界を取り戻そうとする思想なのである。

第９章「戦間期ケンブリッジの社会哲学——市場経済の病弊と治癒」（平井俊顕）では，戦間期ケンブリッジの指導的経済学者ケインズ，ピグー，ロバートソン，ホートリーの社会哲学を取り上げ，次の諸側面から検討を加える。①彼らは市場社会（資本主義社会）をどのように評価していたのだろうか（肯定的になのか，批判的になのか，あるいはその中間なのか）。②彼らは市場，政府，企業，経済主体などについて，どのような考えを示していたのだろうか。③彼らは市場社会をどのように改革あるいは変革する必要があると考えていたのだろうか。④彼らのあいだには，どの程度これらの点で異同点があるのだろうか。

比較のため，最初に「マーシャルの時代」に触れる。そして４名の社会哲学を①～③の視点から論じたうえで，④を示す。「ケインズの時代」と要約できる戦間期のケンブリッジにあって，彼らの社会哲学は——経済理論とは異なり——相当程度の類似性を示している。

第10章「ケンブリッジの哲学状況」（伊藤邦武）では，19世紀末から20世紀中葉にかけてのケンブリッジが，哲学の分野においても最大級の革命の舞台であったことに焦点が当てられている。「哲学におけるケンブリッジ学派」の活動とは，20世紀から今日に至る世界の哲学の中心的な思想を担うことになった「分析哲学」の誕生とその発展ということを意味している。この思想運動は「経済学におけるケンブリッジ学派」の活動と非常に深く関係している。なぜなら，ケンブリッジの経済学の主要な理論家の幾人か——ケインズ，ラムゼー，スラッファ——は，分析哲学の生みの親やその継承者たち——ムーア，ラッセル，ウィトゲンシュタイン——と，個人的にも理論的にも親密な関係をもっていたからである。本章は，ムーアからウィトゲンシュタインへと継承されたこの思想運動の，出発点と到達点を明らかにすることを目指し，同時に，この運動が時として混同されることの多い「論理実証主義」と，いかなる相違点をもつかと言うことにも言及する。

第11章「ブルームズベリー・グループ」（中矢俊博）では，ケインズの思想や哲学を知るうえで欠くことのできない，ブルームズベリー・グループについて論じる。このグループには，学生時代からケインズと親しかったリットン・ストレイチーだけでなく，美術や文学関係の人たちが多数いた。ここで取り上げるのは，グループの中心的存在であった画家のヴァネッサ・スティーヴンとその夫で美術評論家であったクライブ・ベル，そしてヴァネッサの妹で作家のヴァージニア・スティーヴンと夫のレナード・ウルフ，さらにケインズに愛された画家ダンカン・グラントとこのグループを世に送り出した美術評論家のロジャー・フライである。晩年のケインズは，音楽芸術奨励協議会を通じた芸術鑑賞のための劇場建設や再建，芸術を普及させるイギリス芸術評議会の組織化などで，精力的に動き回った。すべては，このように個性豊かなブルームズベリーの仲間たちがもたらした文明を守るためである。

この論集に，ケンブリッジの経済学・経済思想に加えて哲学，文芸に関わる諸章を加えることができたのは「ケンブリッジ 知の探訪」にとって大いに有益であった。「リターン・トゥ・ケインズ」の思潮の中で出版されたバックハウス，ベイトマン著『資本主義の革命家 ケインズ』（Backhouse and Bateman 2011）への書評で『ニューヨーク・タイムズ』紙（November 6, 2011）は，「求められているのは worldly philosophers である」と題して，単なる経済理論家でも政策立案者でもない，芸術を愛し資本主義の道徳的批判を行った哲学者ケインズの復活を願った。ケインズなくして今日の「ロイヤル・バレー」はないと言うが，ケインズとブルームズベリー，ケインズと芸術の研究を早くから進めていたDuke大学のグッドウィン教授が昨年4月に82歳で亡くなられた。2015年に亡くなられた友人の塩野谷祐一教授とほぼ同年齢であった。そのグッドウィンが，科学研究費を基盤にした我々のワークショップで報告してくれたのは，「創造的社会としてのブルームズベリー・グループ(3)」であった。

我々は科学研究費を基盤にした国際共同研究で，ケンブリッジの経済学・経済思想を中心に「知の探訪」を進めてきた。我々が対象とした時期は，ブルームズベリー・グループを超えた「創造的社会」（creative community）としてのケンブリッジが，その輝かしい歴史の中でも英知・理論の探究に最も active で creative な時代の１つであったように思われる。本書の作成にも紆余曲折があったが，対象とした時期と領域における「ケンブリッジの知」の一端をお伝えすることができれば幸いである。*

注

＊表記法について，本書では章ごとに統一する方式が採用されている。

(1)　スラッファ，ジョーン・ロビンソン，カーンを含め，当時のケンブリッジの状況については，『市場の失敗との闘い』（Marcuzzo 2012）に詳しい。

(2)　本章の掲載事情については，第８章の「編者・後記」を参照いただきたい。

(3)　Goodwin, Craufurd D. "The Bloomsbury Group as Creative Community" Dec. 2006である。因みに，イギリスのバレー界をめぐっては，2014年３月に開催されたワークショップでの報告 Beth Genné（University of Michigan), "A Fragment of Civilization: John Maynard Keynes, Lydia Lopokova and the Birth of British Ballet" がある。

参考文献

Bateman, B., Hirai, T. and Marcuzzo, M. C. eds.（2010）*The Return to Keynes,* Harvard University Press.（平井俊顕監訳『リターン・トゥ・ケインズ』東京大学出版会，2014年。）

Backhouse, R. and Bateman, B.（2011）*Capitalist Revolutionary. John Maynard Keynes,* Harvard University Press, 2011.（西沢保監訳・栗林寛幸訳『資本主義の革命家 ケインズ』作品社，2014年。）

Hawtrey, R.（1913）*Good and Bad Trade - An Inquiry into the Causes of Trade Fluctuations,* Constable & Company.

Jevons, S.（1871）*The Theory of Political Economy,* Macmillan.（小泉信三他訳『経済学の理論』日本経済評論社，1981年。）

Keynes, J. M.（1921［1973］）*Treatise on Probability,* Macmillan.（佐藤隆三訳『確率論』東洋経済新報社，2010年。）

Keynes, J. M.（1923［1971］）*A Tract on Monetary Reform,* Macmillan.（中内恒夫訳『貨幣改革論』東洋経済新報社，1978年。）

Keynes, J. M.（1930a［1971］）*A Treatise on Money Vol. 1 : The Pure Theory of Money,* Macmillan.（小泉明・長澤惟恭訳『貨幣論Ｉ――貨幣の純粋理論』東洋経済新報社，1979年。）

Keynes, J. M.（1930b［1971］）*A Treatise on Money Vol. 2 : The Applied Theory of Money,* Macmillan.（長澤惟恭訳『貨幣論Ⅱ——貨幣の応用理論』東洋経済新報社，1980年。）

Keynes, J. M.（1936［1973］）*The General Theory of Employment, Interest and Money,* Macmillan.（塩野谷祐一訳『雇用・利子および貨幣の一般理論』東洋経済新報社，1983年。）

Marcuzzo, M. C.（2012）*Fighting Market Failure : Collected Essays in the Cambridge Tradition of Economics,* Routledge.（平井俊顕監訳『市場の失敗との闘い——ケンブリッジの経済学の伝統に関する論文集』日本経済評論社，2015年。）

Marshall, A. and Marshall, M.（1879）*The Economics of Industry,* Macmillan.（橋本昭一訳『産業経済学』関西大学出版部，1985年。）

Marshall, A.（1920）*Principles of Economics* 8th ed., Macmillan.（初版は1890年。馬場啓之助訳『経済学原理』全4巻，東洋経済新報社，1965-1967年。）

Marshall, A.（1919）*Industry and Trade,* Macmillan.（永澤越郎訳『産業と商業』全3巻，岩波ブックセンター信山社，1986年。）

Menger, C.（1871）*Grundsätzen der Volkswirtschaftslehre,* Wilhelm Braumuller.（安井琢磨・八木紀一郎訳『国民経済学原理』日本経済評論社，1999年。）

Pigou, A.（1920）*The Economics of Welfare,* Macmillan.（気賀健三他訳『厚生経済学』全4巻，東洋経済新報社，1965年。）

Pigou, A.（1927）*Industrial Fluctuations,* Macmillan.

Raffaelli, T., Nishizawa, T. and Cook, S. eds.（2011）*Marshall, Marshallians and Industrial Economics,* Routledge.

Robertson, D.（1915）*A Study of Industrial Fluctuation*: *An Enquiry into the Character and Canses of So-called Cyclical Movements of Trade,* P. S. King & Son.

Robertson, D.（1926）*Banking Policy and the Price Level - An Essay in the Theory of the Trade Cycle,* Staples Press Limited [2nd ed., 1949].（高田博訳『銀行政策と価格水準』厳松堂書店，1955年。）

Robertson, D.（1957-1959）*Lectures on Economic Principles,* Vol. I-III, Staples Press.（森川太郎・高本昇訳『経済原論講義』全3巻，東洋経済新報社，1960-1962年。）

Robinson, J.（1933）*The Economics of Imperfect Competition,* Macmillan.（加藤泰男訳『不完全競争の経済学』文雅堂銀行研究社，1956年。）

Schumpeter, J.（1954）*History of Economic Analysis,* Oxford University Press.（東畑精一・福岡正夫訳『経済分析の歴史』（上・中・下）岩波書店，2005-2006年。）

Walras, L.（1900）*Élements d'économie politique pure : ou théorie de la richesse*